新时代防震减灾事业发展战略研究报告

防震减灾事业发展战略研究项目组　编著

地震出版社

图书在版编目(CIP)数据

新时代防震减灾事业发展战略研究报告 / 防震减灾事业发展战略研究项目组编著. -- 北京：地震出版社，2024.5

ISBN 978-7-5028-5656-4

Ⅰ.①新… Ⅱ.①防… Ⅲ.①防震减灾—发展战略—研究报告—中国 Ⅳ.① P315.94

中国版本图书馆 CIP 数据核字 (2024) 第 090898 号

地震版　XM5787/P（6480）

新时代防震减灾事业发展战略研究报告
防震减灾事业发展战略研究项目组　编著
策划编辑：张　轶
责任编辑：张　轶
责任校对：凌　樱

出版发行：地震出版社
　　　　　北京市海淀区民族大学南路 9 号　　　邮编：100081
　　　　　发行部：68423031　68467993　　　传真：68467991
　　　　　总编室：68462709　68423029
　　　　　http://seismologicalpress.com
　　　　　E-mail：8712121@qq.com
经销：全国各地新华书店
印刷：河北文盛印刷有限公司

版（印）次：2024 年 5 月第一版　2024 年 5 月第一次印刷
开本：787×1092　1/16
字数：286 千字
印张：15
书号：ISBN 978-7-5028-5656-4
定价：88.00 元
版权所有　翻印必究
（图书出现印装问题，本社负责调换）

新时代防震减灾事业发展战略研究

首席专家

韩志强　王海涛　吴　健　田学民　孙佩卿　李山有
赵　冬　马胜利　晁洪太　姜金卫

主要研究人员

康小林　马海建　徐占品　邵志刚　张　勤　欧阳承新
张新基　黄国华　郭洪义　柴劲松　李远志　张　锐
刘　晨　武守春　黄志斌　武艳强　王庆良　张晓东
高景春　张永久　鲍　挺　杨立明　郑黎明　刘红桂
王合领　丁志峰　何宏林　李一行　李永华　任治坤
林旭川　袁仁茂　俞瑞芳　田晓峰　罗　浩　刘巧霞
高　杰　陈宇坤　潘怀文　黄剑涛　凌学书　薄　涛
谈昕晔　郭卫英　郑圣谈　田晴映　白仙富　卓力格图
贾晓东　曹井泉　石玉成　单新建　田勤俭　宋立军
陈洪富　郭恩栋　周中一　毛晨曦　刘爱文　王笃国
柏　文　王晓民　蒋长胜　李　营　张令心　李永林
石　峰　姜纪沂　周连庆　季灵运　胡敏章　陈乃其
刘　敏　付跃武　延旭东　梁瑞莲　王小龙　关友义
袁庆禄　张　干　韦　晓　杜　斌　何晓灵　陈　定
程庆龙　施春花　王秋韵　高　洋　苏培雨　刘　壮

新时代防震减灾事业发展战略研究

主要编纂人员

韩志强	康小林	徐占品	马海建	王海涛	周克昌
朱自强	吴　健	李一行	张效亮	田学民	高亦飞
高　杰	宋学平	孙佩卿	郑圣谈	何　萍	韦潇君
李山有	陈洪富	安立强	柏　文	赵　冬	熊　丹
曹　开	张冬静	马胜利	蒋长胜	李　营	张令心
晁洪太	梁瑞莲	付跃武	关友义	姜金卫	姚思思
苏培雨	刘　壮				

坚定践行习近平总书记关于应急管理重要论述和防震减灾救灾重要指示批示精神 牢牢把握新时代新征程防震减灾事业发展战略方向

（摘于时任中国地震局党组书记、局长闵宜仁同志在2024年1月4日召开的全国地震局长会议上的讲话）

在防震减灾事业不断迈向现代化的历史进程中，习近平总书记始终胸怀"国之大者"，心系防震减灾，提出了很多蕴含深邃思考和发展规律的重大理论。早在福建工作期间，习近平同志视察福建省地震局，就欣然题写"防震减灾、造福人民"，深刻阐述了防震减灾的重要使命和目标。党的十八大以来，习近平总书记站在统筹中华民族伟大复兴战略全局和世界百年未有之大变局的高度，就做好应急管理工作提出一系列新理念、新思想、新战略，对防震减灾救灾多次作出重要指示批示，特别是2023年2月提出我国"大地震如何防"的重大问题，站在党和国家事业全局高度阐明了我国防震减灾工作的战略要求和主攻方向，具有很强的思想引领性、战略指导性和现实针对性，是做好新时代新征程防震减灾工作的根本遵循和行动指南。我们要深入学习贯彻习近平总书记重要讲话精神，站在坚定拥护"两个确立"、坚决做到"两个维护"的政治高度，深刻理解把握防震减灾工作在党和国家事业发展全局中的战略定位，进一步明确事业发展战略目标、战略思路和战略举措，不折不扣抓好贯彻落实。

一、深刻理解把握新时代防震减灾事业发展的战略定位

2018年习近平总书记在党的十九届三中全会上强调："我国是灾害多发频发的国家，必须把防范化解重特大安全风险，加强应急管理和能力建设，切实保障人民群众生命财产安全摆到重要位置。"防震减灾成为应急管理的重要组成部分，进一步明确了新时代防震

减灾的战略定位。

1. 防震减灾是科技型、基础性公益事业。2018年5月12日习近平总书记向汶川地震十周年国际研讨会致信指出，"人类对自然规律的认知没有止境，防灾减灾、抗灾救灾是人类生存发展的永恒课题"，"科学认识致灾规律，有效减轻灾害风险"。实施防御和减轻地震灾害活动以科学认识和把握地震科学规律为前提，要牢牢把握防震减灾科技属性，依靠科技创新大力提高人类应对地震灾害的能力。地震频度高、分布广、强度大、灾害重是我国的基本国情之一，约57%的人口、51%的城市和58%的国土位于地震高风险区，防震减灾事关人民生命财产安全，事关社会和谐稳定，是党和国家一项基础性公益事业。防震减灾是地震部门必须履行的核心职能、必须扛起的重大政治责任和社会责任。

2. 防震减灾是国家公共安全的重要组成部分。习近平总书记指出，"各种风险我们都要防控，但重点要防控那些可能迟滞或中断中华民族伟大复兴进程的全局性风险，这是我一直强调底线思维的根本含义"。党的二十大报告将应急管理体系纳入国家安全体系，提出"提高防灾减灾救灾能力"。地震是群灾之首，地震灾害不仅会造成人员伤亡和财产损失，还可能对国家经济发展和社会和谐稳定构成严重威胁。地震部门必须树立大安全意识，融入大安全大应急框架，切实担负起防震减灾维护国家公共安全的重大使命。

3. 防震减灾事关人民群众生命财产安全和经济社会可持续发展。习近平总书记强调："防灾减灾救灾工作事关人民生命财产安全，事关社会和谐稳定，是衡量执政党领导力、检验政府执行力、评判国家动员力、彰显民族凝聚力的一个重要方面。"据统计20世纪全球因地震死亡120万人，其中我国就达60万人，造成千人以上死亡的地震有22次。防震减灾不是中心却能影响中心，不是大局却能影响大局。地震部门必须始终坚持以人民为中心的发展思想，坚定履行好党和人民赋予的重大职责，当好党和人民的"守夜人"。

二、深刻理解把握新时代防震减灾事业发展的战略目标

党的十八大以来，在以习近平同志为核心的党中央坚强领导下，全社会防震减灾能力显著提升，初步实现了全国基本具备综合抗御6级左右地震能力的防震减灾阶段目标。习近平总书记指出，"全面建设社会主义现代化国家，我们要提高抗御灾害能力，在抗御自然灾害方面要达到现代化水平。"2023年2月6日，土耳其一天内发生两次7.8级大震，习近平总书记多次作出重要指示批示，进一步明确了新时代新征程防震减灾工作目标要求。到2035年，全国要基本实现防震减灾事业现代化，达到地震灾害防御响应快速高效、监测预报预警及时可靠、探查区划评估精细准确、防震减灾公共服务普惠便利、地震科技

创新成效显著、发展保障支撑有力有效，全面巩固全国城乡综合抗御6级左右地震能力，重点地区初步具备综合抗御7级左右地震的能力，实现防震减灾由大国到强国的跨越。

新时代防震减灾事业现代化包括以下4个方面：建成现代化的地震灾害风险防治体系，形成大安全大应急框架下全社会共同防范化解地震灾害风险的格局，重点地区、重要区域、重要设施地震灾害风险管控能力显著提升，地震灾害风险防治达到国际先进水平。建成现代化的地震基本业务和保障服务体系，构建覆盖全国的测震和地球物理立体观测系统，震情趋势研判能力显著提升，力争作出更有减灾实效的短临预报，地震监测预警能力得到增强，建设"两源"探察技术系统，建立重点断裂带模型，精准划定我国地震灾害高风险区域。构建快速高效的地震灾害防御响应体系。建成现代化的地震科技创新和人才体系，打造技术先进、特色突出的中国地震科技创新平台，形成国际一流的地震科技人才队伍，发展具有中国特色的板内地震学，减隔震等防震减灾关键技术达到国际先进水平，推动我国步入世界地震科技强国之列。建成现代化的防震减灾社会治理体系，防震减灾法律法规、标准和规划体系更加完备，组织领导、投入保障、社会动员、考核评估更加科学规范，基层地震灾害防御响应能力显著提升，"党委领导、政府负责、社会协同、公众参与"的防震减灾社会治理体系更加完善。

三、深刻理解把握新时代防震减灾事业发展的战略思路

习近平总书记指出："要坚持以防为主、防抗救相结合的方针，坚持常态减灾和非常态救灾相统一，努力实现从注重灾后救助向注重灾前预防转变，从应对单一灾种向综合减灾转变，从减少灾害损失向减轻灾害风险转变，全面提高全社会抵御自然灾害的综合防范能力。"又强调，"同自然灾害抗争是人类生存发展的永恒课题。要更加自觉地处理好人和自然的关系，正确处理防灾减灾救灾和经济社会发展的关系，不断从抵御各种自然灾害的实践中总结经验，落实责任、完善体系、整合资源、统筹力量，提高全民防灾抗灾意识，全面提高国家综合防灾减灾救灾能力"。我们要深入学习贯彻习近平新时代中国特色社会主义思想，从中找方向、找方法、找思路、找遵循，把握事物本质、把握发展规律、把握工作关键、把握政策尺度，深入谋划防震减灾事业发展。

1. 坚持党对防震减灾工作的全面领导，发挥优势健全完善防震减灾社会治理体系，着力加强"综合治理"。党的十八大以来，习近平总书记多次强调并在党的十九大报告中明确指出，"中国特色社会主义最本质的特征是中国共产党领导，中国特色社会主义制度的最大优势是中国共产党领导"。2013年习近平总书记在芦山地震灾区考察时强调，"大灾

大难是检验党组织和党员干部的时候,也是锻炼提高党组织和党员干部的时候,要引导各级党组织强化整体功能,教育党员干部提高思想政治素质、自觉改进作风,做到哪里危险多、哪里困难大、哪里有群众需要,哪里就有共产党员的身影、哪里就有共产党人的奋斗"。推进新时代防震减灾事业改革发展,必须以坚持和加强党的全面领导为根本保证,深刻领悟"两个确立"的决定性意义,增强"四个意识"、坚定"四个自信"、做到"两个维护"。地震部门要把党的领导落实到防震减灾工作全过程各方面,健全完善综合治理体系,统筹防抗救力量,形成党领导下各方齐抓共管、协同配合的工作格局,切实把党的政治优势、组织优势和密切联系群众优势转化为做好防震减灾工作的强大动力和坚强保障。

2. 坚持人民至上、生命至上,用数字化、智能化为人民群众地震安全感提供更有力保障服务,着力打造"智慧服务"。党的十八大以来,以习近平同志为核心的党中央坚持以人民为中心的发展思想,始终把人民放在心中最高位置,把人民对美好生活的向往作为奋斗目标。汶川地震十周年之际习近平总书记强调,"中国将坚持以人民为中心的发展理念,坚持以防为主、防灾抗灾救灾相结合,全面提升综合防灾能力,为人民生命财产安全提供坚实保障"。2023年习近平总书记指出:"现代化道路最终能否走得通、行得稳,关键要看是否坚持以人民为中心。现代化不仅要看纸面上的指标数据,更要看人民的幸福安康。"习近平总书记在全国生态环境保护大会上指出,"深化人工智能等数字技术应用,构建美丽中国数字化治理体系,建设绿色智慧的数字生态文明"。江山就是人民,人民就是江山。地震部门必须坚持以人民为中心,牢牢把握防震减灾事关人民群众生命财产安全和经济社会可持续发展战略定位,一切为了人民,用数字化、智能化为人民群众地震安全感提供更有力保障服务,建设绿色智慧的数字生态文明,促进人与自然和谐发展。一切依靠人民,集中人民智慧,筑牢防灾减灾救灾的人民防线。

3. 坚持统筹发展和安全,系统推进城乡房屋基础设施韧性建设,着力推动"韧性防御"。党的十八大以来,面对世所罕见、史所罕见的风险挑战,习近平总书记洞察世界之变、时代之变、历史之变,科学把握国家安全形势发展变化新特点新趋势,创造性提出总体国家安全观,要求坚持统筹发展和安全,将国家安全贯穿到党和国家工作各方面全过程,同经济社会发展一起谋划、一起部署。党的十九大报告中明确指出,"统筹发展和安全,增强忧患意识,做到居安思危,是我们党治国理政的一个重大原则"。2023年习近平总书记在上海考察时首次提出"全面推进韧性安全城市建设"。通过灾害防御工程和基础设施建设提高城乡抵御灾害的能力是现代城市和乡村安全韧性的基本前提。地震部门必须坚持以防为主,发挥防震减灾事业为经济社会可持续发展提供安全保障的重要作用,加强城乡抗震设防要求落实和地震灾害情景构建，推动减隔震、振动监测等技术广泛应用，推动实现高质量发展和高水平地震安全的良性互动，实现城乡地震安全韧性全面提升。

4. 坚持"两个坚持、三个转变"，确立以地震灾害风险感知体系建设为核心的中国特色地震预报预警道路，着力提升"感知风险"。党的十八大以来，习近平总书记就加强监测预报预警、强化地震趋势研判、推动预警体系建设、灾害风险监测等作出重要指示批示，强调"提高监测预警能力""加强监测预警和应急防范""加强震情监测""加强灾害风险监测预警"。2019年习近平总书记在中央政治局第十九次集体学习时指出，要"坚持从源头上防范化解重大安全风险，真正把问题解决在萌芽之时、成灾之前"。提供及时的风险态势感知是减轻灾害风险、减少灾害损失的重要途径。地震部门必须坚持底线思维，增强风险意识，加强震情预报预警，强化"两源"探察，创新地震灾害风险感知模式，提升对地震灾害风险特征和程度的感知能力，努力实现震情和震灾风险全面感知、动态监测、智能预警。

5. 坚持高水平科技自立自强，依靠地震科技创新提升地震安全服务保障能力，着力创新"探识地震"。习近平总书记多次指出，"要坚持面向世界科技前沿、面向经济主战场、面向国家重大需求、面向人民生命健康，加快实现高水平科技自立自强"。又强调，"人类对自然规律的认知没有止境，防灾减灾、抗灾救灾是人类生存发展的永恒课题。科学认识致灾规律，有效减轻灾害风险，实现人与自然和谐共处，需要国际社会共同努力"。2019年习近平总书记在中央政治局第十九次集体学习时指出，"要推进应急管理科技自主创新，依靠科技提高应急管理的科学化、专业化、智能化、精细化水平"。只有科学认识地震，才能减少灾害造成的损失。地震部门必须落实"四个面向"战略部署，坚持高水平开放，瞄准世界地震科技前沿，强化地震基础研究，科学认识致灾规律，强化核心技术攻关，不断增强公众防震减灾意识，有效减轻灾害风险。

"探识地震、感知风险、韧性防御、智慧服务、综合治理"是全面深入践行习近平总书记关于应急管理重要论述和防震减灾救灾重要指示批示精神，在实践基础上凝练形成的对防震减灾事业发展规律的深化认识，构成当前和今后一个时期防震减灾事业发展战略思路。"探识地震"体现了人类对自然科学规律的不懈探索精神，反映了人民群众对美好生活的向往，是有效减轻地震灾害风险的重要途径。新征程上，必须坚持创新发展理念，发挥防震减灾事业科技型作用，精准探察地下结构，精细解剖典型震例，提升对强震孕育发生和致灾机理的科学认识，通过普及地震知识提升公众防震减灾科学素养。"感知风险"体现了注重灾前预防的风险管理理念，是提高地震灾害应对能力的关键，有助于政府应急决策、行业应急处置和公众应急避险。新征程上，必须树牢风险管理理念，发挥防震减灾事业维护国家公共安全的重要作用，实施地震监测系统和预警系统智能升级，推进重大建设工程的地震反应观测防控系统建设，推动电磁、重力和热红外等地震观测卫星体系建设，构建天地一体的现代化地震灾害风险感知体系，强化地震危险源和承灾体风险源探察，提供全方位风险感知服务。"韧性防御"反映经济社会和人民生活对防震减灾工作的需求变化，体现了高质量发展的时代要求，是安全发展的新范式，是中国式现代化的重要标志。新征程上，必须坚持以防为主，发挥防震减灾事业为经济社会可持续发展提供安全保障的重要作用，建立全国地震动参数区划动态更新机制，着力推进地震危险源和承灾体风险源相结合的地震灾害风险区划，组织开展新建重大工程地震安全评价，落实国家重大基础设施地震灾害风险评估与治理，广泛开展减隔震、建筑健康监测等技术应用，着力提高城乡具备在逆变环境中承受、适应和快速恢复能力，提升城乡抵御重大地震灾害韧性水平。"智慧服务"体现了防震减灾工作数字化转型的时代特征，反映了防震减灾以人民为中心的价值取向，是新时代防震减灾事业现代化的重要标志，是全面建设网络强国和数字中国的重要内容。新征程上，必须坚持开放共享发展理念，充分发挥防震减灾事业基础性作用，加强新一代信息技术应用，以服务为导向，全面推进发展转型，健全完善防震减灾公共服务体系，促进高水平对外开放，构建防震减灾服务新格局，使人民群众的安全感更加充实、更有保障、更可持续，保障经济社会发展更加和谐、更加繁荣。"综合治理"体现了党领导下各方齐抓共管、协同配合的工作原则，反映了国家治理体系和治理能力现代化的基本要求，是提升自然灾害防治能力的组织保障。新征程上，必须始终坚持和加强党的全面领导，推动构建"党委领导、政府负责、社会协同、公众参与"的防震减灾社会治理体系；坚持依法管理，运用法治思维和法治方式提高防震减灾的法治化、规范化水平；坚持社会共治，推动科普宣传进学校、进机关、进企事业单位、进社区、进农村、进家庭，开展常态化疏散演练，支持引导社区居民开展风险隐患排查和治理，提升基层地震灾害风险防御能力。

四、深刻理解把握新时代防震减灾事业发展的战略举措

习近平总书记强调，"既要在战略上布好局，也要在关键处落好子"。新时代新征程，我们深入贯彻习近平总书记关于应急管理重要论述和防震减灾救灾重要指示批示精神，必须坚持系统观念，把握好全局和局部、当前和长远、宏观和微观、主要矛盾和次要矛盾、特殊和一般的关系，不断提高战略思维、历史思维、辩证思维、系统思维、创新思维、法

治思维、底线思维能力，立足"防大震、减大灾"，更加注重灾前预防，更加注重综合减灾，更加注重减轻地震灾害风险，努力提升全社会地震灾害风险防范能力，多措并举推进新时代防震减灾事业现代化建设。一是夯实监测基础、加强预报预警。强化地震站网基础设施完善和运维保障，构建"空、天、地、海"一体化智能监测体系。加强地震趋势动态跟踪研究，不断提高地震预测水平。健全完善地震预警业务体系，加强预警信息传播，充分发挥中国地震预警网减灾效益。二是摸清风险底数、强化抗震设防。加快查明大震巨灾风险底数，深化自然灾害风险普查成果运用。编制更新地震动参数区划和区域地震灾害风险区划，加强地震灾害情景构建。强化新建重大工程地震安全评价，推动地震易发区房屋设施加固工程实施，不断提升城乡抗御大震韧性。三是保障应急响应、增强公共服务。加强保障预案体系建设，全天候做好值守备勤和灾情速报，确保地震灾害防御响应快速高效。推动构建智慧服务体系，扩容升级公共服务事项，加强体验式防震减灾科普基地建设，提高全社会地震灾害风险防范意识和应急避险能力。四是创新地震科技、推进现代化建设。健全完善地震科技平台建设布局，有组织实施重大科研计划，持续加强科技创新团队建设和地震人才培养，带动形成产学研良性循环。全面推进新时代防震减灾"四大体系"现代化建设。

地震部门要在践行这"四句话"工作举措中更加聚焦核心职能职责的履行，构建地震监测预报预警和震灾风险探查区划评估、防震减灾服务和地震科学研究"2+2"业务布局，其中，地震监测预报预警和震灾风险探查区划评估是事业发展的根本基石，防震减灾服务和地震科学研究是事业发展的核心动力，两者互促互融，不可偏废，必须统筹扎实推进，不断丰富完善。

总之，习近平总书记关于应急管理重要论述和防震减灾救灾重要指示批示，既有战略层面的长远谋划，又有战术层面的具体指导，是形成新时代防震减灾事业发展战略的源头活水和逻辑起点。战略定位、战略目标、战略思路和战略举措4个核心要素相互联系、相互支撑，构成了新时代新征程国家防震减灾事业发展的战略体系。我们必须深刻领悟、准确把握，保持战略定力，以一往无前的奋斗姿态奋力推进实施。

目 录

引 言 ·· 1

　　一、强国建设民族复兴赋予防震减灾新使命 ·· 1

　　二、人民对美好生活的向往寄予防震减灾新期待 ·· 2

　　三、小康社会和创新型国家为防震减灾提供了物质基础和科技支撑 ······················ 2

　　四、复杂的震情和高质量发展对防震减灾提出精准高效新要求 ····························· 2

　　五、统筹发展和安全的理论创新提出系统推进防震减灾发展新任务 ······················ 3

第一章　中国防震减灾历史变迁 ·· 4

　第一节　发展阶段 ··· 4

　　一、被动应对、依靠施救，维护政权社会稳定的阶段 ·· 4

　　二、主动防御、减少损失，服务建设小康社会的阶段 ·· 7

　　三、精准预防、化解风险，保障民族复兴伟业的阶段 ·· 9

　第二节　总体特征 ··· 12

　　一、大地震在哪发生，如何防范是防震减灾的根本问题 ····································· 12

　　二、地震构造格局是防震减灾的基础 ·· 14

　　三、多元共治格局是风险防范的关键 ·· 15

第二章　防震减灾事业发展总体战略 ·· 18

　第一节　新时代防震减灾事业的内涵和外延 ··· 18

　　一、防震减灾事业的内涵 ··· 18

二、防震减灾事业的外延 19
第二节 新时代防震减灾事业发展的战略定位 19
　　一、防震减灾事业是党领导下的造福人民的光荣事业 20
　　二、防震减灾事业是强国建设民族复兴伟业的重要保障 20
　　三、防震减灾事业是"大安全大应急"的重要组成部分 21
　　四、防震减灾事业是科技型、基础性公益事业 21
第三节 新时代防震减灾事业发展的战略目标 22
　　一、防震减灾的综合能力目标 22
　　二、防震减灾事业现代化目标 23
　　三、防震减灾事业现代化具体指标 23
第四节 新时代防震减灾事业发展的战略思路 25
　　一、着力加强"综合治理" 26
　　二、着力打造"智慧服务" 27
　　三、着力推动"韧性防御" 27
　　四、着力提升"感知风险" 28
　　五、着力创新"探识地震" 28
第五节 新时代防震减灾事业发展的战略举措 30
　　一、夯实监测基础 31
　　二、加强预报预警 31
　　三、摸清风险底数 31
　　四、强化抗震设防 31
　　五、保障应急响应 31
　　六、增强公共服务 32
　　七、创新地震科技 32
　　八、推进现代化建设 32
第六节 新时代防震减灾事业发展的分类战略和运作战略 33
　　一、分类战略 33

二、运作战略 ·· 36

第三章　地震基本业务和保障服务现代化战略 ························· 37

第一节　地震监测预报预警业务发展战略 ································· 37
　　一、战略背景 ·· 37
　　二、战略问题 ·· 48
　　三、战略目标 ·· 51
　　四、战略行动 ·· 53

第二节　地震灾害风险探查区划评估业务发展战略 ····················· 59
　　一、战略背景 ·· 59
　　二、战略问题 ·· 66
　　三、战略目标 ·· 67
　　四、战略行动 ·· 68

第四章　防震减灾服务智慧化发展战略 ······································ 73

第一节　战略背景 ·· 73
　　一、国内防震减灾服务发展情况 ·· 73
　　二、国外防震减灾服务发展情况 ·· 75
　　三、其他行业服务发展趋势 ··· 76

第二节　战略问题 ·· 77
　　一、服务内容的多元化拓展 ··· 77
　　二、服务模式的数智化方向 ··· 78
　　三、服务产品的精准化投放 ··· 78

第三节　战略目标 ·· 78

第四节　战略行动 ·· 79
　　一、防震减灾智慧服务大数据建设 ··· 79
　　二、防震减灾智慧服务平台建设 ·· 80

三、防震减灾智慧城市服务行动 ··· 82

　　四、防震减灾智慧行业服务行动 ··· 83

　　五、防震减灾智慧公众服务行动 ··· 85

第五章　城乡重点区域防震减灾韧性战略 ···································· 86

第一节　战略背景 ·· 86

　　一、城乡基本具备综合抗御6级左右地震能力 ······························· 86

　　二、城乡地震灾害风险规模仍然较大 ··· 87

　　三、大震韧性防御已成为城市治理新方向 ····································· 87

第二节　战略问题 ·· 88

　　一、国家重大发展战略下区域地震灾害联防联控机制建设 ············· 88

　　二、与国家区域高质量发展战略相适应的高水平地震安全能力建设 ··· 89

　　三、乡村振兴战略下农村地区防震减灾韧性建设 ·························· 89

　　四、西部和东北地区防震减灾事业发展策略 ································· 89

第三节　战略目标 ·· 90

第四节　战略行动 ·· 91

　　一、推进现代化的地震灾害风险防治体系建设 ····························· 91

　　二、提升重点区域地震灾害风险防控能力 ··································· 92

第六章　国家重大战略基础设施地震安全保障战略 ························· 112

第一节　战略背景 ··· 112

　　一、已建立地震部门与行业部门相结合的地震安全保障机制 ········· 112

　　二、新时代国家重大战略基础设施需要更高水平地震安全保障 ······ 115

　　三、国内外重大战略基础设施地震安全保障发展趋势 ·················· 120

第二节　战略问题 ··· 124

　　一、国家重大战略基础设施地震安全保障工作的体系化 ··············· 125

　　二、国家重大战略基础设施地震安全标准的规范化 ···················· 125

三、国家重大战略基础设施风险防控技术系统的智慧化 125

　第三节　战略目标 126

　第四节　战略行动 127

　　　一、重点任务 127

　　　二、战略举措 128

第七章　地震科技创新和人才资源开发战略 132

　第一节　战略背景 132

　　　一、地震科技发展现状 132

　　　二、地震科技人才支撑现状 135

　　　三、地震科技发展趋势 136

　第二节　战略问题 138

　　　一、地震科技的高水平自立自强 138

　　　二、大震巨灾风险防范的关键技术 138

　　　三、地震科技人才队伍建设机制的优化 140

　第三节　战略目标 141

　第四节　战略行动 141

　　　一、战略任务 141

　　　二、战略措施 146

第八章　防震减灾科普转型升级战略 148

　第一节　战略背景 148

　　　一、防震减灾科普布局 148

　　　二、防震减灾科普产品 150

　　　三、防震减灾科普传播 154

　　　四、防震减灾科普人才和机制 155

　第二节　战略问题 156

一、防震减灾科普的社会化动员 …………………………………… 156

　　二、防震减灾科普的全媒体传播 …………………………………… 156

　　三、防震减灾科普的科技含量和规范化提升 ……………………… 157

第三节　战略目标 ……………………………………………………… 157

第四节　战略行动 ……………………………………………………… 158

　　一、防震减灾科普工作队伍建设 …………………………………… 158

　　二、防震减灾科普融媒体矩阵构建 ………………………………… 158

　　三、优质防震减灾科普产品创作 …………………………………… 160

　　四、防震减灾科普实训基地建设 …………………………………… 161

　　五、防震减灾科普活动品牌创建 …………………………………… 162

　　六、防震减灾科普规范化建设 ……………………………………… 163

　　七、舆情管理技术平台研发 ………………………………………… 163

第九章　防震减灾事业管理体制和运行机制 ………………………… 165

第一节　战略背景 ……………………………………………………… 165

　　一、国外防震减灾体制机制启示与借鉴 …………………………… 165

　　二、我国防震减灾体制机制特点和优势 …………………………… 169

第二节　战略问题 ……………………………………………………… 173

　　一、体制和机制的健全完善 ………………………………………… 173

　　二、中央与地方事权和支出责任的科学合理划分 ………………… 173

　　三、"大安全大应急"框架的深度融入 …………………………… 174

　　四、基层治理体系和治理能力的夯实提高 ………………………… 174

　　五、社会力量和市场参与的规范引导 ……………………………… 175

第三节　战略目标 ……………………………………………………… 175

第四节　战略行动 ……………………………………………………… 175

　　一、战略举措 ………………………………………………………… 175

　　二、重点任务 ………………………………………………………… 178

第十章 防震减灾事业发展的政策与法制环境·····185

第一节 战略背景·····185
一、我国防震减灾政策法制现状·····185
二、国外防震减灾政策法制现状·····187
三、防震减灾政策法制建设形势·····189

第二节 战略目标·····190

第三节 战略行动·····190
一、强化防震减灾法制体系建设·····190
二、推进防震减灾行政执法·····191
三、大力推动防震减灾普法·····192
四、加强地震标准体系建设·····193
五、优化防震减灾规划编制实施·····194

后 记·····195
附 录 新时代防震减灾事业发展战略研究项目组·····197
附 图·····209

引 言

同自然灾害抗争是人类生存发展的永恒课题。在众多自然灾害之中，地震对人类生存安全危害最大。我国是世界上地震活动最强烈和地震灾害最严重的国家之一。在同地震灾害抗争的实践中，出现了地震灾害应对、抗震救灾、震害防御、地震灾害防治、地震灾害治理、地震灾害风险防范等词汇，这些词汇的内涵和外延略有差异，在不同时代有不同的具体工作内容，但总体上都没有超出防震减灾的范畴。

党的十八大以来，习近平总书记对应急管理和防震减灾救灾发表了一系列重要论述，指引新时代防震减灾工作实现重大变革、发生根本转变，推动我国防震减灾能力显著提升，实现全国基本具备综合抗御 6 级左右中强地震能力的 2020 年奋斗目标。但是，新征程上地震灾害依然严峻复杂，大震巨灾风险甚至可能迟滞或中断中华民族伟大复兴进程。"大地震会在哪里发生，如何防范"依然是强国建设、民族复兴持久面对的重大问题，要求必须从战略的高度开展研究，推进防震减灾事业高质量发展，以高水平地震安全服务保障中国式现代化。

一、强国建设民族复兴赋予防震减灾新使命

世界历史上因自然灾害引发的社会动荡甚至政权更迭的例子不胜枚举。庞贝古城毁于维苏威火山大爆发，日本历史上曾有 7 次因地震灾害改换年号。当前，我国已经实现了第一个百年奋斗目标，中国共产党的中心任务是团结带领全国各族人民全面建成社会主义现代化强国、实现第二个百年奋斗目标，以中国式现代化全面推进中华民族伟大复兴。在这个关键时期，一旦遭遇大震巨灾，就有可能使改革开放以来创造的巨大成就受到威胁，中华民族伟大复兴进程被迟滞甚至被中断。新征程上，防震减灾被赋予了维护国家安全的新使命，我们必须把防震减灾放在强国建设、民族复兴的大局中认识和布局，树牢底线思维，做最坏的打算和最好的准备，坚决防控大震巨灾风险，服务保障强国建设、民族复兴伟业。

二、人民对美好生活的向往寄予防震减灾新期待

在全球化背景下，人类活动更加频繁，活动范围不断扩大，其决策和行动对自然和人类社会本身的影响力也极大增强，人类日益进入高风险社会，各种全球性风险对人类的生存和发展构成严重威胁，高度透明与便捷的媒体放大了人们对各种风险包括地震灾害风险的反应，更容易引发社会公众的焦虑与恐慌。一旦发生颠覆性风险或迟滞性风险，比如导致数十万人伤亡的大地震，地震事件将成为各种矛盾的集中爆发点，从而破坏社会稳定。我国社会主要矛盾已经转化为"人民日益增长的美好生活需要和不平衡不充分的发展之间的矛盾"，人民群众对更加幸福美好的生活、更加和谐的社会环境、更加安全的生活空间的需求日益增长，对防震减灾工作的期望也越来越高。同时，人民群众和社会组织参与社会事务的积极性不断提升，社会力量正在逐渐成为防震减灾工作的重要力量。

三、小康社会和创新型国家为防震减灾提供了物质基础和科技支撑

党的十八大以来，我国积极应对外部风险挑战，大力推进经济结构调整，全面建成小康社会，经济社会发展取得重大成就，2022 年国内生产总值超 12.1 万亿元，全年人均国内生产总值 85698 元，接近世行划设的高收入经济体人均水平门槛，为开展防震减灾提供了雄厚的经济基础，有利于提高全社会地震灾害防御标准。科技创新为各行各业带来巨大变革，大数据和人工智能为地震科技发展提供了新的机遇，新兴数字技术赋能为实现现代智慧防震减灾注入新动力，企业研发力量不断增强，有利于科技成果在防震减灾中加速转换与综合利用，为防震减灾高质量发展提供重要支撑。

四、复杂的震情和高质量发展对防震减灾提出精准高效新要求

我国地震频度高、分布广、强度大、灾害重。从发生数量来看，20 世纪全球大陆 35% 的 7 级以上地震发生在我国，我国大陆年平均发生 20 次左右 5 级地震、3.8 次 6 级地震、0.7 次 7 级地震、0.1 次 8 级地震。从空间分布来看，我国大陆所有省（自治区、直辖市）均发生过 5 级以上地震，发生过 6 级以上地震的有 28 个，7 级以上地震的有 17 个，8 级以上地震的有 11 个。从震源深度来看，94% 是浅源地震，造成的破坏大。按照 20 世纪我国地震发生频率计算，未来 20 年，我国还可能发生大约 520 次 5 级以上地震，100 次 6 级以上地震，28 次 7 级以上地震，2 至 3 次 8 级以上地震。我国幅员辽阔、疆域广大，国土集聚开发格局日渐清晰，国家确定了优化经济空间布局的方向和重点。不同地区

经济社会发展水平不均衡，地震发生的可能性以及对经济社会的影响也有很大差异，这就要求从整体上统筹区域经济社会发展与防震减灾工作，从不同层次、不同角度提出应对措施。

五、统筹发展和安全的理论创新提出系统推进防震减灾发展新任务

习近平新时代中国特色社会主义思想是我们党推进马克思主义中国化时代化取得的重大理论创新成果，内容涵盖改革发展稳定、内政外交国防、治党治国治军等方方面面，构成一个完整的科学体系。统筹发展和安全是习近平新时代中国特色社会主义思想的重要组成部分，是党的重大创新理论成果之一，我们必须强化理论创新成果在防震减灾领域的运用，用创新理论成果指导防震减灾战略设计，对防震减灾历史变迁进行系统化梳理，制定完整的战略体系框架，切实肩负起为民族复兴伟业提供地震安全保障的历史使命，推动地震灾害风险防治更高标准、防震减灾基本业务和保障服务更高水平、地震科技创新和人才更高"智"量、防震减灾社会治理更高效能、防震减灾开放服务更高格局、党建和全面从严治党引领保障更高要求。

新时代新征程防震减灾任务艰巨、责任重大，开展防震减灾战略研究和防震减灾事业发展战略研究要以习近平新时代中国特色社会主义思想为指导，坚持总体国家安全观，统筹发展和安全，主动服务保障党和国家发展大局，全面融入"大安全大应急"框架，自觉适应防灾减灾救灾体制机制改革，科学认识未来一段时间全球及我国震情形势及发展趋势，按照习近平总书记关于"善于从战略上看问题、想问题"①的要求，系统谋划新时代新征程防震减灾事业发展总体战略、分类战略、运作战略，明确到2035年我国防震减灾事业发展的战略定位、战略目标、战略思路和战略举措。

---

① 《习近平在省部级主要领导干部学习贯彻党的十九届六中全会精神专题研讨班开班式上发表重要讲话强调　继续把党史总结学习教育宣传引向深入　更好把握和运用党的百年奋斗历史经验》，《人民日报》2022年1月12日。

第一章　中国防震减灾历史变迁

习近平总书记强调："重视历史、研究历史、借鉴历史，可以给人类带来很多了解昨天、把握今天、开创明天的智慧。"① 当前，世界百年未有之大变局加速演进，中华民族伟大复兴进入关键时期。防范化解大震巨灾风险，不仅事关人民生命财产安全和经济社会发展，更关乎中国式现代化全局。从原始先民选择在这里生存繁衍，多地震灾害就成为我国的基本国情，决定了我国先民的生产生活中必然伴随着地震灾害的发生和应对地震灾害的一系列防震减灾活动。只有在深刻认识防震减灾历史和现实的基础上开展防震减灾事业战略研究，才能更好明确目标、指导实践。

第一节　发展阶段

历史唯物主义认为，生产力决定生产关系，经济基础决定上层建筑。根据科技等生产力水平和认识地震、应对地震等理念的不同，可以把我国防震减灾历史分为3个发展阶段。

一、被动应对、依靠施救，维护政权社会稳定的阶段

这一阶段包括了从中华文明起源到中华人民共和国成立这一漫长的历史时期。站在现代的视角，回溯中华民族五千多年文明史，这一阶段总体上科技水平不高，生产力水平较低，这就决定了无法正确认识地震的机理，更谈不上预测地震发生的时空和风险，只能在地震发生后被动应对。同时，物质财富相对短缺，决定了采取的各种防震减灾举措比较有限。人们受到天人合一、因缘果报等价值观的影响，普遍把地震看作上天的惩戒、命运的安排。无论是当时的统治者，还是普通民众，只是被动承受地震灾害。这一阶段的防震减

---

① 《习近平致第二十二届国际历史科学大会的贺信》，《人民日报》2015年8月24日。

灾特点包括以下几个方面。

1. 朴素的地震认知

地震作为一种自然现象，深刻影响人类生产生活，人们从未停止对地震的探索。早在远古时期，我国先民就已经开始探索地震的成因，并用神话这一人类早期的艺术创作框架来进行解释，比如汉朝《淮南子》就有相关记录。卷三《天文训》记录了共工怒触不周山的神话，"昔者共工与颛顼争为帝，怒而触不周之山，天柱折，地维绝。天倾西北，故日月星辰移焉；地不满东南，故水潦尘埃归焉"；卷六《览冥训》记录了女娲补天的神话，"往古之时，四极废，九州裂；天不兼覆，地不周载；火爁炎而不灭，水浩洋而不息；猛兽食颛民，鸷鸟攫老弱。于是女娲炼五色石以补苍天，断鳌足以立四极，杀黑龙以济冀州，积芦灰以止淫水。苍天补，四极正；淫水涸，冀州平；狡虫死，颛民生"。从神话描述的现象来看，山崩地裂、水火成灾，这些最有可能是由一次或多次地震、火山及其次生灾害造成的。面对这些巨灾，人们只能依靠自己的生活经验来推测原因，将之想象成神祇之间的争斗。此后，随着人们对大自然的认识水平不断提升，开始意识到地震是一种自然灾害，但是仍然不知道其发生机理是什么，于是先后出现了"龟背说""地母说""积气说"等猜想。如《史记·周本纪》中记载周幽王二年（前780年）大地震，周臣伯阳父曾称"阳伏而不能出，阴迫而不能蒸，于是地震"，他认为地震是阴阳失衡造成的，所谓"阴"即地、"阳"即天，首先发现了地震与天体、自然界的某种关系，并把其作为亡国之兆。这些都不是从科学上对地震成因的认识，不能支撑主动应对地震灾害，只能被动承受地震带来的破坏和损失。

2. 狭隘的减灾目的

从历史上看，大地震很容易导致王朝灭亡和政权更替。一方面，地震造成人员伤亡和经济损失，一旦得不到有力的救助，就可能引发农民起义。北宋100多年的时间里，开封地区有感地震多达18次，平均每5年就有一次，地震和次生灾害，以及地震发生一段时间后的旱灾和洪水，成为诱发北宋农民起义的一大原因。西夏大庆三年（1142）九月，西夏境内发生严重饥荒，米价暴涨，一升米价格高达百钱。次年三月，都城兴庆府发生地震，屋舍倒塌，人畜死亡数以万计，夏仁宗李仁孝宣布凡是在地震中受到伤害的民户皆减免租税不等，房屋遭到破坏者，由国家出钱修复。但是由于饥荒的加剧，七月，各州人民相继起义，规模大的上万人，小的也有五六千，四处抢夺粮食，甚至敢攻打州县。各州出兵镇压，但起义不仅没被镇压下去，反而规模越来越大。另一方面，受"天谴论"等影响,大地震被认为是上天的惩戒,往往会动摇统治者的合法性。汉代董仲舒在《春秋繁露》中提到:"国家将有失道之败,而天乃先出灾害以谴告之",这一理论影响了中国数千年。总的来看,这一阶段的减灾目的主要是为了保障统治和社会稳定,统治者采取的救灾救助举措,仅仅局限在安抚灾民情绪、保障最低生产生活、防止民众因灾造反的范围。

3. 简单的救灾手段

由于没有科技支撑,缺乏防范大地震有效举措,灾害发生后只能采用简单的施救手段。一是最高统治者下"罪己诏"。一旦出现地震等灾害,皇帝就会认为其执政出现了过失,导致上天给予惩罚。因此,皇帝赶紧承认错误,把罪过揽在自己的身上,以便得到上天和天下臣民的宽恕。公元前70年,河南以东地区49个郡国发生地震。汉宣帝下罪己诏:"盖灾异者,天地之戒也。朕承洪业,奉宗庙,托于士民之上,未能和群生。乃者地震北海、琅邪,坏祖宗庙,朕甚惧焉。"1679年,三河、平谷发生8级地震,造成数万人遇难,康熙皇帝下罪己诏谴责自己的罪过,提醒各级官员为天下百姓做好事。二是免除灾区民众赋税。汉元帝登基当年就发生地震,于是下诏要求各级政府采取措施善待百姓,不收粮食租税,并把皇家的湖泊、树林租给灾民,以便组织生产自救,自谋生路。北魏宣武帝执政17年间国内爆发25次地震,多次下诏免去灾区赋税。1143年,西夏发生地震,夏仁宗下诏,地震中有两人遇难的家庭,免租税三年;一人遇难的家庭,免租税两年;一人受伤的家庭,免租税一年。三是组织向灾区"赐钱"。128年,东汉汉阳郡发生地震,汉顺帝刘保下诏赏赐灾区7岁以上的灾民每人2000钱。1038年,忻州、代州、并州等地突发地震,死难者超过2万人,很多地方官员在地震中遇难,宋仁宗下旨对遇难官员发放抚恤金。1679年,北京爆发特大地震后,朝廷对遇难者的家属发放安葬费。四是派出军队直接参与救灾。1068年,大名府爆发地震,宋神宗得知灾区的情况后迅速采取措施,派出数十万宋军官兵进入灾区救人。总的来看,受科技水平限制,上述救灾行为反应速度慢、救援效率低、救灾效果差。

4. 顽强抗争的民族精神

中华民族在长期与灾害作斗争的实践中,沉淀形成了"国以人为本""不畏艰难、敢于抗争""风雨同舟、守望相助"等优秀的文化传统。"共工怒触不周山"的神话故事展现了共工氏这位部落联盟首领不畏强权,敢于同实力强大的"北方天帝"颛顼进行激烈抗争的大无畏英雄气概。"女娲补天"则塑造了以"女娲"为代表的原始先民不屈不挠、自强不息、敢于战天斗地的英勇形象,舍生忘死、无私无畏、勇于担当奉献的精神品质。在与地震灾害作斗争的过程中，人们无论遭受多大灾害，每一次都在互帮互助中重建家园，重新燃起生活的希望，这是中华民族精神的真实写照，这种优秀传统文化深刻影响了民族性格的塑造，也为伟大抗震救灾精神的形成提供基础。

二、主动防御、减少损失，服务建设小康社会的阶段

这一阶段包括了从中华人民共和国成立到党的十八大召开的历史时期。1755年葡萄牙首都里斯本附近海域发生9级大地震，这次地震"震塌了教堂与上帝"，促进了现代地震学的产生。中华人民共和国成立后，在中国共产党的领导下，我国生产力进一步解放，生产关系进一步改善，经济建设取得巨大成就，为实现抗御6级左右中强地震目标奠定了物质基础，现代科技的迅猛发展也为防震减灾注入了新的动力，推动我国防震减灾从被动应对向主动防御、最大限度减轻地震灾害损失转变。这一阶段的防震减灾有力服务国家经济建设发展，为全面建成小康社会奠定了地震安全基础，主要呈现以下几个特点。

1. 科学探索认识地震

党和国家高度重视科学技术研究，地震学、地震地质学、地震工程学等基础研究取得较大进展，建立地震监测台网促进了对地震发生的地质过程、地震断层特征和地震波传播等科学问题的理解，使得能够掌握地震发生及其致灾规律，有针对性地采取科学有效的措施减轻地震灾害损失，并通过开展防震减灾科普宣传，提升全社会防震减灾意识。

2. 主动防御地震灾害

1960年5月，智利中南部的海底发生了强烈的地震，引发了巨大的海啸，导致数万人死亡和失踪，沿岸的码头全部瘫痪，200万人无家可归，这是世界上影响范围最大也是最严重的一次海啸灾难。1964年美国阿拉斯加发生9.2级地震，这是自有地震仪器记录以来，美国历史上记录的最强烈地震，也是全球第二大地震，仅次于1960年智利9.5级地震。1966年我国邢台发生6.8级和7.2级地震，两次地震共死亡8064人，伤38000人，经济损失10亿元。鉴于地震造成的巨大灾害和当时的经济条件，美日等多地震国家和我国均制定了地震预报计划，试图通过震前"打个招呼"采取逃生避险等预防措施减少地震造成的人员伤亡，我国逐渐探索建立了长、中、短、临地震预报业务体系，并于1975年成功预报海城地震，比照同等情况推算，至少避免3万多人伤亡。

3. 积极抗御地震灾害

20世纪五六十年代我国科学家就开始研究建（构）筑物地震破坏的烈度，通过编制

烈度图和采取抗震设计实现主动抗震，最有代表性的就是对156项重点工程采取一系列抗震措施。1976年唐山7.8级地震造成24.2万多人死亡，16.4万多人重伤，7200多个家庭全家震亡，97%的地面建筑、55%的生产设备毁坏；交通、供水、供电、通信全部中断，23秒内直接经济损失高达人民币100亿元，一座拥有百万人口的工业城市被夷为平地。这次地震使科学界认识到地震预报仍然是尚待攻克的科学难题，我国开始更加重视地震专业研究和建（构）筑物抗震。

4. 专业化的应急救援

1998年河北张家口张北地区发生6.2级地震，1999年台湾集集发生7.6级地震，暴露出我国地震救援工作存在短板。2001年我国成立国家地震灾害紧急救援队（中国国际救援队），适应现代化复杂建筑破坏，开展专业化的城市搜索与救援工作，逐步建立应急救援工作体系。救援队自组建以来，先后执行了新疆、四川、青海、甘肃等地发生的地震及其他自然灾害的国内救援任务，实施了赴阿尔及利亚、伊朗、印度尼西亚、巴基斯坦、海地、新西兰和日本等国际救援行动，中国国际救援队为拯救生命，展示国家形象，增进国际友谊作出了贡献。

5. 系统化的防震减灾

党中央国务院建立专门工作机构统筹全国地震工作，1969年成立中央地震工作小组。1971年8月2日，国务院批准成立国家地震局，统管全国地震工作，由中国科学院代管。1988年8月，国家地震局成为国务院直属机构。1993年，国家地震局成为国家科委管理的国家局（副部级）。1998年3月，国家地震局更名为中国地震局，作为国务院直属副部级事业单位管理全国地震工作。在事业发展过程中，逐渐明确防震减灾"四个环节"的工作和地震监测预报、震害防御、应急救援三大工作体系，最大限度减轻地震灾害损失。1998年开始实施《中华人民共和国防震减灾法》（以下简称《防震减灾法》），标志着我国防震减灾工作进入到法制化管理新阶段。2007年《国家防震减灾规划（2006—2020）》发布，提出抗御6级地震目标。

6. 伟大抗震救灾精神

成功应对河北邢台地震、唐山大地震等一系列重特大地震。在汶川大地震抗震救灾过程中，形成了"万众一心、众志成城，不畏艰险、百折不挠，以人为本、尊重科学"的伟大抗震救灾精神。万众一心、众志成城，体现了中国人民团结奋进的强大力量；不畏艰险、百折不挠，体现了中国人民泰山压顶不弯腰的英勇气概；以人为本、尊重科学，体现了对人民的高度关爱、对科学的高度尊重。抗震救灾精神，是爱国主义、集体主义、社主义精神的集中体现和新的发展，是我们党和军队光荣传统和优良作风的集中体现和新的发展，是中华民族的民族精神在当代中国的集中体现和新的发展，是党和人民极为宝贵的精神财富。

7. 中国特色的防震减灾

充分发挥社会主义制度集中力量办大事的体制优势，坚持人民至上，在防震减灾实践中形成以防为主、防抗救相结合的完整工作链条，实现了常态减灾和非常态救灾的有机结合，灾害损失大大减少，抗震救灾效果突出，为党的中心工作提供了坚强保障，构建形成防震减灾工作治理格局，建立重点监视防御区制度，我国进入体系化的单灾种全链条防震减灾时代。

这一阶段与发达国家相比，除了地震科技水平、建筑抗震能力稍弱之外，地震监测预报、应急救援、恢复重建等方面均处于世界领先。但是也存在综合协调不够、救援效率不高、力量分散、精准性不足、以防为主落实举措和效果不够等问题。

三、精准预防、化解风险，保障民族复兴伟业的阶段

党的十八大以来，习近平总书记高度重视防震减灾救灾，始终把人民放在心中最高位置，提出"两个坚持、三个转变"新理念，为防震减灾高质量发展提供了根本遵循和行动指南。在党中央的坚强领导下，防震减灾进入担负更高使命的战略阶段，主要趋势变化体现在以下几个方面。

1. 以地震科技助推精准防震减灾

习近平总书记在党的二十大报告中强调，"必须坚持科技是第一生产力、人才是第一资源、创新是第一动力"[①]。全球科学家共同对地震发生机理及其致灾规律开展研究，不断推动防震减灾精细化、高效化发展。随着地震科技的进步，对地震断裂带和活断层的认识和探察更为精确，对地震空间、时间丛集的规律性认识更加深入，对地震灾害风险作出更为准确的判断，为开展大地震危险源、承灾体风险源两源调查，科学划定我国的地震区带、精准高效布局区域发展资源奠定了基础，为面向社会公众科学普及地震知识提供了前提，为实施精准治理、精准预警、精准抢险救援、精准恢复重建、精准监管执法提供了有

[①] 习近平：《高举中国特色社会主义伟大旗帜　为全面建设社会主义现代化国家而团结奋斗——在中国共产党第二十次全国代表大会上的报告》，《人民日报》2022年10月26日。

力的科技支撑。

2. 以大震源头识别筑牢灾前预防

习近平总书记强调:"要健全风险防范化解机制,坚持从源头上防范化解重大安全风险,真正把问题解决在萌芽之时、成灾之前。"① 新阶段我国继续坚持从震后救助向震前预防转变,通过实施地震烈度速报与地震预警工程,为高铁、核电等重大基础设施和社会公众提供应急避险信息,通过探索长、中、短、临地震预报方法开展大地震趋势研判,通过做好地震灾害风险评估,做到关口前移、重心下移,加强源头管控,夯实安全基础,强化灾害风险评估、隐患排查、监测预警,真正做到以防为主。

3. 以韧性建设防御大震巨灾

习近平总书记强调,"重点要防控那些可能迟滞或中断中华民族伟大复兴进程的全局性风险"②。2020 年我国已经基本实现抗御 6 级左右中强地震的目标,服务保障强国建设、民族复兴,需要重点防范平均每年 0.7 次的 7 级地震和 0.1 次的 8 级地震,这些大地震有可能连发形成"地震风暴"。过去强调单体抗震,现在需要对乡村和城市作为一个整体来考虑。高效的城市防震减灾需要从震后救援救助向震前的韧性建设转变,通过抗震加固、完善预案、强化救援和灾后重建,真正把防抗救统筹起来,使得城市在遭遇地震时既减轻伤亡又能够快速恢复。韧性城市是国际发展趋势,我国也要围绕韧性城乡建设,夯实地震韧性,同时做好应急预案和物资准备,在全社会真正树立起全面灾前预防的观念。

4. 以有机融合促进综合减灾

习近平总书记强调,"要正确处理防灾减灾救灾和经济社会发展的关系……整合资源、统筹力量,全面提高国家综合防灾减灾救灾能力"③。大地震造成的灾害具有综合性和连锁性,往往引发山体滑坡、泥石流、堰塞湖、房屋倒塌、管道爆裂、交通堵塞以及传染病、火灾等次生衍生灾害。党和国家机构改革打破了单灾种应急体系,建立了应急管理综合体制,进一步强化了综合管理、综合应对、综合救援、综合保障、综合服务。未来趋势就是防震减灾各部门积极融入大安全大应急框架,进一步提升防震减灾效率,实现防震减灾效

---

① 习近平:《充分发挥我国应急管理体系特色和优势 积极推进我国应急管理体系和能力现代化》,《人民日报》2019 年 12 月 1 日。
② 《习近平关于防范风险挑战、应对突发事件论述摘编》,中央文献出版社 2020 年版,第 16 页。
③ 习近平在河北唐山市考察:落实责任完善体系整合资源统筹力量 全面提高国家综合防灾减灾救灾能力》,《人民日报》2016 年 7 月 29 日。

益最大化。

5. 以多元共治保障行稳致远

习近平总书记指出，"要坚持群众观点和群众路线，坚持社会共治"，"筑牢防灾减灾救灾的人民防线"①。防震减灾涉及社会方方面面，既有地震部门作为供给侧的服务支撑，又有应急管理部门的综合监管，还有住建、水利、交通、工信、电力、能源、保险等行业监管职责，以及学校、机关、企事业单位、社区、农村、家庭和社会公众的共同责任。防震减灾的精准治理需要相近区域间联防联控，各主体共同应对。要加强和创新社会治理，发挥市场机制作用，群防群治，筑牢防灾减灾救灾的人民防线。

6. 以地震安全文化提升社会意识

习近平总书记指出，"要坚定文化自信、担当使命、奋发有为，共同努力创造属于我们这个时代的新文化，建设中华民族现代文明"②。文化是人类文明的产物，只有让地震安全观念扎根人心，让地震安全行动成为自觉，形成工程抗震的"硬实力"加地震安全文化的"软实力"同频共振，才能建设一个安全和谐的社会。要大力加强防震减灾宣传，普及防震减灾知识，培育地震安全文化，不断增强全社会地震安全意识。

7. 以信息化技术赋能社会治理

关于网络信息化工作，习近平总书记指出，"要切实肩负起举旗帜聚民心、防风险保安全、强治理惠民生、增动能促发展、谋合作图共赢的使命任务"③。当前正迎来新一轮信息革命浪潮，信息技术不断向数字化、智能化、智慧化发展演进，地震科技与信息技术的高度融合，产生了地震预警、情景构建、数字孪生、光纤测震等一系列新应用，赋能实现精准划分地震区带、精准布局资源投入、精准评估地震灾害风险等。要进一步提升基础工作的信息化水平和科技含量，依靠科技创新提高监测预报预警、探查区划评估、防震减灾服务的科学化、专业化、智能化、精细化水平。建设智慧化平台，把防震减灾各环节、各主体、各区域整合到一起，实现防震减灾科技、业务、管理、服务的高效运行。

---

① 习近平：《充分发挥我国应急管理体系特色和优势 积极推进我国应急管理体系和能力现代化》，《人民日报》2019年12月1日。
② 《习近平在文化传承发展座谈会上强调 担负起新的文化使命 努力建设中华民族现代文明》，《人民日报》2023年6月3日。
③ 《习近平对网络安全和信息化工作作出重要指示强调 深入贯彻党中央关于网络强国的重要思想 大力推动网信事业高质量发展》，《人民日报》2023年7月16日。

总的来说，党的十八大以来，我国防震减灾正处于从上一个战略阶段向下一个战略阶段转变的过程中，在主动减轻地震灾害损失的基础上通过科技赋能、理念创新实现精准高效减灾，以高水平地震安全保障中国式现代化。这一阶段在战略上从防范化解大震巨灾风险的角度，主动担纲保障民族复兴大任，提升发展目标、调整管理体制、顺应科技潮流，切实把做好防震减灾工作的主动权掌握在自己手里，不因发生大震巨灾而影响和迟滞中华民族伟大复兴进程。

第二节　总体特征

随着科技和社会的进步，人们对防震减灾的认识也日趋深入，做好防震减灾工作，要把握地震这一自然现象的规律和防震减灾这一社会行为的特点。实现精准高效防范应对大震，必须结合最新科研成果确定新的全国地震构造格局，明确大地震会在哪里发生；实现最大限度减轻大震巨灾风险，全面提升全社会抵御地震灾害的综合防范能力，必须发挥多元主体作用，健全完善多元共治格局，明确风险谁来防。

一、大地震在哪发生，如何防范是防震减灾的根本问题

社会存在决定社会意识。处在地震带上的国家均把防震减灾作为一项重要的社会事业来开展，根据本国或邻近区域地震特点、科技和经济社会发展水平来确定防震减灾工作的重点。

美国非常注重地震灾害的有效预防，加强平时训练与演习，合理规划设置城市的避难场所，强化建筑物的抗震性能。美国近一个世纪以来发生的大地震死亡人数均未超过1000人。美国针对地震灾害采取的措施主要有：一加强科学研究，利用科技水平的提高最大限度推动防震减灾能力的提高。依靠科学技术控制灾害影响是美国抗震减灾的核心理念。二注重建筑物的抗震性能，始终把提高建筑物抗震性能作为有效降低地震灾害的最重要途径。充分利用科学技术手段，提高建筑物尤其是生命线工程的抗震性能，确保已有建筑物的安全。开发新技术，在保持经济性的前提下对危险建筑物进行加固和修复。三重视科学研究和基础性工作，提高地震预报与减灾水平。在过去的几十年里，美国一直致力于提高对地震的预报水平，其重点在于加强基础科学研究和基础性工作，注重发展广泛的合作网络，增进对地震过程和影响的认识，培养大批专业人才。

日本作为亚洲发达国家，其地震灾害程度与我国相当。1981年日本人均国内生产总

值刚刚超过1万美元,日本政府开始修改《建筑基准法》,将高层建筑抗御地震的目标确定为7级以上,并将学校、医院等抗震标准在原来基础上相应提高,同时对建筑的上下、里外、左右如何加固都进行了规定。1995年日本阪神7.5级地震后的事实证明,地震中幸存下来的房屋绝大部分是1981年以后按照新标准修建的。这也说明,在人均国内生产总值超过1万美元时,把抗御7级地震这个目标作为强制措施进行推广,能够平衡减轻灾害损失和经济可承受能力,具有可行性。

墨西哥1991年建成地震预警系统SAS,向墨西哥城、托卢卡、阿卡普尔科、奇尔潘辛戈、瓦哈卡5个城市发布地震预警信息,是世界上第一个提供公众服务的地震预警系统。面向大众的发布渠道主要包括墨西哥城的6个电视频道和58个无线广播电台、托卢卡市的1个电视频道和3个无线广播电台。在面向行业用户方面,超过250个用户通过专用的无线通信链路接收地震预警信息。发布策略方面,地震预警信息根据地震大小分为公众警报和预防警报,震级小于5.5级不发布预警,5.5~6级之间发布预防警报,大于6级发布公众警报。

智利经受过人类有记录以来最强地震——1960年5月的9.5级大地震,经受过2010年2月8.8级大地震,也经受过不计其数的7级以上地震,但是地震造成的伤亡人数并不大。首先,智利是一个建筑抗震技术输出国,房屋抗震性能强。根据智利建筑行业相关机构评估,智利5层以上建筑中,超过90%的房屋按照抗御9级地震的标准设计建设。1985年至2010年,智利建造了约1万幢高层建筑,其中99%毫发无损地经受住了2010年8.8级地震考验。其次,智利拥有覆盖全国的地震监测网络和全面升级的海啸预警系统。再者,智利救灾机制较为健全,中央和地方政府均储备有相当数量的救灾物资,地震学家和专业救援人才更发挥了重要作用。第四,得益于政府、学校的大力宣传和有效措施,智利人在震后应对方面可说个个都是经验丰富。

结合我国防震减灾历史和世界各国的防震减灾经验,认为大地震会在哪里发生,如何防范是新时代新征程上防震减灾的根本战略问题,指导着如何科学认识我国大地震及其风险,如何认识防震减灾事业在现代化建设中的战略定位,指导提出防震减灾事业发展的战略目标、战略思路、战略举措以及战略布局。

具体来说,就是要准确找到我国下一次(或几次)大地震发生的地点并对地震趋势做出科学的预判,高效做好防范应对大地震的充分准备,利用智慧化手段最大限度减轻大震巨灾风险,保障人民生命财产安全,全面提升全社会抵御地震灾害的综合防范能力,确保不因大震巨灾影响和迟滞中华民族伟大复兴进程。聚焦这一目标,在全面巩固综合抗御6

级左右地震的基础之上,以 7 级地震为主要标准,进行基本地震活动断裂和地震区带划分,形成我国新的地震构造格局（以 23 条地震带,5 个区以及中国大地构造图最新成果为基础）,在 2035 年要实现京津冀、川滇等重点地区初步具备综合抗御 7 级左右地震的能力,关键领域核心技术实现突破,信息化、智慧化水平不断提高,地震灾害风险防治、地震灾害应急救援、地震基本业务和保障服务、地震科技创新和人才、地震科普全媒体传播、防震减灾社会治理现代化体系基本建成,基本实现防治精细、监测智能、服务高效、科技先进、管理科学的现代智慧防震减灾,达到世界领先水平。

二、地震构造格局是防震减灾的基础

科学认知地震空间、时间丛集分布的规律性是现代防震减灾的前提,对地震区带更加精准地划分并研究其发展变化的规律,结合经济社会发展的需求对工作布局进行调整,是开展防震减灾工作的基础,决定了防震减灾各类资源投入布局和各种工作路径选择。我国大地震分布参见附图 1。20 世纪 70 年代,科学家把我国地震活动分为 5 个区和 23 条地震带。21 世纪初,结合我国地震区带的划分以及进一步的研究工作,国家防震减灾规划（2006—2020 年）提出了防震减灾的阶段总体布局,包括环渤海及首都圈地区、长江三角洲地区、东南（南部）沿海地区、南北地震带和南北天山区,并对黄河中上游流域,长江中上游流域、黄河上游流域及西南地区,青藏高原地区,黑龙江、吉林、云南和海南等火山地震活动区进行重点工作布局。对地震区带分布的认识是动态发展的,随着理论进步、地震时间空间丛集性规律演变,需要在研究把握地震发生演变规律的基础上,更为科学、更为精细地对地震区和带进行划分,依据对地震构造格局认识的变化,做好工作布局调整。在国家防震减灾规划（2006—2020 年）分区布局基础上,依据"地块理论"的研究进展以及 2035 年基本实现社会主义现代化建设目标和 2050 年全面建成社会主义现代化强国目标,将我国大震发生区域划分为 8 个区和 15 条地震断裂带。

我国大陆地震重点活动地区主要地震断裂带：1 郯庐地震断裂带,2 张渤地震断裂带,3 环鄂尔多斯地震断裂带,4 东南沿海地震断裂带,5 祁连地震断裂带,6 西秦岭北缘地震断裂带,7 东昆仑地震断裂带,8 川滇菱形地块地震断裂带,9 龙门山—小金河地震断裂带（锦屏山）,10 滇西南地震断裂带,11 南天山地震断裂带,12 北天山地震断裂带,13 喜马拉雅地震断裂带,14 喀喇昆仑地震断裂带,15 甘玉（甘孜—玉树）地震断裂带（参见附图 2）。

受活动地块和地震断裂带共同作用,有些区域地震活动相对比较强烈,活动地块内部比较破碎，断裂分布比较复杂，没有呈现明显的带状分布，划分为8个区（含火山活动区）。这些地区主要有：A 华北平原地震区，B 沿黄海地震区，C 东南沿海地震区，D 西北地震区，E 西南地震区，F 天山地震区，G 藏东南地震区，H 火山活动区（长白山，五大连池，腾冲）。

除了15个地震断裂带和8个区以及人口较少的无人区外，其他地区地震活动性相对较弱，基本上地震在6级以下。

党的十八大以来，先后实施了京津冀协同发展、长江经济带发展、粤港澳大湾区建设、长三角一体化发展、黄河流域生态保护和高质量发展等若干区域发展战略。党的二十大报告强调，"深入实施区域协调发展战略、区域重大战略、主体功能区战略、新型城镇化战略，优化重大生产力布局，构建优势互补、高质量发展的区域经济布局和国土空间体系"。区域重大战略的实施充分考虑了我国国土空间类型多样、差别巨大的客观实际，旨在从不同空间尺度、区域类型和功能定位推动战略重点区域加快发展，发挥对区域经济发展布局的示范引领和辐射带动作用。防震减灾在为区域重大战略提供服务保障基础上，形成国家防震减灾战略区，主要包括：京津冀地区、长江三角洲城市群、长江经济带战略发展区、粤港澳大湾区、黄河流域经济带、西部大开发地区、东北地区。

三、多元共治格局是风险防范的关键

我国在防震减灾实践中逐步形成了中国特色防震减灾道路，其中的一项重要内容就是防震减灾多元主体共治模式。从强化防震减灾管理的角度看，多元共治主体包括地震专业公共服务部门、防震减灾行政监管部门（综合监管部门和行业监管部门）、抗震救灾应急指挥部门、意识形态管埋部门（宣传部门、文化管理部门、媒体管理部门、精神文明建设主管部门、科普管理部门）、资源投入保障部门（发改部门、财政部门、科技部门、基金委等），以及学校、机关、企事业单位、社区、农村、家庭和社会公众等主体，每一个部门都有自身的职责，每一个公众也都有自身的义务，必须强化各部门履行好自身的责任，社会组织和社会公众做好自救互救，财政和发改部门做好资金支持和项目支持，加大宣传科普力度，推进全社会关心关注防震减灾事业，学会弄懂防震减灾技能。

防震减灾未来的发展趋势是综合减灾，而非单灾种全链条。地震专业公共服务部门提供防震减灾专业信息、专业技术、科学普及等服务，地震部门承担着人民群众地震安全守夜人和国家防震减灾参谋助手的职能。防震减灾行政监管部门承担住建、水利、交通、工信、电力、能源、保险等领域内城乡建筑及基础设施防震减灾监管职责，保障城乡建筑地震安全、水库大坝地震安全、交通基础设施地震安全、信息基础设施地震安全、电力基础设施地震安全,以及油气储运管线、核电、大型清洁能源基地地震安全。抗震救灾应急指挥部门负责地震发生后的抗震救灾组织、协调和实施。意识形态管理部门负责普及防震减灾知识、引导涉震舆情、构建地震安全文化。资源投入保障部门负责为防震减灾事业发展提供必要的经费保障和政策保障。

多元共治模式能不能发挥成效,根本取决于防震减灾基层治理的落地实践。学校、机关、企事业单位、社区、农村、家庭和社会公众才是防震减灾工作的基层治理主体,承担着本单位和个人的防震减灾责任。只有基层单位和社会公众真正认识到防震减灾的重要性,并具备了防震减灾意识,掌握了正确的防震减灾知识,提升了防震减灾能力,才有可能将我国防震减灾多元共治的制度优势转化为实践成效。

多元共治各主体之间通过建立合作机制实现防震减灾效果,地震工作专业部门通过监测预报预警、探查区划评估为其他主体提供地震专业数据和信息,是防震减灾工作链条的起点,也是防震减灾工作的基础。只有精准确定地震在哪里,才能有针对性开展高效的地震灾害防治。只有精准测定地震发生的时间、地点和震级,才能高效开展地震应急救援。只有对重点区域的地震灾害风险进行精准评估,才能采取措施高效防范化解大震巨灾风险。只有推进防震减灾科技精准化、智能化发展,才能进一步提升防震减灾整体生产力水平,从而提升防震减灾工作的整体效能(见图1-1)。

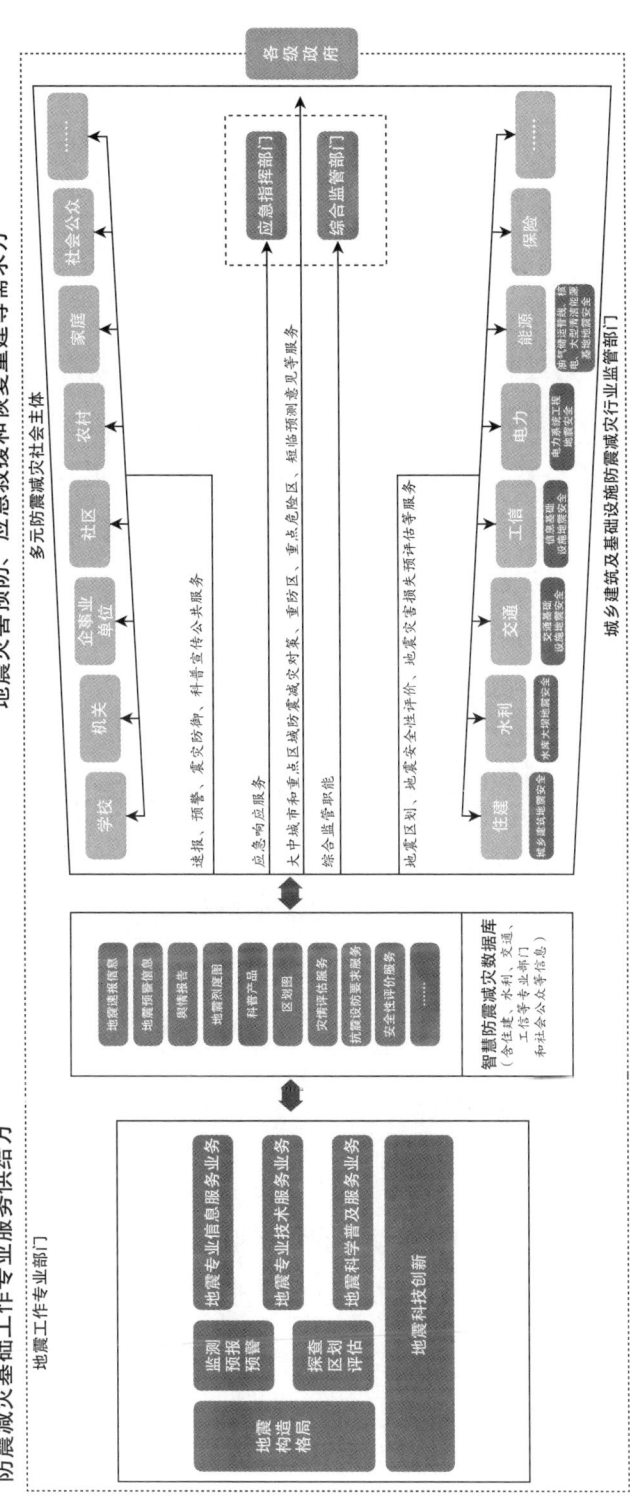

图 1-1 防震减灾多元共治模式

第二章 防震减灾事业发展总体战略

党的十八大以来，习近平总书记就应急管理发表一系列重要论述，对防震减灾救灾多次作出重要指示批示，特别是对土耳其地震作出的一系列重要指示批示，指出了我国防震减灾事业发展的根本战略问题。地震部门作为防震减灾服务的供给侧，通过监测预报预警、探查区划评估为其他主体提供地震专业数据和信息，是防震减灾工作链条的起点，也是防震减灾工作的基础，防震减灾事业发展对于全国防震减灾具有重要意义。对新时代新征程防震减灾事业未来发展作出的前瞻性、整体性、全局性谋划，起到统一思想、擘画目标、统筹布局、聚焦重点、明确途径的作用。

第一节 新时代防震减灾事业的内涵和外延

党的十八大以来，我国防震减灾事业进入精准预防、化解风险，保障民族复兴伟业的新阶段。2018年党和国家机构改革成立应急管理部，防震减灾事业纳入"大安全大应急"框架，需要对新时代防震减灾事业的内涵和外延进行新的认识。

一、防震减灾事业的内涵

广义的现代防震减灾是指政府领导下的为防御和减轻地震灾害所采取的活动，主要是政府的监管、防御和救灾措施。狭义的防震减灾事业是以地震部门为主的科技和公益性事业。防震减灾事业具有以下特征：一是有合法的管理机构；二是采用各种措施，包括工程性措施和非工程性措施；三是拥有以防震减灾为职业的专业人员；四是面向社会，具有广泛的社会影响。

防震减灾事业具有科学性和社会性双重属性。科学性是指科学理论和科学方法在防震减灾事业中发挥着重要作用，对地震孕育发生机理及其致灾规律的认识直接决定了能否预测预报地震以及科学揭示地震灾害风险，从而采取有针对性的措施减轻地震灾害损失。社会性是指防震减灾成效关系人民群众生命财产安全和经济社会发展，并深刻影响政治、经济、文化等方方面面，是社会事业的重要组成部分，并具有更广泛的公益性。

二、防震减灾事业的外延

中华人民共和国成立后，党中央国务院从保护人民群众生命财产安全和经济社会发展出发，领导我国防震减灾事业不断发展。1966年3月邢台地震发生后，周恩来总理三次亲赴灾区指导部署抗震救灾工作，发出向地震预报进军的号召。1969年7月渤海湾7.4级地震发生后，成立中央地震工作小组。1970年1月云南通海7.7级地震后，周恩来总理作出了"地震是有前兆的，可以预测的，可以预防的，要解决这个问题"的指示。经国务院批准，国家地震局于1971年8月正式成立，并在短期内调整、组建了各省级地震工作机构和以地震科研为核心任务的研究所，我国地震管理和专业队伍由此壮大。2018年，党和国家机构改革中，将中国地震局划归应急管理部管理。在半个多世纪的发展过程中，我国防震减灾事业的外延不断扩大，对经济社会发展的支撑保障能力不断增强。

具体来说，防震减灾事业的外延主要包括四个方面，防震减灾基本业务、地震科技创新和人才培养、防震减灾服务、防震减灾社会治理。基本业务是防震减灾事业的基础，主要包括地震监测、地震预报、地震预警、活断层探察、地震区划、地震安全性评价等基本技术及其应用。科技创新和人才培养是防震减灾事业的重要支撑，主要包括地震学、构造地质学、大地测量学、地球化学、空间电磁学、地球物理学、地磁学、工程地震学、地震工程学、公共管理学、灾害社会学、新闻传播学等领域的科学研究和研究生培养。对外服务是防震减灾事业显性作用的体现，主要包括决策服务、公众服务、专业服务和专项服务。社会治理是防震减灾事业协调内外的手段，主要包括党的领导、体制机制、法治建设、规划计划等。

第二节　新时代防震减灾事业发展的战略定位

2018年2月26日习近平总书记在党的十九届三中全会上作的《关于深化党和国家机构改革决定稿和方案稿的说明》中强调："我国是灾害多发频发的国家，必须把防范化解重特大安全风险，加强应急管理和能力建设，切实保障人民群众生命财产安全摆到重要位置。"① 防震减灾成为应急管理的重要组成部分,进一步明确了新时代防震减灾的战略定位。

一、防震减灾事业是党领导下的造福人民的光荣事业

防震减灾是全社会的共同行动,需要多元主体共同参与。防震减灾事业是以地震部门为主开展的一系列工作和活动,是防震减灾的基础和前提。党中央国务院高度重视防震减灾事业发展,早在福建工作期间,习近平同志视察福建省地震局,就欣然题写"防震减灾、造福人民",深刻阐述了防震减灾的重要使命和目标。中国共产党的根本宗旨是全心全意为人民服务,中国共产党人的初心使命是为中国人民谋幸福,为中华民族谋复兴。中国共产党领导下的防震减灾工作永远为了人民、永远依靠人民,用"造福人民"这把标尺时时对照检视,确保防震减灾事业始终以习近平新时代中国特色社会主义思想为根本遵循和行动指南,不走错路、不走弯路。防震减灾事业是直接服务社会减轻地震灾害中人员伤亡和财产损失的光荣事业,功在当代,利在千秋。在新的社会和科技条件下,防震减灾事业要充分吸收新技术新理念,提升服务的智能化、智慧化水平,"当好震防参谋助手",实现防震减灾造福人民的目的。

二、防震减灾事业是强国建设民族复兴伟业的重要保障

2016年7月28日习近平总书记在河北唐山市考察时的重要讲话强调:"防灾减灾救灾工作事关人民生命财产安全,事关社会和谐稳定,是衡量执政党领导力、检验政府执行力、评判国家动员力、彰显民族凝聚力的一个重要方面。"② 据统计20世纪全球因地震死亡120万人,其中我国就达60万人,造成千人以上死亡的地震有22次。1966年河北邢台两次地震共造成8064人死亡、38000人受伤,经济损失超过10亿元。1975年成功预报海城地震,至少避免3万多人伤亡。防震减灾事业不是中心却能影响中心,不是大局却能影响大局,做好了社会价值不可估量,做不好则可能出现重大风险。地震部门始终为了保障人民生命财产安全扎实开展工作,为实现全国综合抗御6级地震目标提供了基础支撑,先后发布5代区划图,为重大工程项目开展地震安全性评价,保障我国建(构)筑物科学设防,避免再次造成唐山地震那样的惨痛,大力开展防震减灾科普宣传和舆论引导,为全社

---

① 《关于深化党和国家机构改革决定稿和方案稿的说明》,《十九大以来重要文献选编》(上),中央文献出版社2019年版,第247页。

② 《习近平关于防范风险挑战、应对突发事件论述摘编》,中央文献出版社2020年版,第191页。

会防震减灾意识和应急避险能力的提升做出贡献。地震部门始终坚持以人民为中心的发展思想，坚定履行好党和人民赋予的重大职责，当好党和人民的"守夜人"。

三、防震减灾事业是"大安全大应急"的重要组成部分

2018年1月5日习近平总书记在新进中央委员会的委员、候补委员和省部级主要领导干部学习贯彻习近平新时代中国特色社会主义思想和党的十九大精神研讨班上的重要讲话指出，"重点要防控那些可能迟滞或中断中华民族伟大复兴进程的全局性风险，常备不懈，提高防大灾、救大险能力，做好抗击发生像唐山大地震、汶川严重地震、1998年长江洪水那样的重大自然灾害的准备"[①]。党的二十大报告将应急管理体系纳入国家安全体系，提出"提高防灾减灾救灾能力"。2023年，国务院落实习近平总书记重要讲话精神，建立国家防灾减灾救灾委员会，该委员会负责研究制定国家减灾工作的方针、政策和规划，协调开展重大减灾活动，指导地方开展减灾工作，推进减灾国际交流与合作，设置防汛抗旱指挥部、抗震救灾指挥部、森林草原防灭火指挥部，更加注重多部门协作开展防震减灾，中国地震局是抗震救灾指挥部成员单位。地震是群灾之首，地震灾害不仅会造成人员伤亡和财产损失，还可能对国家经济发展和社会和谐稳定构成严重威胁。地震部门必须树立大安全意识，融入大安全大应急框架，切实担负起防震减灾维护国家公共安全的重大使命。

四、防震减灾事业是科技型、基础性公益事业

2018年5月12日习近平总书记向汶川地震十周年国际研讨会暨第四届大陆地震国际研讨会的致信指出，"人类对自然规律的认知没有止境，防灾减灾、抗灾救灾是人类生存发展的永恒课题。科学认识致灾规律，有效减轻灾害风险"[②]。实施防御和减轻地震灾害活动以科学认识和把握地震科学规律为前提，要牢牢把握防震减灾科技属性，依靠科技创新大力提高人类应对地震灾害的能力。地震频度高、分布广、强度大、灾害重是我国的基本国情之一，约57%的人口、51%的城市和58%的国土位于地震高风险区，防震减灾事关人民生命财产安全，事关社会和谐稳定，是党和国家一项基础性公益事业。防震减灾事业具有很强的科技属性，建立在地震学、地质学、地震工程学、工程地震学等学科发展基

---

① 《习近平关于防范风险挑战、应对突发事件论述摘编》，中央文献出版社2020年版，第16页。
② 《习近平向汶川地震十周年国际研讨会暨第四届大陆地震国际研讨会致信》，《人民日报》2018年5月13日。

础之上，一旦脱离了学科发展，防震减灾事业将裹足不前。我国 1956 年发布的科技规划中，"西藏高原和康滇横断山区的综合考察及其开发方案的研究""地球物理、地球化学和其他地质勘探方法的掌握及新方法的研究"等问题中都涉及地震研究相关内容，并在建筑领域专门列出一个问题"中国地震活动性及其灾害防御的研究"，指出"了解中国的地震情况和提出合理的防震措施，首先应该建立全国地震台网和改进仪器观测的技术，以掌握科学的观测资料；在这个基础之上，进行全国地震强度的区域划分及各地区地震特征的研究；研究地震对于建筑物的影响及有效抗震措施。为了最彻底地解决防震问题，还需要开展地震规律和地震预告方法的研究。"地震部门开展的地震科技和业务工作，就是处于防震减灾供给侧的基础性工作，这部分工作投入大，具有长期性和普惠性，市场化程度低，必须以国家投入为主。

第三节 新时代防震减灾事业发展的战略目标

防震减灾事业发展的战略目标主要包括三个层级。从强国建设、民族复兴伟业的需求和防震减灾发展实际来看，必须确定一个全国层面的综合性目标，用以指导和约束防震减灾多元主体之间的行为。同时对于狭义的地震部门从事的防震减灾事业来说，也必须在大的防震减灾目标之下确定自己的事业发展目标和具体评价指标。

一、防震减灾的综合能力目标

综合能力目标是全社会要达到的目标，是强国建设、民族复兴伟业的重要保障。党的十八大以来，在以习近平同志为核心的党中央坚强领导下，全社会防震减灾能力建设取得明显进展，实现了全国基本具备综合抗御 6 级左右地震能力的防震减灾阶段目标。2020 年 8 月 18 日习近平总书记在安徽省蒙洼蓄洪区考察调研时的重要讲话指出，"全面建设社会主义现代化国家，我们要提高抗御灾害能力，在抗御自然灾害方面要达到现代化水平"[①]。2023 年 2 月 6 日，土耳其一天发生两次 7.8 级大震，习近平总书记多次作出重要指示批示，提出"大地震会在哪里发生，如何防范"，深刻阐明了新时代新征程防震减灾工作目标要求。到 2035 年，全国基本实现防震减灾事业现代化，达到地震灾害防御响应快速高效、监测预报预警及时可靠、探查区划评估精细准确、防震减灾公共服务普惠便利、

---

① 2020 年 8 月 18 日习近平总书记在安徽省蒙洼蓄洪区考察调研时的讲话。

地震科技创新成效显著、发展保障支撑有力有效，全国城乡综合抗御6级左右地震能力全面巩固，重点地区初步具备综合抗御7级左右地震的能力，实现防震减灾由大国到强国的跨越。

二、防震减灾事业现代化目标

为支撑和服务全国防震减灾综合能力目标，防震减灾事业提出了实现现代化的目标。新时代防震减灾事业现代化包括以下4个方面：一是建成现代化的地震灾害风险防治体系，形成大安全大应急框架下全社会共同防范化解地震灾害风险的格局，重点地区、重要区域、重要设施地震灾害风险管控能力显著提升，地震灾害风险防治达到国际先进水平。二是建成现代化的地震基本业务和保障服务体系，构建覆盖全国的测震和地球物理立体观测系统，震情趋势研判能力显著提升，力争作出更有减灾实效的短临预报，地震监测预警能力得到增强，建设"两源"探察技术系统，建立重点断裂带模型，精准划定我国地震灾害高风险区域。构建快速高效的地震灾害防御响应体系。三是建成现代化的地震科技创新和人才体系，打造技术先进、特色突出的中国地震科技创新平台，形成国际一流的地震科技人才队伍，发展具有中国特色的板内地震学，减隔震等防震减灾关键技术达到国际先进水平，推动我国步入世界地震科技强国之列。四是建成现代化的防震减灾社会治理体系，防震减灾法律法规、标准和规划体系更加完备，组织领导、投入保障、社会动员、考核评估更加科学规范，基层地震灾害防御响应能力显著提升，"党委领导、政府负责、社会协同、公众参与"的防震减灾社会治理体系更加完善。

三、防震减灾事业现代化具体指标

上述防震减灾事业现代化目标的具体指标包括6个方面。一是地震灾害防御响应快速高效，具体包括地震应急联动机制完善度、基层防震减灾组织健全度、舆论监测与引导能力、防震减灾效益水平。二是监测预报预警及时可靠，具体包括地震观测能力、趋势预测准确率、紧急速报预警时效性。三是探查区划评估精细准确，具体包括"两源"探查精细度、区划精准度、重大评估完备度。四是防震减灾公共服务普惠便利，具体包括预警信息发布能力、服务政府应急决策能力、服务行业应急处置能力、地震科普能力。五是地震科技创新成效显著，具体包括地震科技贡献率、地震信息网络系统先进性、高端人才建设水平。六是发展保障支撑有力有效，具体包括政府保障能力、地震依法行政水平、地震巨灾保险制度落实程度。具体见表2-1。

表 2-1　省级防震减灾事业现代化评估指标体系

一级指标	二级指标	三级指标
地震灾害防御响应快速高效	地震应急联动机制完善度	地震灾害应急预案完备与演练参与程度
		地震与应急部门的衔接率
		联动部门信息双方共享率
	基层防震减灾组织健全度	基层防震减灾工作机构健全率
		关键区域"一县一台"建设达标率
	舆论监测与引导能力	舆论点击数量
		舆论引导后点击量变化率
	防震减灾效益水平	房屋设施加固率
		地震灾害减损率
监测预报预警及时可靠	地震观测能力	地震观测站网完善度
		观测数据质量达标率
		观测站网稳定运行率
	趋势预测准确率	3年趋势研判分析准确率
		1年趋势研判分析准确率
		中强地震后趋势研判分析准确率
	紧急速报预警时效性	预警站网覆盖度
		预警站网稳定运行率
		地震预警准确率
探查区划评估精细准确	"两源"探查精细度	活断层探察精细度及数据库完备性
		承灾体风险隐患普查精细度及数据库完备性
	区划精准度	省级地震危险性区划更新率
		省级地震风险性区划更新率
	重大评估完备度	国土空间规划编制参与度
		重大工程地震安全性评估率
		地震灾害风险损失评估区域覆盖率

续表

一级指标	二级指标	三级指标
防震减灾公共服务普惠便利	预警信息发布能力	中强地震预警信息关键区域覆盖率
		中强地震预警信息传播率
	服务政府应急决策能力	地震信息推送服务党政部门认可度
	服务行业应急处置能力	预警防控信息行业认可度
	地震科普能力	地震科普场馆人均占有率
		地震系统新媒体科普传播量
地震科技创新成效显著	地震科技贡献率	防震减灾科技贡献率
	地震信息网络系统先进性	地震数据传输速率
		信息网络系统安全可靠性
	高端人才建设水平	人才总体素质程度
		高端人才建设水平
发展保障支撑有力有效	政府保障能力	防震减灾纳入县级以上政府目标责任考核落实率
		地方中央财政支撑匹配度
		地方防震减灾规划项目经费到位率
	地震依法行政水平	防震减灾法规健全和落实程度
		防震减灾标准化成熟度
	地震巨灾保险制度落实程度	地震巨灾保险制度落实程度
——		加分指标：赋能增效促发展成效

第四节 新时代防震减灾事业发展的战略思路

2015年5月29日，习近平总书记在中共十八届中央政治局第二十三次集体学习时的重要讲话指出："要坚持以防为主、防抗救相结合的方针，坚持常态减灾和非常态救灾相统一，努力实现从注重灾后救助向注重灾前预防转变，从应对单一灾种向综合减灾转变，从减少灾害损失向减轻灾害风险转变，全面提高全社会抵御自然灾害的综合防范能力。"①（简称"两个坚持、三个转变"）2016年7月28日习近平总书记在唐山市考察时的重要讲话强调，"要更加自觉地处理好人和自然的关系，正确处理防灾减灾救灾和经济社会发展的关系，不断从抵御各种自然灾害的实践中总结经验，落实责任、完善体系、整合资源、统筹力量，提高全民防灾抗灾意识，全面提高国家综合防灾减灾救灾能力"②。通过深入学习贯彻习近平新时代中国特色社会主义思想，从中找方向、找方法、找思路、找遵循，把握事物本质、把握发展规律、把握工作关键、把握政策尺度，深入谋划防震减灾事业发展，提出防震减灾事业发展思路。

一、着力加强"综合治理"

坚持党对防震减灾工作的全面领导，发挥优势健全完善防震减灾社会治理体系，着力加强"综合治理"。党的十八大以来，习近平总书记多次强调并在党的十九大报告中明确指出，"中国特色社会主义最本质的特征是中国共产党领导，中国特色社会主义制度的最大优势是中国共产党领导"③。2013年习近平总书记在芦山地震灾区考察时强调，"大灾大难是检验党组织和党员干部的时候，也是锻炼提高党组织和党员干部的时候，要引导各级党组织强化整体功能，教育党员干部提高思想政治素质、自觉改进作风，做到哪里危险多、哪里困难大、哪里有群众需要，哪里就有共产党员的身影、哪里就有共产党人的奋斗"④。推进新时代防震减灾事业改革发展，必须以坚持和加强党的全面领导为根本保证，深刻领悟"两个确立"的决定性意义，增强"四个意识"、坚定"四个自信"、做到"两个维护"。地震部门要把党的领导落实到防震减灾工作全过程各方面，健全完善综合治理体系，统筹防抗救力量，形成党领导下各方齐抓共管、协同配合的工作格局，切实把党的政治优势、组织优势和密切联系群众优势转化为做好防震减灾工作的强大动力和坚强保障。

---

① 《习近平关于社会主义社会建设论述摘编》，中央文献出版社2017年版，第152页。

② 《习近平在河北唐山市考察：落实责任完善体系整合资源统筹力量 全面提高国家综合防灾减灾救灾能力》，《人民日报》2016年7月29日。

③ 习近平：《决胜全面建成小康社会 夺取新时代中国特色社会主义伟大胜利——在中国共产党第十九次全国代表大会上的报告》，《人民日报》2017年10月28日。

④ 《习近平在芦山地震灾区考察时强调 继续大力发扬伟大抗震救灾精神 妥善安置群众科学开展恢复重建》，《人民日报》2013年5月24日。

二、着力打造"智慧服务"

坚持人民至上、生命至上，用数字化、智能化为人民群众地震安全感提供更有力保障服务，着力打造"智慧服务"。党的十八大以来，以习近平同志为核心的党中央坚持以人民为中心的发展思想，始终把人民放在心中最高位置，把人民对美好生活的向往作为奋斗目标。汶川地震十周年之际习近平总书记强调，"中国将坚持以人民为中心的发展理念，坚持以防为主、防灾抗灾救灾相结合，全面提升综合防灾能力，为人民生命财产安全提供坚实保障"①。2023年习近平总书记指出："现代化道路最终能否走得通、行得稳，关键要看是否坚持以人民为中心。现代化不仅要看纸面上的指标数据，更要看人民的幸福安康"②。习近平总书记在全国生态环境保护大会上指出，"深化人工智能等数字技术应用，构建美丽中国数字化治理体系，建设绿色智慧的数字生态文明"③。江山就是人民，人民就是江山。地震部门必须坚持以人民为中心，牢牢把握防震减灾事关人民群众生命财产安全和经济社会可持续发展战略定位，一切为了人民，用数字化、智能化为人民群众地震安全感提供更有力保障服务，建设绿色智慧的数字生态文明，促进人与自然和谐发展。一切依靠人民，集中人民智慧，筑牢防灾减灾救灾的人民防线。

三、着力推动"韧性防御"

坚持统筹发展和安全，系统推进城乡房屋基础设施韧性建设，着力推动"韧性防御"。党的十八大以来，面对世所罕见、史所罕见的风险挑战，习近平总书记洞察世界之变、时代之变、历史之变，科学把握国家安全形势发展变化新特点新趋势，创造性提出总体国家安全观，要求坚持统筹发展和安全，将国家安全贯穿到党和国家工作各方面全过程，同经济社会发展一起谋划、一起部署。党的十九大报告中明确指出，"统筹发展和安全，增强忧患意识，做到居安思危，是我们党治国理政的一个重大原则"④。2023年习近平

---

① 《习近平向汶川地震十周年国际研讨会暨第四届大陆地震国际研讨会致信》，《人民日报》2018年5月13日。

② 习近平：《携手同行现代化之路——在中国共产党与世界政党高层对话会上的主旨讲话》，《人民日报》，2023年3月16日。

③ 《习近平在全国生态环境保护大会上强调 全面推进美丽中国建设 加快推进人与自然和谐共生的现代化》，《人民日报》2023年7月19日。

④ 习近平：《决胜全面建成小康社会 夺取新时代中国特色社会主义伟大胜利——在中国共产党第十九次全国代表大会上的报告》，《人民日报》2017年10月28日。

总书记在上海考察时首次提出"全面推进韧性安全城市建设"①。通过灾害防御工程和基础设施建设提高城乡抵御灾害的能力是现代城市和乡村安全韧性的基本前提。地震部门必须坚持以防为主，发挥防震减灾事业为经济社会可持续发展提供安全保障的重要作用，加强城乡抗震设防要求落实和地震灾害情景构建，推动减隔震、震动监测等技术广泛应用，推动实现高质量发展和高水平地震安全的良性互动，实现城乡地震安全韧性全面提升。

四、着力提升"感知风险"

坚持"两个坚持、三个转变"，确立以地震灾害风险感知体系建设为核心的中国特色地震预报预警道路，着力提升"感知风险"。党的十八大以来，习近平总书记就加强监测预报预警、强化地震趋势研判、推动预警体系建设、灾害风险监测等作出重要指示批示，强调"提高监测预警能力"②"加强监测预警和应急防范"③"加强震情监测"④。2019年习近平总书记在中央政治局第十九次集体学习时指出，要"坚持从源头上防范化解重大安全风险，真正把问题解决在萌芽之时、成灾之前"⑤。提供及时的风险态势感知是减轻灾害风险、减少灾害损失的重要途径。地震部门必须坚持底线思维，增强风险意识，加强震情预报预警，强化"两源"探察，创新地震灾害风险感知模式，提升对地震灾害风险特征和程度的感知能力，努力实现震情和震灾风险全面感知、动态监测、智能预警。

五、着力创新"探识地震"

坚持高水平科技自立自强，依靠地震科技创新提升地震安全服务保障能力，着力创新"探识地震"。习近平总书记多次指出，"要坚持面向世界科技前沿、面向经济主战场、面

---

① 《习近平在上海考察时强调 聚焦建设"五个中心"重要使命 加快建成社会主义现代化国际大都市》，《人民日报》2023年12月4日。

② 《习近平在中央政治局第十九次集体学习时强调 充分发挥我国应急管理体系特色和优势 积极推进我国应急管理体系和能力现代化》，《人民日报》2019年12月1日。

③ 《习近平就芦山地震次生地质灾害防范作出重要指示 加强监测预警确保受灾群众安全安置》，《人民日报》2013年4月26日。

④ 《习近平对四川甘孜泸定县6.8级地震作出重要指示 要求把抢救生命作为首要任务 全力救援受灾群众 最大限度减少人员伤亡》，《人民日报》2022年9月6日。

⑤ 《习近平在中央政治局第十九次集体学习时强调 充分发挥我国应急管理体系特色和优势 积极推进我国应急管理体系和能力现代化》，《人民日报》2019年12月1日。

向国家重大需求、面向人民生命健康,加快实现高水平科技自立自强"[1]。又强调,"人类对自然规律的认知没有止境,防灾减灾、抗灾救灾是人类生存发展的永恒课题。科学认识致灾规律,有效减轻灾害风险,实现人与自然和谐共处,需要国际社会共同努力"[2]。2019年习近平总书记在中央政治局第十九次集体学习时指出,"要推进应急管理科技自主创新,依靠科技提高应急管理的科学化、专业化、智能化、精细化水平"[3]。只有科学认识地震,才能减少灾害造成的损失。地震部门必须落实"四个面向"战略部署,坚持高水平开放,瞄准世界地震科技前沿,强化地震基础研究,科学认识致灾规律,强化核心技术攻关,不断增强公众防震减灾意识,有效减轻灾害风险。

"探识地震、感知风险、韧性防御、智慧服务、综合治理"是全面深入践行习近平总书记关于应急管理重要论述和防震减灾救灾重要指示批示精神,在实践基础上凝练形成的对防震减灾事业发展规律的深化认识,构成当前和今后一个时期防震减灾事业发展战略思路。"探识地震"体现了人类对自然科学规律的不懈探索精神,反映了人民群众对美好生活的向往,是有效减轻地震灾害风险的重要途径。新征程上,必须坚持创新发展理念,发挥防震减灾事业科技型作用,精准探察地下结构,精细解剖典型震例,提升对强震孕育发生和致灾机理的科学认识,通过普及地震知识提升公众防震减灾科学素养。"感知风险"体现了注重灾前预防的风险管理理念,是提高地震灾害应对能力的关键,有助于政府应急决策、行业应急处置和公众应急避险。新征程上,必须树牢风险管理理念,发挥防震减灾事业维护国家公共安全的重要作用,实施地震监测系统和预警系统智能升级,推进重大建设工程的地震反应观测防控系统建设,推动电磁、重力和热红外等地震观测卫星体系建设,构建天地一体的现代化地震灾害风险感知体系,强化地震危险源和承灾体风险源探察,提供全方位风险感知服务。"韧性防御"反映经济社会和人民生活对防震减灾工作的需求变化,体现了高质量发展的时代要求,是安全发展的新范式,是中国式现代化的重要标志。新征程上,必须坚持以防为主,发挥防震减灾事业为经济社会可持续发展提供安全保障的重要作用,建立全国地震动参数区划动态更新机制,着力推进地震危险源和承灾体

---

[1] 习近平:《高举中国特色社会主义伟大旗帜 为全面建设社会主义现代化国家而团结奋斗——在中国共产党第二十次全国代表大会上的报告》,《人民日报》2022年10月26日。

[2] 《习近平向汶川地震十周年国际研讨会暨第四届大陆地震国际研讨会致信》,《人民日报》2018年5月13日。

[3] 《习近平在中央政治局第十九次集体学习时强调 充分发挥我国应急管理体系特色和优势 积极推进我国应急管理体系和能力现代化》,《人民日报》2019年12月1日。

风险源相结合的地震灾害风险区划,组织开展新建重大工程地震安全评价,落实国家重大基础设施地震灾害风险评估与治理,广泛开展减隔震、建筑健康监测等技术应用,着力提高城乡具备在逆变环境中承受、适应和快速恢复能力,提升城乡抵御重大地震灾害韧性水平。"智慧服务"体现了防震减灾工作数字化转型的时代特征,反映了防震减灾以人民为中心的价值取向,是新时代防震减灾事业现代化的重要标志,是全面建设网络强国和数字中国的重要内容。新征程上,必须坚持开放共享发展理念,充分发挥防震减灾事业基础性作用,加强新一代信息技术应用,以服务为导向,全面推进发展转型,健全完善防震减灾公共服务体系,促进高水平对外开放,构建防震减灾服务新格局,使人民群众的安全感更加充实、更有保障、更可持续,保障经济社会发展更加和谐、更加繁荣。"综合治理"体现了党领导下各方齐抓共管、协同配合的工作原则,反映了国家治理体系和治理能力现代化的基本要求,是提升自然灾害防治能力的组织保障。新征程上,必须始终坚持和加强党的全面领导,推动构建"党委领导、政府负责、社会协同、公众参与"的防震减灾社会治理体系;坚持依法管理,运用法治思维和法治方式提高防震减灾的法治化、规范化水平;坚持社会共治,推动科普宣传进学校、进机关、进企事业单位、进社区、进农村、进家庭,开展常态化疏散演练,支持引导社区居民开展风险隐患排查和治理,提升基层地震灾害风险防御能力。

第五节　新时代防震减灾事业发展的战略举措

习近平总书记强调,"既要在战略上布好局,也要在关键处落好子"[①]。新时代新征程,我们深入贯彻习近平总书记关于应急管理重要论述和防震减灾救灾重要指示批示精神,必须坚持系统观念,把握好全局和局部、当前和长远、宏观和微观、主要矛盾和次要矛盾、特殊和一般的关系,不断提高战略思维、历史思维、辩证思维、系统思维、创新思维、法治思维、底线思维能力,立足"防大震、减大灾",更加注重灾前预防,更加注重综合减灾,更加注重减轻地震灾害风险,努力提升全社会地震灾害风险防范能力,多措并举推进新时代防震减灾现代化建设。

[①] 《习近平主持召开中央全面深化改革委员会第十五次会议强调:推动更深层次改革实行更高水平开放　为构建新发展格局提供强大动力》,《人民日报》2020年9月2日。

一、夯实监测基础

科学规划地震监测站网，优化观测布局，实施国家地震监测台（站）网改扩建工程，增加地震多发区监测站密度，发展海洋地震观测系统，形成覆盖我国海陆及周边地区的现代化综合地震监测体系。推进地震台站改革，明晰职责任务，建立健全监测站网运维保障及质量管理体系，优化业务流程，推动地震台站业务转型升级。

二、加强预报预警

推进地震预测预报长、中、短、临一体化，加强对地球物理观测异常和宏观异常分析研判，健全完善地震预报责任体系和业务体系，建立新时代群测群防模式，加强地震短临预报实践，力争取得减灾实效。加快建设地震预警体系，推进地震预警业务化，强化地震预警信息服务，完善信息发布政策和制度，加大社会合作力度，推进信息发布"最后一公里"建设，最大限度发挥地震预警综合减灾效益。

三、摸清风险底数

实施地震灾害风险普查，开展地震活动构造、地震活动断层、场地条件探测，以及房屋、危化品厂库等承灾体调查，探索开展海洋地震危险源探测，开展重点地区地震灾害风险预评估。推动实施第六代地震区划工程，建立分级管理的系列尺度地震灾害风险区划体系，修订中国地震动参数区划图，建设地震灾害风险防治业务信息化平台。

四、强化抗震设防

深化地震安全性评价"放管服"改革，依法加强抗震设防要求管理，加强事中事后监管，构建建设单位、地方政府、行业部门和地震部门全链条监管体系。落实重大工程、各类开发区、工业园区房屋建筑和城市基础设施、一般工程、学校医院等人员密集场所的抗震设防要求，形成四大类、全覆盖、差别化的抗震设防要求制度体系。精准组织推进地震易发区房屋设施抗震加固，推动重大工程建立地震安全监测和健康诊断系统，加强减隔震等抗震新技术应用，促进城市抗震韧性整体提升。

五、保障应急响应

加强地震应急响应预案体系建设，配合建立城市群、都市圈及京津冀、长三角、珠三角等地区地震灾害联防联控机制，规范大震应急处置流程，健全地震现场工作队联动机制和现场队伍预置机制，完善技术系统，提升 7 级以上地震响应能力。构建"震前预评估、排查重点隐患，震时快速评估、开展烈度评定，震后破坏调查、服务恢复重建"业务体系，提高应急准备建议的针对性。推进建立与应急管理部门深入融合的协调机制，为地震应急决策和救援工作提供高质量服务。

六、增强公共服务

构建防震减灾决策服务、公众服务、专业服务和专项服务体系，制定动态化服务事项清单和产品清单，出台相关政策和标准。深化公共服务业务和科技支撑，提升基础业务数据精准度，推进服务产品规划设计和核心业务产品研制。强化公共服务供给，打造集基础业务数据、核心业务产品、数据开发治理和统一服务窗口于一体的公共服务平台。切实抓好科普宣传教育工作，提高全民防震减灾意识和抗震救灾能力。深化部门合作，引入市场机制，支持社会力量参与防震减灾公共服务，推动形成多元供给的公共服务局面。

七、创新地震科技

加快建设中国地震科学实验场，积极推进国家重点实验室重组，开展相关物理模型和监测新技术新方法研究，推动开放共享，做好科学研究实验与成果示范应用。扎实推进国家地震科技创新工程实施，做好"四大计划"重点任务的项目支撑，开展关键科研技术攻关。加快推进研究所改革，突出创新导向、结果导向和实绩导向，建立高效运行管理机制。完善科技成果认定机制，更加突出对业务发展的实际贡献和成果的原创性。加强科技创新团队建设，持续实施地震人才工程，大力弘扬科学家精神，激发地震科技创新活力。

八、推进现代化建设

以纲要规划为引领，以重大项目为支撑，以试点建设为带动，以指标体系为引导，坚定不移推进地震灾害风险防治、基本业务、科技创新、防震减灾社会治理"四大体系"建设，努力实现防治精细、监测智能、服务高效、科技先进、管理科学的现代智慧防震减灾，着力提高信息化水平和服务能力，大力推进防震减灾事业现代化建设。

地震部门要在贯彻实践"四句话、四十九个字"工作举措中更加聚焦核心职能职责的履行，构建地震监测预报预警和震灾风险探查区划评估、防震减灾服务和地震科学研究"2+2"业务布局，其中，地震监测预报预警和震灾风险探查区划评估是事业发展的根本基石，防震减灾服务和地震科学研究是事业发展的核心动力，两者互促互融，不可偏废，必须统筹扎实推进，不断丰富完善。

总之，习近平总书记关于应急管理重要论述和防震减灾救灾重要指示批示，既有战略层面的长远谋划，又有战术层面的具体指导，是形成新时代防震减灾事业发展战略的源头活水和逻辑起点。战略定位、战略目标、战略思路和战略举措4个核心要素相互联系、相互支撑，构成了新时代新征程国家防震减灾事业发展的战略体系。我们必须深刻领悟、准确把握，保持战略定力，以一往无前的奋斗姿态奋力推进实施。

第六节 新时代防震减灾事业发展的分类战略和运作战略

总体战略厘清了防震减灾事业的内涵和外延，确定了新时代防震减灾事业发展的战略定位、战略目标、战略思路、战略举措，为未来一段时间的防震减灾事业发展描绘了蓝图。分类战略贯彻总体战略要求，在每个具体的方面都设定了目标，制定了战略行动。运作战略对各类保障措施进行了明确，对于总体战略的实现具有重要作用。

一、分类战略

分类战略主要包括地震基本业务和保障服务现代化战略、防震减灾服务智慧化发展战略、城乡重点区域防震减灾韧性战略、国家重大战略基础设施地震安全保障战略、地震科技创新和人才资源开发战略、防震减灾科普转型升级战略。

1. 地震基本业务和保障服务现代化战略

地震监测预报预警和地震灾害风险探查区划评估是国家防震减灾两项基础业务，是防震减灾事业"2+2"的首要布局，是实现探识地震、感知风险战略思路的重要支撑，是有效开展防震减灾工作的前提，可以说，没有地震基本业务和保障服务的现代化，就没有防震减灾事业的现代化。地震基本业务和保障服务的现代化战略，一方面重点研究地震监测功能布局拓展适应经济社会发展新需求、新技术驱动下地震监测技术现代化、有限科学认知水平下的地震预报可操作、地震预警精准化专业化法治化服务和地震监测台网应对观测环境变化等地震监测预报预警业务问题；另一方面重点研究从活动断层探测向地震构造环境探查拓展、新技术驱动下探查区划评估技术应用和第七代区划图编制理念及关键技术前瞻性研究等地震灾害风险探查区划评估业务问题，提出防震减灾基础业务建设的总体思路、发展目标、重点任务和对策措施，实现提升"震前打个招呼"保障能力，增强"震防参谋助手"服务能力。2024 年，通过增发国债形式开展巨灾防范工程，为地震基本业务和保障服务现代化提供了条件。伴随着巨灾防范工程项目的实施，我国防震减灾能力发展将从速度型向质量型转变。

2. 防震减灾服务智慧化发展战略

防震减灾服务是地震部门使用各种公共资源或公共权力，为各级政府、社会公众、行业部门、专项建设或重大活动提供地震安全信息和技术的活动，是有效防范地震灾害风险和保障人民生命财产安全的迫切需求。防震减灾服务作为防震减灾事业"2+2"的窗口布局，是连接地震基本业务供给侧与防震减灾需求侧之间的桥梁，是地震部门面向经济社会主战场发挥作用的窗口。面对新的技术条件特别是智慧科技的兴起，防震减灾服务的智慧化要求也越来越高，防震减灾服务要全面融入智慧城市和各行业智慧领域建设，充分满足社会公众地震安全需求，形成"资源集约、信息准确、技术专业、应用便捷"的"防震减灾+"智慧服务新格局，以数字赋能助力决策服务、公众服务、专业服务和专项服务，实现全社会防震减灾综合实力整体跃升。

3. 城乡重点区域防震减灾韧性战略

城乡重点区域包括大中城市、城市群、农村地区、产业链等，是地震部门服务国家重大战略实施，在全国范围内指导全社会建立地震灾害风险防治体系、防范化解重大地震灾害风险的主战场之一。京津冀、长三角、长江经济带、粤港澳大湾区、黄河流域国家重大区域战略城市群，产业积聚、人口密集、财富集中，面临非常严峻的地震灾害风险。当前，韧性城市已成为国际社会普遍认可的城市新的建设理念，代表着未来城市特别是超大特大城市治理的发展方向，给城市防震减灾工作带来机遇和挑战。推进城乡重点区域防震减灾韧性建设，需要衔接国家区域发展战略和韧性城市建设，在全面实现抗震设防的基础上，向抗震韧性转型。未来的城乡重点区域防震减灾，需要强化抗震设防、提升城乡抗御大震韧性，确保全国城乡综合抗御 6 级左右地震能力全面巩固，重点地区初步具备综合抗御 7 级左右地震的国家综合能力目标实现。

4. 国家重大战略基础设施地震安全保障战略

国家重大战略基础设施包括大型清洁能源基地、沿海核电、水库大坝、油气储运管线、电力系统工程、信息基础设施和交通基础设施等，是地震部门服务保障经济社会稳定运行，指导行业部门建立地震灾害风险防治体系、防范化解重大基础设施地震灾害风险的主战场之一。国家重大战略基础设施地震安全保障战略是实现韧性防御、综合治理战略思路的落脚点。大型清洁能源基地、沿海核电、水库大坝、油气储运管线、电力系统工程、信息基础设施和交通基础设施等，关系经济社会长远发展，同样面临严重的地震灾害安全风险。实施国家重大战略基础设施地震安全保障战略，建立重大基础设施地震安全动态评估机制，建立重大基础设施预警与自动处置系统，通过科学规划、规范建设、事前事中事后监督、抗震加固等措施，确保关键基础设施稳定安全运行。国家重大战略基础设施地震安全的全链条、全生命周期各项工作有效支撑新时期国家现代化基础设施体系建设和新型基础设施大发展，有力服务国家经济社会高质量发展。

5. 地震科技创新和人才资源开发战略

科技创新和人才资源开发是地震部门深入实施科教兴国战略、人才强国战略和创新驱动发展战略的体现，是实施防震减灾事业发展"探识地震、感知风险、韧性防御、智慧服务、综合治理"战略思路的重要支撑，也是防震减灾事业"2+2"布局的重要组成部分。通过一系列战略行动，实现地震监测预测预警、灾害风险防范与应急处置科技水平全面进入国际先进行列，在大陆地震机理与预测技术、城市和重大工程地震灾害风险防范理论与技术等领域处于国际领先，建设针对不同孕震构造环境强震活动观测研究的川滇、华北、新疆地震科学实验场，建成技术先进、特色突出的中国地震科学实验场和科技创新平台，形成一支国际一流的地震科技人才队伍并在国际学术界发挥引领作用，有效支撑和引领防震减灾事业高质量发展，有力服务国家经济社会发展。

6. 防震减灾科普转型升级战略

防震减灾科学普及是地震部门指导全社会利用各种传媒以浅显的、让公众易于理解、接受和参与的方式向普通大众介绍地震科学及防震减灾知识、推广地震防灾减灾技术的应用、提升防震减灾科学素质的活动，是"2+2"布局中防震减灾服务的重要内容，是实施"探识地震、智慧服务"战略思路的重要组成。融媒体等新兴传媒方式为防震减灾宣传科普工作带来了新机遇，通过分析地震科普传播平台、地震科普产品生产及市场化等发展现状，重点研究融媒体环境下地震科普布局与传播、地震科普产品生产及市场化等问题，推动地震科普转型升级，不断满足人民群众防震减灾科普和安全文化新期待，提升防震减灾软实力。

二、运作战略

要想实现防震减灾事业总体战略和分类战略的目标,离不开防震减灾事业管理体制和运行机制、防震减灾事业发展的政策与法制环境等运作战略层面的保障。

1. 防震减灾事业管理体制和运行机制

防震减灾事业管理体制和运行机制是党和国家赋予地震部门依法行使职权的组织机构和制度体系,主要包括组织领导机制、法治保障机制、规划引领机制、投入保障机制、科技创新机制、业务支撑机制、社会动员机制、考核评估机制、责任追究机制等,是"综合治理"战略思路的重要内容,为"四句话、四十九个字"战略举措顺利实施提供组织保障和法律保障。实现防震减灾事业发展战略目标,需要在"大安全大应急"框架下进一步夯实防震减灾法制基础,进一步优化防震减灾制度体系,进一步完善"党委领导、政府负责、社会协同、公众参与"的防震减灾事业管理体制,进一步健全组织领导机制、法治保障机制、规划引领机制、投入保障机制、科技创新机制、业务支撑机制、社会动员机制、考核评估机制、责任追究机制等防震减灾事业运行机制,基本实现防震减灾治理体系和治理能力现代化。

2. 防震减灾事业发展的政策与法制环境

防震减灾事业政策与法制是指为保障和规范在我国境内实施地震监测预报预警、震灾风险探查区划评估、防震减灾服务、地震科学研究等活动而制定的一系列政策法规的总和,主要包括法律、法规、标准、规划、制度等,是实施"综合治理"战略思路的关键环节。实现防震减灾总体战略目标,需要不断健全防震减灾法制体系和防震减灾政策保障,提升行政执法能力和执法效能,推动各级防震减灾工作机构运用法治思维深化改革、推动发展、化解矛盾、维护稳定、应对风险能力显著增强,防震减灾高质量发展法制环境更加友好,建成结构完整、逻辑严密、功能完善的防震减灾法规体系和执法体系,基本实现防震减灾国家治理体系和治理能力现代化。

第三章　地震基本业务和保障服务现代化战略

地震基本业务和保障服务是地震部门的基础核心职能，包括监测预报预警业务和地震灾害风险探查区划评估业务，就是要回答防震减灾两个基本问题，即地震在哪里和震灾风险在哪里。地震基本业务和保障服务作为防震减灾事业"2+2"的首要布局，是实现探识地震、感知风险战略思路的重要支撑，是有效开展防震减灾工作的前提，战略意义重大深远。按照"四句话、四十九个字"战略举措的要求，夯实监测基础、加强预报预警、摸清风险底数、强化抗震设防，提升"震前打个招呼"保障能力，增强"震防参谋助手"服务能力。

第一节　地震监测预报预警业务发展战略

地震监测预报预警业务主要包括建立覆盖全国的现代化地震观测网络、地震速报预警技术系统与震情会商技术系统，开展长、中、短、临预测，提供地震速报、预警、趋势预测判定意见等信息产品。实现地震监测预报预警业务现代化，对于做到"震前打个招呼"，防范化解地震灾害风险取得减灾实效具有基础作用。

一、战略背景

中国地震局依据《中华人民共和国防震减灾法》和国务院《地震监测管理条例》《地震预报管理条例》赋予地震部门的职责任务，依法开展地震监测预报预警工作，提升我国防震减灾能力。为更好地履行职责，中国地震局提出了"夯实监测基础，加强预报预警"的战略发展思路，制定了《新时代防震减灾事业现代化纲要（2019—2035年）》《"十四五"国家防震减灾规划》等战略发展规划，编制了《中国测震站网规划（2020—2030年）》《中国海洋地震观测规划（2023—2035年）》《中国地球物理站网（地壳形变、重力、地磁）规划（2020—2030年）》《中国地下流体监测站网规划（2023—2030年）》等地震监测站网发展规划，提出了《中国地震局党组关于进一步加强地震监测预报工作的实施意见》《中国地震局党组关于推进地震台站改革的指导意见》《中国地震局党组关于进一步提升地震监测预报预警服务能力的意见》等政策措施，进一步加强地震监测预报预警体制机制建设，提升地震监测预报预警服务能力。

（一）测震观测

测震观测主要借助地震发生后地震波传播到不同区域产生的地表位移、速度和加速度等信息，测定地震发生时间、位置、震级、震源参数、烈度等参数。

1. 国内发展现状

测震观测站网的发展，先后经历了模拟观测、"九五"数字化、"十五"网络化和"国家预警工程"等4个阶段。早期，地震测定主要通过人工量取模拟记录图纸上的地震波形数据来进行。"九五"期间完成了48个国家基本台、33个区域人工值守台和21个区域遥测地震台网的数字化改造，采用实时和人机交互处理软件对地震数据进行快速处理，大大提高了区域地震监测能力和地震速报能力。"十五"期间，对全部台站进行数字化改造，配置网络专线，通过互联网络实现地震波形数据的实时传输，地震监测能力、分析处理和地震速报时效得到极大提高，地震监测全面进入数字时代。2018年以来，通过实施"国家地震烈度速报与预警工程"，改造和新建三类地震台站15899个，其中速度类测震台1928个，加速度类强震台3202个，烈度计台10769个，为华北、东南沿海、南北带、新疆天山中段和拉萨等5个重点地区（占国土总面积33%）地震预警和全国大部分地区地震烈度速报的实现奠定监测基础（参见附图3），全国地震监测能力得到较大提升，重点地区监测能力达到1.5级，全国大部分地区监测能力达到2.5级。

目前，地震仪器计量体系初步构建，国家地震计量站获得国家市场监督管理总局批复筹建，在全国范围内已建成26个地震监测专业设备检测实验室和比测台站，形成监测设备计量准入和监督计量服务能力。其中测震观测仪器计量检测体系已相对完善，国内低频振动标准振动台量值溯源、时间服务测试已达国际先进水平。

2000年以来，我国积极开展国际地震监测台网的建设和合作，先后援建阿尔及利亚、印尼、老挝等国家39个地震台站，还规划了肯尼亚、巴基斯坦、蒙古等国家测震台站的建设。此外，也积极参与国际数据共享，与国际地震中心、美国地震学研究联合会、国际地震监测网络、国际监测系统和法国地球透镜计划等国际机构建立数据共享机制，为国际地震监测提供重要数据支持。

经过多年发展,我国地震观测技术水平与发达国家的差距逐渐缩小,在部分领域有所超越,但地震仪器计量体系建设还不能完全满足测震站网的发展需求,业务系统国产化、自动化、智能化水平需进一步提高。现有地震监测站网布局仍不能满足精确监测爆破、矿震、塌陷等非天然地震的需求,需进一步优化提升。对非天然地震的相关研究不够深入,服务能力不高,需与相关单位建立共享机制,共同促进非天然地震的监测服务业务发展。尽管我国境外地震台网建设和国际地震科学数据共享不断深入,但速报的时效性与定位精度仍需进一步提高,与国际地震科学数据共享的产品内容仍需进一步拓展丰富。全国地震监测站点分布不均衡,南北地震带、东部地区省份站点密度大、地震监测能力强;西部地区观测站数量较少、间距较大,站点密度低,对中小地震的监测能力相对较弱。海洋地震观测站网和业务体系尚未成形,对海域地震的监测基本依靠岸基台站与近海岛礁台站监测数据,海域地震监测能力有待进一步提升。

2. 国外发展现状

美国地震监测由美国地质调查局负责,通过约 2000 个广泛分布在本土和海外领土上的站点,提供实时地震监测数据,发布的地震数据和信息包括实时地震信息、地震事件报告、地震波传播模型等,为科研人员、政府机构和公众提供支持。

日本地震监测主要由日本气象厅负责,其地震监测系统覆盖全国各地,大约有 1000 多个站点,密集布局在潜在地震活跃区域。日本地震监测系统发展了早期警报系统,为减轻地震灾害发挥了重要作用。

在国际范围内,地震监测呈现出多机构、多元化的格局,各国和国际组织不断加强合作,以提升地震预警、研究和风险防范能力。国际地震中心、欧洲地中海地震学研究中心、国际地震监测网络、美国地震学研究联合会、中国地震台网中心、日本气象厅地震活动观测部等机构在不同地区扮演着收集、分析和发布地震数据的关键角色。此外,"国际地球观测系统"整合全球地震监测数据,以支持全球范围内的环境和灾害监测。

3. 国内发展趋势

(1)仪器装备和软件智能化。随着科学技术的不断进步,我国地震监测仪器的发展也在不断地提高和完善。未来地震监测仪器的发展将呈现以下趋势:低功耗、小型化、智能化。基于仪器装备的发展趋势,在系统软件方面将呈现以下发展趋势:全链条自主可控、超低延时移动互联互通、多元化数据处理支持、人工智能广泛应用。

(2)海洋地震观测技术。随着我国海洋强国战略的提出,我国海洋地震观测仪器及系统也在逐步提升，逐步实现了非实时潜标海底宽频带地震观测和近岸有缆实时潜标地震观测。未来的发展将重点关注：长期实时潜浮标地震观测、海洋综合探测、海洋移动地震观测、海洋光纤地震观测。

（3）高密度台网与自动化运维。未来我国测震台网建设和运维的发展趋势主要体现在以下几个方面：更广泛更密集型台网、多元化监测手段、加强国际合作、实现自动化运维。

（4）非天然地震处理产出与服务拓展。构建"防震减灾+"服务新格局下，针对各类非天然地震事件，实现提供从单一要素供给到全业务链的服务是发展趋势。非天然地震事件的风险防控和应急处置的复杂性及难度在不断增加，特别是全球化、信息化、网络化的快速发展，使灾害事故影响的广度和深度持续增加，提供精细化、精准化、个性化的全业务链服务是必然趋势。

（5）全球地震监测与国际数据共享。随着中国经济实力的增强，中国经济更深度地嵌入全球经济网络之中，我国地震台网在国际舞台也发挥了更重要的作用。建设中国力量主导的全球地震台网和国际数据共享，既是中国地震科学走向世界的重要机遇，也是防震减灾事业参与人类命运共同体世纪工程建设的使命要求。

4. 国外发展趋势

对于测震常规观测，国外主要是向大范围、自动化、多元化观测发展，测震台网布局大体采用兼顾均匀的密集化发展模式。目前国际地震观测网络整体在向密集观测和高时间采样率方向发展，通过密集观测弥补单点观测能力的不足；通过高时间采样率获取断层结构动态变化趋势。在观测能力方面，逐步向集成化、智能化方向发展，并在逐步挑战极端环境下的观测技术。

在宽频带地震观测方面，国际上的主要趋势除了继续发展甚宽频带观测提升低频观测信号数据质量外，另一个方向就是观测设备的集成化、便携化，在观测站点占地小、易于布设等方面发展。海洋地震观测技术主要发展趋势集中在海底耦合技术、海洋物探节点式地震观测、海洋井下地震观测几方面。

在测震仪器装备方面，发展趋势包括向更宽频带、更大动态范围、更低仪器噪声的方向，向立体观测设备方向（如井下、海洋、空间观测），向小型化、一体化、智能化、低功耗和低成本方向发展。

AI 技术在地震事件的识别、地震走时特征、地震信号去噪等方面的应用得到了广泛的关注。拓展非天然地震监测和服务能力已纳入欧美科技强国的发展规划。

（二）地球物理观测

地球物理观测主要包括针对地球物理场（地磁场、重力场、地壳形变场、电场、地下流体）的观测，地球物理观测同样可为地震预测、地球科学研究及国家安全需要提供重要基础资料。

1. 国内发展现状

我国自1966年邢台地震后，开始了大规模用于地震预报研究的连续地球物理观测工作，逐步形成了地壳形变、电磁、地下流体三大学科观测台网，习惯上统称为地震前兆观测台网，前后经历了模拟观测、数字化观测和网络化观测三个重要发展阶段。经过多年建设发展，截至2022年年底，中国地球物理站网站点1000余个，仪器3000余套（见表3-1），台站整体规模进入世界前列，为地震前兆监测和地震预测预报提供了基础观测资料，在部分强震的短临预报中发挥了重要作用。

表3-1　全国地球物理台网观测站、仪器基本情况

学科		观测站数	观测仪器数（套）			合计
			数字化	人工/模拟	合计	
地壳形变	GNSS	260	260	0	260	3348
	重力	73	78	0	78	
	定点形变	274	593	25	618	
电磁	地磁	168	300	126	426	
	地电	157	242	0	242	
地下流体		487	924	240	1164	
辅助观测		495	527	33	560	

经过40多年的观测实践，尤其"十五"以来通过实施"中国数字地震观测网络""中国地壳观测网络""陆态网络工程"项目和地震行业科技专项"中国综合地球物理场观测"等，已形成水准、GNSS、重力、地磁和跨断层等主要流动观测项目，总测点数10000多个。中国大陆地震重点监测区成场、成网，监测能力得到显著提升。通过每年1~2期的流动地球物理复测，观测获取了中国大陆及重点构造带空间高分辨率的地球物理场动态变化图像，在十年尺度地震重点防御区确定、年度地震危险区分析研判工作中发

挥了重要作用。

群测群防是中国地震工作的一大特色和创新，其主要经历了快速发展、整顿萎缩和恢复发展等三个阶段。2010年《国务院关于进一步加强防震减灾工作的意见》（国发〔2010〕18号）明确提出加强群测群防工作。继续推进地震宏观测报网、地震灾情速报网、地震知识宣传网和乡镇防震减灾助理员的"三网一员"建设，完善群测群防体系，引导公民积极参与群测群防活动。

随着国民经济和城镇建设的快速发展，地震地球物理前兆观测的环境干扰影响越来越严重，地磁、地电、地下水观测等对环境干扰的影响尤其敏感、显著。新时期群测群防工作机制尚不健全。

2. 国外发展现状

近些年来，日本全球导航卫星地球观测网系统 Hi-NET 台网空间高密度的连续 GNSS、地倾斜、测震观测资料，在日本地震科学研究和防震减灾工作中发挥了十分重要的作用。美国从20世纪70年代中后期开始，在美国西海岸地区开展地震地球物理监测预报工作，其监测手段主要为跨加利福尼亚州（以下简称"加州"）圣安德烈斯断层的地壳形变监测，监测运维主要由美国地质调查局等单位负责，从1985年开始启动了全球著名的 Parkfield 地震预报实验场项目，建设了由28种观测手段组成的地震监测网络，其中，涉及地球物理前兆观测的站网就有200多套（点），主要包括蠕变、双色激光测距、钻孔应变、钻孔倾斜、地磁、地电、地下水位、水氡、合成孔径雷达干涉（Interferometric Synthetic Aperture Radar，简称 InSAR）等。欧洲多地震国家的地球物理观测，早期观测手段比较多，但站点分布比较零散。20世纪90年代以来，连续 GNSS 观测网正发展成为其最主要的地球物理监测网，且实现了主要国家的数据共享。

（三）地震预测预报

地震预测预报是对某一地区地震活动的未来状态，包括未来地震的发生时域、地域和强度范围进行的估计和推测，根据《地震预报管理条例》，包括长期预报、中期预报、短期预报和临震预报。

1. 国内发展现状

我国的地震预测预报工作始自1966年邢台地震，在周恩来总理的亲自部署下，开展了地震监测预报的探索和实践，逐步建立了地震监测预报体系。经过近60年的监测预报实践和广泛深入的研究，取得了显著成果。在地震预报探索实践中，采取边观测、边研究、边预报的工作方针，在全国范围内，特别是在地震高风险区域陆续建立起了包括测震、形变、重力、地电、地磁、水化、水位、应力等学科的地震观测台网和宏观异常测报网络，获取了400余个5级以上地震震例和大量前兆观测资料。通过"地震监测与预报方法清理攻关研究""地震预报方法实用化攻关研究""短临预报方法及理论攻关研究""强地震中短期（一年尺度）预报技术研究""地震亚失稳阶段识别的实验、理论与野外观测研究""基于密集综合观测技术的强震短临预测关键技术研究"等国家重大项目的实施，深入开展地震预测方法、理论与模型研究，相继建立了单个地震震源孕育、发展、发生的理论模型，成组强震孕育、发生及其相互间影响的理论模型以及基于实验研究的亚失稳模型，在地震前兆形成机理、地震孕育不同阶段的地震前兆表现形式和复杂性等方面取得了较为深刻的认识，形成了中国特色的长、中、短、临渐进式预报思路，并在此基础上结合震例研究结果分别形成了中长期、中期和短临预报技术方法体系和业务体系。

地震预报业务体系逐步完善。一是建立健全管理规制，先后印发了30余个数据处理分析、异常核实分析、会商研判、震情跟踪和信息服务等预报业务全过程管理制度文件和标准规范，显著提升了地震预报业务规范化、标准化水平。二是完善地震会商制度，建立长、中、短、临逐级指导和定期滚动的会商体系，明确周震情跟踪例会、月会商、季度会商、半年会商、大形势会商和年度会商重点，坚持开门会商，广泛吸纳系统内外力量参与会商。三是大力加强地震会商技术系统建设，建成一批地震预报业务基础数据库，实用化一批震情会商技术方法，实现地震活动和地球物理观测异常识别及推送，震情会商效率、质量和信息化水平持续提高。

地震长期预报的科学性不断继承创新。地震重点监视防御区是各级政府、行业部门和社会公众防震减灾的战略目标区。20世纪90年代以来，组织多领域多学科科技力量，于1996年、2006年和2021年完成三版重防区的确定且均由国务院办公厅转发。各级政府出台工作措施、加强防震减灾投入、提升公众防震减灾意识，1996年以来中国大陆地震造成的人员伤亡和直接经济损失90%以上在重防区。特别是在2021—2030重防区确定过程中，引进吸收国际国内强震预测理论方法，构建中国大陆活动地块边界带主要断层段的断层破裂、断层运动、大地测量、地震活动性和断层应力模型等震源物理模型，通过识别强震破裂空段、断层运动闭锁段、中小地震稀疏段和库仑应力增强段，应用综合策略定量计算各断层段的强震危险系数，对强震发震概率、震级进行定量估计，是中国地震中长期预测历史上的里程碑，标志着以物理为基础或以动力学为基础的中长期地震预测探索的起始。

地震中期预报的准确性取得稳步进展。年度地震重点危险区确定工作始于1972年，是地震预报最重要的产品，也是各级政府部署年度地震灾害防范应对工作的重要依据，具有十分重要的指挥棒作用。为规范危险区确定工作，提高科学水平，建立重点危险区确定技术规范，明确"两档四级，即6～7级及以上和6级左右及以下两档，7级左右及以上、6～7级、6级左右和5～6级四级"思路，细化不同档、不同级判定依据，通过应力水平高的区域、构造变形显著增强区、地震活动异常集中区和地球物理异常集中区等手段，识别地震成核及其弱化过程的关键性特征，针对6～7级及以上危险区，重点突出"确定为发震紧迫程度较高的中长期大震危险区及危险段落"，针对6级左右及以下危险区，重点强调"5级以上地震背景发生率的中强地震易发区"，同时持续优化年度地震趋势研判指标体系，不断完善危险区确定综合研判策略。针对年度预测结果的评价，在原有R值评分的基础上，增加5级以上地震报准率和震级最大及灾害最重地震的预测效能分析，形成了一套较为完整的预报效能评价体系。近年来年度地震重点危险区预测成效稳步提升。

地震短临预报的减灾性取得较好实效。20世纪70年代以来，在40余次中强以上地震前提出不同程度的短临预报意见，做到向地方政府提前"打招呼"，部分震例前实现了较明显的减灾实效。尤其1975年海城7.3级地震、1976年四川松潘平武7.2级地震、1995年云南孟连7.3级地震等7级地震前的成功短临预报为大幅减少人员伤亡损失发挥了重要作用。21世纪以来，在2003年新疆巴楚伽师6.8级、2003年云南大姚6.1级、2003年山丹民乐6.2级、2014年云南鲁甸6.5级、2017年新疆精河6.6级、2021年青海门源6.9级、2022年四川泸定6.8级、2024年新疆乌什7.1级地震前，均做出了具有减灾实效的地震预报。在深入总结唐山、汶川等大地震经验的基础上，不断加强地震短临预报理论和方法研究，以地震成核、亚失稳等理论为基础，通过定量评价优选出25种预测效能较好的短临预测方法，编制并逐年优化全国分级分区的震情短临跟踪和会商研判技术方案，初步建立基于异常的综合概率预测方法，明确周震情跟踪例会重点分析异常的信度及其预测意义"抓异常"，月会商重点利用已建立的震情短临跟踪预测指标综合研判近期震情趋势"抓地震"，专题会商针对显著地震事件或重大异常及时研判其对震情趋势的影响。

总体来说，地震预测是当代地球科学中最具挑战的一项前沿性课题，也是世界难题，现实水平与社会公众的需求期盼差距很大，目前的进步离准确的地震预报还有很大距离，取得的成绩是阶段性的，很多认识还停留在表象。长期预测对强震物理过程认识不足，缺少可靠的震源物理模型支撑；对大区域地震趋势预测仍缺乏有效物理预测方法，仍以时序统计类比分析方法为主；中期预测中动态资料反映区域构造运动的机理不清楚，仍以震例类比的经验预测方法为主；短临预报对模型和方法尚未形成统一的认识。

2. 国外发展现状及趋势

美国强震主要集中在美国西部的加州地区和北部的阿拉斯加，因此美国的地震研究和防震减灾相关工作多集中在美国西海岸的加州地区，先后在加州帕克菲尔德成立地震预报实验场，依托南加州大学成立南加州地震中心。南加州地震中心经过30余年的发展，在经验预报的基础上逐渐形成了基于震源物理主体模型（Physical Master Model）的加州地震破裂预测结果（UCERF3-Uniform California Earthquake Rupture Forecast 3）。UCERF3由断层模型、变形模型、地震发生率模型和地震概率模型组成，根据预测结果可分为UCERF3-TI、UCERF3-TD、UCERF3-ETAS三种模型，其中UCERF3-TI是针对震级和地点的长期预测，由断层模型、变形模型和地震发生率模型三部分组成，UCERF3-TD是在UCERF3-TI的基础上考虑地震离逝时间计算地震条件概率的时间相关模型，开展了加州地区未来30年6.7级以上地震的概率计算，UCERF3-ETAS是在UCERF3-TI的基础上考虑传染型余震序列（ETAS）的时空丛集模型，是融合基于断层的地震预测与统计地震学模型的尝试。由于UCERF3使用的数据具有较大的不确定性，SCEC的下一代地震长期概率模型目前也在筹备中，下一代地震概率模型计划通过地震模拟器给出特定区域满足物理属性的发震断层，大幅减少假设与数据的不确定性，更加重视地震动力过程的研究。此外，美国地质调查局的国家地震风险图项目也进行年度地震风险预测，主要通过不同时间窗长计算地震平均发生率，在假设地震发生率在预测期内保持不变的前提下，使用经验衰减关系给出强地面运动超越概率。

在20世纪六七十年代，日本特别重视中短期地震预报，尤其是地震前兆相关观测及其在中短期地震预报中的应用。由于相关前兆观测并未在1995年日本神户地震发挥实际作用，此后日本地震预报工作方案调整为：①长期预报为基于地震地质和历史强震信息的震级和概率预测；②中期预报为基于监测数据和物理模型的强震动力学过程数值模拟；③短期预报为基于前兆现象的短期预测。由实际工作来看，长期预报给出地点和震级预测结果，并基于强震复发模型给出30年概率预测结果；而中期和短期预报重点关注中短期内是否存在发生目标地震的可能性。2011年日本9级地震后，一方面，金森伯雄等学者呼吁充分利用现有方法加强预报；另一方面，有学者认为1995年神户地震后日本放弃短期预报，此次日本9级地震没有短期预报是由于没有能够成功地捕捉到有效前兆。因此，目前日本地震预报工作方案调整为：①基于物理模型、数值模拟的震级和概率预测；②基于地壳变形、地震活动的中短期发生概率；③基于前兆回溯效能的短期发生概率。

意大利基于震源区划分开展长期预报工作，根据构造背景与地震活动资料划分震源区后，再根据不同震源区的测震学资料给出各震源区的震级频度分布，从而获得不同震级地震的概率。2009年拉奎拉地震之后，意大利的可操作地震预报研究取得了显著的进展。意大利地震学家建立了OEF-Italy系统用来提供可操作地震预报需要的各类信息，OEF-Italy系统基于透明、可重复、可测试的原则建立，给出每周的地震概率和超越概率预测，OEF-Italy系统的短期预测通过给出每个网格中不同震级的周频次实现，周频次通过综合两个传染型余震序列（ETAS）模型和一个短期地震概率模型（STEP）获得。

整体上看，国际上一些科技发达国家都在持续提高地震长期预报的科学性，并且在地震中短期预报方面也在不断进行探索和尝试。

（四）地震预警

地震预警是指地震发生后，利用地震预警系统，在破坏性地震波到达之前向可能遭受破坏的区域发出地震警报信息的行为。

1. 国内发展现状

从2018年开始，我国实施"国家地震烈度速报与预警工程"项目，构建了新一代地震监测预警速报业务体系，形成涵盖观测数据汇交、运行维护保障、速报编目、网络安全保障、地震信息服务等五大业务，近年一系列破坏性地震发生后及时产出发布预警信息，发挥了不同程度的减灾作用。

（1）建成全球规模最大的实时地震观测站网。新建改造三类站点共15899个，5个重点预警区平均台站间距由50～90千米加密至10～15千米，一般预警区平均站间距由90～200千米加密至40～60千米，中国测震站网监测站点数量实现从"千"到"万"的跃升，地震观测站网布局明显改善。通过国家预警工程的建设实施，中国测震站网在县级行政区基本实现全覆盖，重点预警区内覆盖到乡镇，基本消除我国陆地地震监测空白区并有效提升我国近海地区地震监测能力。

（2）建成高效安全稳定的地震通信网络。为应对秒级地震预警对数据采集、交换的时效性、稳定性、安全性要求，国家预警工程通过改造现有地震行业网、新建数据传输网和紧急地震信息发布网，建成了国、省、市、站"四层"架构的新一代地震监测预警通信网络，全面实现海量观测站点的低延时数据传输和交换。建立了全网统一授时、业务运行监控和网络安全防护系统，按照国家网络安全三级等保标准进行网络安全防护，实现对网络延时、带宽出口、计算存储的多场景、智能化监控告警。

（3）建成高效智能的地震数据处理系统。国家预警工程研发了由波形交换管理、消息交换与参数管理、地震烈度速报、地震预警、地震参数速报、综合地震波形分析等6个分系统组成的专业数据分析处理软件系统，在国、省两级中心进行集成化部署。实现观测站点全生命周期管理，国家中心实时汇集超过1.8万个站点的观测数据，全网实时交换观测数据超6万站次，日实时处理原始数据达到TB量级。建立了国省两级同步处理校验、多中心多算法融合决策的安全产出机制，实现了地震预警、地震烈度、地震基本参数、震源参数、地震编目和震源破裂过程等多元数据产品的全时序业务产品线。

（4）建成多场景多渠道的紧急地震信息服务平台。建成1个国家中心、1个国家备份中心、1个国家技术支持与保障中心、19个Ⅰ类省级中心、12个Ⅱ类省级中心、173个市级发布中心。打通"处理—发布—接收"信息服务全链条，建成了"国—省—市"三级紧急地震信息服务平台，实现各类服务产品的归口汇集和统一发布。开展了专用服务终端、手机应用、电脑客户端等发布示范，安装12082个专用服务终端，进行了铁路、管网、电网、核电、燃气等行业对接服务，拓展了应急广播（广播电视、网络视听等）播发试点，丰富了微信、支付宝等公众移动应用服务渠道，向政府部门、行业用户和社会公众提供了多场景地震信息，形成了亿级覆盖、秒级触达的广域快速服务能力。

（5）建成全流程质量控制的技术支持与保障系统。建成了专业设备计量检定、业务系统列装定型、观测站网评估评价体系并进行了有效验证，建成国省两级技术支持与保障中心，并分别在四川、陕西、山东等地建立了地震预警技术测试实验室、主动源巡回检测、野外比测基地等分布式保障设施。按照国、省、中心站三个层级部署一体化监控运维系统，形成全网统一监控参数配置、系统运行状态、故障处置的运行质量控制体系和涵盖存储与归档、质量控制与评估、异常处置的数据质量控制体系，形成了运行监控智能化、故障处置自动化、检定测试标准化的技术支持与保障能力。

我国地震预警技术及应用仍处于发展阶段，地震预警工作还存在一些短板弱项，当前和今后一定阶段内地震预警技术风险仍然存在；现有业务系统不能全面满足国家地震安全的现代化需求；地震预警信息服务尚未全面满足经济社会高质量发展需求；法律法规标准体系建设还需进一步健全完善。

2. 国外发展现状及趋势

2009年8月，美国地质调查局完成了为期三年的地震预警系统研究项目，随后基于现有的加州综合地震台网开始建设地震预警系统ElarmS。在北美西海岸建设了ShakeAlert

系统，台网平均间距约为 14.7 千米。2012 年该系统开始试运行，并向试验用户发送预警信息。2016 年，美国开发了一款名为 MyShake 的应用，开展利用手机自带的加速度感应器监测地震、并向用户发送警报技术的探索。

日本在 20 世纪 50 年代后期即开始有关研究和系统建设。从 2003 年开始，日本气象厅利用由 Hi-net 台网及 JMA 台网组成的 1020 个观测台站进行组网，平均台站间距约为 18.7 千米，着手研究建设全国性地震预警系统——"紧急地震速报系统"。该系统自 2004 年 2 月开始在线测试运行，并于 2006 年 8 月开始向特定用户团体（如煤气公司等）提供预警，2007 年 10 月 1 日起向普通公众提供预警信息。

墨西哥建成了地震预警系统 SAS，并向公众发布预警信息。该系统在格雷罗沿海地区 300 千米的范围内布设了间距为 25 千米的 12 台数字强震仪（后增加到 36 台），检测到地震发生后，通过由 1 个甚高频（VHF）中央无线电中继站和 3 个超高频（UHF）无线电中继站向 300 千米外的墨西哥城发布警报，服务范围也在不断拓展。

目前，地震预警信息已在国外多个地区、多个领域内得到推广和应用，日本、美国、墨西哥等国家的地震预警系统研发与应用实践表明，及时准确的地震预警信息能够有效地减轻地震灾害，减少人员伤亡损失。总结国外地震预警的应用现状和技术发展，未来，美国、日本等国的地震预警工作将围绕以下几个方面继续深入：优化地震观测台网，拓宽地震监测手段；完善地震预警相关算法，提高地震预警信息可靠性；扩大地震预警信息应用，发挥实际减灾效益。

二、战略问题

（一）需求分析

1. 地震监测功能布局拓展的需要

随着我国经济社会的不断发展，城市化进程的不断加快，观测环境噪声日益增大，需要发展低成本、强抗干扰性、小型化适合密集观测的仪器装备，以提高城市区域地震监测能力。为保障国家重大基础设施、能源开发利用等重大工程地震安全，需要发展高精度、高灵敏度的地震监测仪器装备。为保障西部大开发以及川藏铁路建设等国家重大项目顺利实施，需要进行高精度地震监测及活动构造研究、地质灾害监测预警等，需要在崇山峻岭、高原、极寒等无法建设大量固定测震台站的地区发展可快速部署、功耗低、环境适应能力强、依靠无线网络进行数据或参数实时传输的仪器装备。海洋强国战略实施包括海洋资源探测、海洋灾害监测及海权宣誓等各个方面，而我国至今还没有近海、远海的固定海底地震监测专业台站，在南部岛礁也未形成有效监测能力，需要发展适合海域环境的地震观测装备。

2. 新形势下地震预报速报的需要

地震发生前，通过各种信息化智能化的地震监测手段尽量捕捉地震孕育的前兆信息，有效地进行地震预测预报，是减轻地震灾害特别是降低生命损伤的最直接、最有效的方法。地震发生后，地震速报要"既快又准"，为地震应急处置工作赢得时间，对测震台网监测能力及产品产出提出了更高的要求。在地震多发地区，给社会公众提供更准确、更及时的地震预警信息，在地震破坏发生前赢得自救的时间；在高人口密集地区和城市化程度高的地区，及时发现地震风险、提供预警信息，有助于公众做好防护准备，减少恐慌和混乱，维护社会稳定。建设全球地震台网和国际地震数据共享服务，为全球防震减灾贡献中国智慧、中国方案，也是社会对地震行业提出的时代需求，将为我国地震科学及全球地震科学的发展提供原动力。

3. 应急管理向多灾种拓展的需要

随着国家应急管理体制改革，防震减灾在减轻灾害损失、维护社会稳定、辅助政府高效决策等方面发挥的作用将越来越重要。近年来与工业活动相关的非天然地震事件呈现上升趋势，地震监测对象也从传统的天然地震向爆破、塌陷、滑坡、泥石流等多种类灾害性事件监测拓展，迫切需要构建非天然地震监测业务体系。通过针对不同类型非天然地震制定分类监测与控制标准，明确服务对象，提供尽可能精准的事件报告，以便采取应对措施尽量把灾害损失减到最小。提升非天然地震监测的科技服务能力，确保工业生产活动风险可控，实现更好的潜在危险管理，是保障经济社会发展的重要措施，也是亟待解决的现实需求。

4. 新技术驱动下地震监测技术现代化的需要

目前，我国空天地一体化地震监测能力尚未完全形成，监测及相关技术存在不足，云计算、大数据、人工智能等现代信息技术的快速发展，迫切需要加强对我国大陆高精度、高时空分辨率、立体化的地震监测，加强对我国大陆重点地震活动断层、地震重点危险区、强化监视区和重点监测时段的密集观测。同时，发展深海、深井、卫星地震监测技术、基于物理数值的地震预测模型和成灾机理的数值模拟方法，为地震监测预测拓展新方向。推进地震情景感知、精准预警、可操作余震预测等创新产品研发，为精准高效的地震灾害风险防治服务提供新途径。

5. 科学研究和国家基准维护的需要

地震监测台网为地球科学研究提供宝贵资料，是数字中国战略和数字地球战略不可或缺的组成部分。数字地球是定量化研究地球的一个新的战略方向，是集空间科技、信息科技、地球科学等于一体的交叉学科领域。我国地震监测、地球物理台网观测的发展为数字地球的实现和发展提供重要资料和科学研究数据，在国防、国土空间规划、重大工程建设、卫星导航定位、矿产资源勘探等国民经济建设中也具有重要的应用价值。地震监测台网中的大地水准网、GNSS 站网、重力网、地磁网在我国同类观测网中规模最大、时空分辨率最高、观测精度最高、连续观测时间最长，为国家高程基准、国家重力基准、国家地磁基准的维护发挥着重要作用。

（二）战略问题

1. 地震监测装备技术现代化

目前，地震监测装备可以满足我国地震监测的基本需要，但随着新技术发展，需要研究光纤传感、InSAR、移动通信、物联网、人工智能等新技术在拓宽地震监测手段中的应用问题；需要研究地震监测设备抗干扰新技术，提出面向泛在感知、深地海洋、多元需求、高性价比以及自主可控和智能化要求的地震监测迈向智能化的装备技术发展战略；需要对现有测震仪器计量装备检测能力、标准溯源传递、仪器列装评价等开展研究，提出面向在线高水平检测、离线高精度检定的测震仪器计量装备支撑对策。

2. 地震监测站网海陆空立体观测发展和布局优化

目前，我国除人口稀疏区外，已建成全国基本均匀分布的数字化、网络化测震台网，全国大部分地区实现 2.5 级以上地震监测能力。但在新发展阶段，有必要针对我国社会经济发展需要、建设海洋强国战略需要，开展地震监测布局理论研究和组网技术研究，提出适应新需求的、复杂观测环境变化影响下的地震监测站网海陆空立体观测布局、站密度和监测能力发展战略目标和行动。

3. 地震监测站网运维现代化

我国地震监测站网运维基本实现了信息化，需要研究移动通信、物联网、人工智能等新技术在地震监测台网运行、维护和更新等方面的应用问题，提出全流程一体化站网运维智能技术体系设计与管理体系构建、地震监测运维迈向智能化的战略目标和举措。

4. 有限科学认知水平下实现地震预报可操作

目前，国际上地震预测预报还处于一个比较低的水平，需要在地震预测预报新理论、新方法、新技术等方面持续开展深入研究，深入探讨重防区划分方法、综合概率预测业务、与中长期预报相结合分级分类的政府减灾对策、与短期预报相结合的应急准备等问题。针对新发展阶段我国经济社会发展对地震预报的需求，提出推动地震预报从经验性预报向基于物理预报方向发展，从确定性表述向概率性表述方向发展，实现地震预报可操作以发挥更大效益的战略目标和举措。

5. 新技术驱动下地震预警现代化

随着国家地震烈度速报和预警工程的建成应用，我国已基本实现对重点地区的地震预警和全国烈度速报能力，需要研究新技术驱动下地震预警技术现代化和地震预警能力提升的问题，推进研究基于大数据的地震预警技术方法，加快构建城市工程地震灾害监测网，制定地震预警服务智慧城市的战略，提出地震预警针对重点行业和重大工程的定制化服务战略举措。

6. 地震数据治理与共享服务

需要加强地震数据治理，结合云计算、大数据等新技术发展趋势，以及数据安全需要，研究提出地震数据治理和共享服务的战略目标和举措。

三、战略目标

到 2035 年，基本建成地震监测预报预警现代化业务体系，围绕 8 个地震重点活动区和 15 个主要地震断裂带，完善站网规划，发展由测震、强震动、预警一般站组成的地震震动观测网，由重力、形变、电磁、地下流体等组成的地球物理观测网，组成集约化地震观测系统，实现陆基、海基、空基和天基协调布局，信息化水平不断提高，形成覆盖我国海陆及周边地区的高精度、高时空分辨率、立体化的现代化综合地震监测体系。实现地震长期预报更加科学，中期预报准确率不断提高，短临和震后趋势预报取得重要进展。

（一）测震观测

到 2035 年，全国重点地区监测能力从 1.5 级提升到 1.0 级，绝大部分地区地震监测能力从 2.5 级提升到 2.0 级。积极开展援外、境外站建设，形成基于自身台网（含合作建设）的全球地震监测能力：全球大陆（南极洲除外）地震监测能力下限基本达到 5.0 级，海洋达到 6.0 级。建立专业队伍和市场化相结合的方式实现站网系统建设和运维模式，站网运维实现智能化，地震分析处理基本自动化，实现天然、非天然地震监测预警全链条科技服务。

（二）地球物理观测

到 2035 年，构建新时代地震地球物理观测发展新格局，形成我国大陆地区相对均匀、重点地区适度加密的地球物理站网，实现中国大陆重点地震构造带、主要物理量的成场成网立体化融合观测，实现地球物理观测装备研发生产自主化、功能模块标准化，实现地球物理监测站网运维监控智能化。建成完善的地球物理观测公共服务体系，为地震预测预报、震害防御、国民经济建设、国防建设、地球科学研究等提供优质高效的公共服务。

（三）地震预测预报

到 2035 年，形成地震中长期物理预测方法，给出地震数值预测模式，构建重防区防震减灾研究工作体系，增强中长期预报的经济社会服务能力，地震短临预测和震后趋势研判业务更科学更准确。人工智能地震短临预测方法发挥重要作用，建立基于人工智能方法的中强地震预测指标和地震波异常信号数据库，研发人工智能的地震预测软件系统，形成人工智能实时地震预测实验系统，建立地震预测人工智能大模型。针对我国能源安全，形成针对工业活动的诱发地震实时智能化预测与控制，建立典型区域诱发地震预测与控制工作机制，形成系统化的地震预测研究模式。地震预测预报研究成果在中国地震科学实验场实现示范应用。

（四）地震预警

到 2035 年，全国地震预警观测站点密度得到进一步提升，重点预警区从目前覆盖国土面积大幅提升，其中东部地区全部覆盖，西部地区覆盖约 1/3 面积。在人口相对稠密的城市（群）建成覆盖全面、内容丰富的城市工程地震灾害监测网，在全国初步建成海洋地震观测网，形成覆盖全国、陆海空物一体的高密度地震动观测网；手机地震预警等新技术的应用有效提升地震监测预警的智能化水平；建立精准、智能、专业、法治的现代化地震预警信息服务体系，实现从震时地震预警到地震灾害风险预警和地震灾害损失精细化评估的延伸；形成覆盖面广、内容丰富、及时高效的地震预警信息服务能力和专业科学、安全有序的地震应急处置能力，基本满足国家地震安全需求、政府应急决策需求、人民群众应急避险需求、行业地震应急处置需求；对外输出地震预警服务技术，为保障国家重大战略提供相关技术支撑。

四、战略行动

（一）测震站网

1. 陆域站网加密优化

以"又快又准"监测地震活动为主要目标，调整优化台网布局，围绕大震巨灾危险源和风险源，开展活动块体边界带等地震易发区和灾害高风险区的加密观测，增强青藏高原等站点稀疏区域监测能力，完善火山活动监测系统。在国家地震烈度速报与预警工程观测系统建设的基础上，对一般预警区台站进行加密，对5个重点预警区的台站适当补充，使全国范围台站间距达到12~15千米，在全国形成完善的地震预警能力和基于乡镇实测值的烈度速报能力。对我国现有测震站网进行升级换代，进一步提高观测数据的质量，提升地震监测能力。

2. 海洋地震监测工程

利用国内外成熟、可靠的海洋观测技术及相应保障措施，构建由岸基、海基（岛礁站、浮标站、线缆站、海上工程平台站）、空天基、机动观测平台组成的海洋地震观测网，合理配置测震、强震动、重力、地磁等多种观测设备，形成陆海空天一体化的海洋地震观测系统，使我国近海海域的监测能力达到3.0级，震中水平定位精度优于10千米；部分近海海域具备地震预警能力，震后10~20秒产出地震预警信息，震后5~10分钟产出震源机制等信息，实现海洋地震观测站网的业务化运行，为政府部门、沿海公众及涉海重大工程提供预警信息服务。

3. 国际地震台网建设工程

在国家战略的指引下，结合全球地震监测需求，推进援外站网建设。增加国际地震监测站点数据共享，实现满足中国地震台网速报全球大震的能力。监测数据种类和震动信号的频带均要有所拓宽，除需涵盖现有的100~300秒左右的速度型地震监测系统外，还应部署兼容北斗卫星导航系统的位移监测装备、可接收更低频信号的应变监测装备；具备全球全网高精度同步授时、单站系统遥控维护、通频带数据极速传输等特征。组建国际地震数据中心，以监测数据发展带动地震科学其他服务领域为目标，整合地震监测、地震速报、地震快速评估、地震区划、地震风险评价等多维度的地震应对服务工具，建设以地震数据为基础的地震灾害防御全生命周期的解决方案实施平台。

（二）地球物理观测站网

1. 地球物理观测台站升级改造建设

对"十五"数字地震观测网络工程、"十一五"地震背景场探查工程、陆态网络工程等项目所建连续观测台站进行现代化升级改造，主要包括：科学评估现有台站环境干扰情况，停测或搬迁环境干扰严重台站，增加抗干扰能力强台站和观测手段；升级换代老旧仪器设备，统一技术标准，实现主要观测传感器、数据采集器的标准化接入和替换；优化通信网络架构，实现数据实时传输，提高地震短临预报服务时效性；加强站网运维自动化建设，提高台站环境、仪器设备、数据质量一体化监控能力。

2. 地球物理连续观测台阵建设

在国家地震监测现有地球物理站网工作基础上，参考日本、美国等国家地震地球物理站网建设经验，围绕中国大陆重点地震构造带、重点大震巨灾城市群等重点区域，开展密集台阵建设，有效提高中国大陆强震孕育过程的科学认识水平，有效提高强震中短临预测水平。

3. 空天海地一体化地球物理观测体系建设

在夯实地基地震地球物理观测站网基础上，发展InSAR、电磁卫星、重力卫星等新型空间对地观测地球物理技术，发展海洋地震地球物理监测技术，填补海域地震地球物理监测空白，构建空天海地一体的现代化地震灾害风险感知体系，监测获取中国大陆及周边海域地球物理变化图像，强化地震危险源和承灾体风险源探测，服务地震预测预报等各项工作。

（三）强震动观测网建设

立足防大震减大灾，在全国一张大网的基础上，推动建立分级分类地震预警服务体系，在重点防御区、重点城市和城市群建设高密度场地强震动观测网（小网）开展局部区域高精度地震动场观测，在重点建筑、重要基础设施布设结构观测台阵开展承灾体地震反应观测和灾变演化监测，全面精准服务经济社会发展，实现从粗放型向精细化服务的转变，实现地震预警向地震灾害风险预警的转变。

实施基于手机大数据的新一代地震预警网建设工程，推进公众手机振动传感器与地震专业预警系统联合组网，进一步提高重点地区烈度速报能力。

（四）观测技术研发

1. 新型传感器技术

以传统地震传感技术为基础，提高现有传感技术的感知能力及传感器稳定性、可靠性，发展以光纤、量子、超导、新材料等支撑的新型传感器技术手段，具备高精度、高可靠、抗干扰、可校标、轻便等特性。

2. 新型观测仪器

推进现有技术装备工业化标准化设计，提高地震观测仪器观测精度、运行稳定性、抗干扰能力和自动化水平，研制智能化、小型化、低功耗、高可靠性的新型地震观测仪器，发展适用空、天、地、海等场景的高精度观测技术装备。

3. 多维度信息获取与处理技术

将物联网、大数据、云计算、人工智能等先进技术应用于地震观测网络组建、观测数据传输处理，实现地震观测仪器智能化、地震观测网络快速部署、地震观测数据安全高效传输、地震数据产品个性化产出。

4. 海洋地震监测技术

探索解决海洋地震监测关键技术和难点问题，开展海洋地震观测关键技术、装备实验、标准化建设以及设备质检、技术保障体系建设等工作。研发适应岛礁及海底观测需求的高精度海洋地震观测装备；研发基于光纤传感、小孔径密集台阵的新型感知技术与观测装备；开展海洋地震观测仪器的数据采集、数据传输与处理技术研究及应用实践。

5. 预警关键技术研发

推进地震预警业务由信息化、数字化向智能化、智慧化转变，按照使用一代、研发一代、设计一代的原则建立完善的业务迭代机制，形成严谨科学、自主创新、多学科融合、涵盖观测处理产出的地震预警全链条技术体系，加快推进人工智能、大数据等技术在地震预警中的应用，加强原创性的关键技术攻关，推动地震预警技术实现时代跨越。

（五）加强地震预测预报研究和研判

1. 地震中长期预测

活动地块边界带运动特征观测与闭锁区研判。开展活动地块边界带地震观测计划，利用大量长期的大地测量和地震学观测资料，结合古地震、历史地震资料，研究活动地块边界带活动断层的运动特征，研究活动地块边界带闭锁区域识别特征，给出活动地块边界带闭锁区的空间分布。

闭锁区密集观测与闭锁程度确定。针对活动地块边界带闭锁区，开展闭锁区多学科综合密集观测，包括地震学、大地测量、大地电磁、地球化学等观测，结合卫星对地观测资料，研究活动地块边界带闭锁区域的闭锁程度。

闭锁区中长期地震危险性和灾害风险预测研究。针对闭锁区域处于孕震晚期的地区，研究在此基础上地震中长期异常的识别特征和标志，开展中长期地震危险性研究与评估，深入研究成组地震孕育特征，大地震级联破裂和超剪切破裂可能性，在此基础上结合人口经济和建（构）筑物资料与社会经济发展资料，开展地震灾害风险预测研究。

2. 地震短临预测

健全完善"周月会商＋专题会商"地震趋势研判工作机制。迭代优化地震会商技术系统，持续优化年度危险区确定和地震短临趋势判定技术方法，努力实现有减灾成效的地震短临预测。

闭锁区短临异常识别与预测方法研究。针对地震高风险区域，利用多学科综合密集观测资料，精准探查地下结构，精细解剖典型震例，提升强震孕育发生的科学认识，研究在地震中长期孕育背景上向地震短临阶段转变的特征，在大震危险源孕震晚期地区，研究地震成核的异常现象。

震型判定和强余震预测技术研究。研究强震发生后地震序列类型快速判定技术，并对可能发生的强余震的时间和强度做出预测。开展地震序列的统计特征与区域地质构造背景、构造运动速率等相关性研究。建立地震与地球物理场的时空变化，地震序列数据及其序列类型特征数据库，深入研究余震区应力状态、固体潮调制情况，提高震后趋势判定的时效和结果的可靠性。

3. 地震数值预测

依托中国地震科学实验场建设项目，开展地震数值预测方面的研究。重点围绕数据整理、数据同化、模型构建、算法计算、概率表达、结果评估进行推进，分别在地震危险源识别、震级概率预测、时间概率预测、强震成组演化模拟、板块加载作用、基于预测结果的地震破裂过程模拟和强地面运动模拟进行深入研究和相关能力建设，通过典型区域的试点和分区分片应用推广，逐步在全国层面进行地震数值预测的相关实验和业务建设。

4. 人工智能地震预测

基于大数据和人工智能的地震事件实时监测、震源参数快速测定、地震成核震相实时提取；开展地下介质结构和应力场变化自动监测技术研究，并进行应用示范。基于人工智能地震前兆异常识别研究，开发人工智能地震预测软件系统，逐步实现人工智能地震预测业务化。

5. 诱发地震预测与控制

针对大型工业开采区，在建成高密度地震监测网基础上，开展诱发地震防控技术及对策研究。建立人工诱发地震标准与数据库，研究诱发地震机理，完善诱发地震预测技术，探索诱发地震控制方法，并优先推进诱发地震预测方法与控制技术在中国地震科学实验场的示范应用。

（六）提升公共服务能力

1. 非天然地震感知与服务系统建设

针对不同类型的非天然地震，研发专业监测网络和技术系统，与关注非天然地震的行业联合，优先开展基础感知系统建设。遵循统一技术标准，分区域建设非天然地震数据库和标准数据集。开展不同类型非天然地震发生机理与传播模式研究以及关键支撑技术攻关。按照"多维度、分层级"的方式，逐步建设非天然地震监测服务体系，提供参数测定、事件性质鉴定以及影响和态势感知产品与服务。

2. 地震预警服务专业化

针对不同行业信息需求以及应急处置特点，建设针对不同行业的地震预警观测站网、技术处理系统、应急处置系统等，实现对不同行业信息需求的精准发布和行业应急处置的科学专业。拓展地震预警信息发布渠道，大力推进地震预警技术在城市高层建筑、地下空间、大型综合体以及生命线工程、市政基础设施安全防控中的推广应用，推动建立重大建设工程地震灾害风险监测预警和防控系统。

3. 数据平台建设

建立健全地震数据治理技术体系，构建云架构下统一的大数据环境，实现云架构下从数据采集传输、汇集分发、存储处理、产品加工到共享服务的全生命周期有效治理。汇聚全局全量（包括地方站、行业台网和科学台阵等）地震数据，以及国际上的地震数据，加强多源数据融合管理。提升地震数据产品共享服务能力，丰富数据产品种类，提供个性化、定制化的主题产品数据，发展融媒体的防震减灾服务信息传播技术，提供面向政府、行业、公众和全球的地震信息服务。

（七）提升信息化规范化水平

1. 台站智能化改造

构建智能化监测站点监控系统，在状态监控、在线检测的基础上，实现监测站点的在线、离线管理和观测参数的同步更新。基于物联网实现监测站点数据流的即插即用。基于监测站点状态和观测参数，实现可靠、多样的实时数据流服务，实现监测站点运行状态智能判别。构建标准化、可配置、可重构处理模块，支撑不同业务流程自主编排，在线重构与运行，构建分布式存储管理系统，实现连续观测数据服务。同时提升运维监控系统自动化智能化水平，有效提高台网运维效率，为地震监测速报和预警提供有力的数据支撑。构建具备台网信息管理、观测设备运行状态实时监控、观测数据质量在线分析、在线故障智能处置、维护维修信息管理、装备保障信息动态跟踪、运行监控综合评估和运维分级管理等功能的监测业务系统运行监控平台。

2. 业务系统信息化

持续推进地震监测预报预警业务领域信息化能力建设，带动地震监测运维管理转型升级。构建云架构下统一的分布式地震业务环境，加快地震业务系统在云架构下的更新换代，提升地震数据全流程自动化处理水平和处理能力，实现海量数据处理能力；强化数据挖掘、人工智能等信息技术在地震监测预报预警业务系统中的应用，构建地震行业大数据模型，提升地震业务现代化水平。

3. 服务信息化

建设高性能、高可靠性和高安全性的地震产品产出与服务平台，构建强健统一的数据产品管理系统，实现多源地震产品的集成与共享，能够支持多种地震产品和服务的开发和集成，可根据用户的需求和特定场景，提供多样化、个性化、差异化的地震产品和服务。

4. 规范化管理

加大标准规范体系建设力度，建立健全地震监测预报预警领域的地震站网规划、建设、运维，地震观测仪器研发、生产、列装，地震数据传输、存储、处理，地震监测预报预警公共服务产品加工、管理、向社会公众发布等技术标准体系，与规章制度体系有效衔接，并使相关技术要求与国际接轨。逐步推进地震地球物理观测运行智能化和运维保障现代化,以自主运维为主、社会力量参与的模式,实现"有人看护、无人值守、远程维护、多维产出"的运维管理方式。制订监测系统在线检测和观测仪器长期监测效能评估的技术规程,保障地震监测系统的规范维护和稳定运行。

第二节 地震灾害风险探查区划评估业务发展战略

地震灾害风险探查区划评估业务主要包括综合运用相关技术建立地震构造环境探测与承灾体调查体系、地震危险性与地震灾害风险区划体系、地震危险性和地震灾害风险损失评估及情景构建体系,查明国土地震构造环境、地震危险性和地震灾害风险等重要基础信息。实现地震灾害风险探查区划评估业务现代化,对于增强震防"参谋助手"服务能力,提升社会抗御大震巨灾能力具有基础作用。

一、战略背景

(一)活动断层探测

活动断层探测是采用多种探测技术手段,确定活动断层准确的空间位置及深部构造环境,获取断层的活动性质、滑动速率、古地震事件及大地震复发周期等参数的过程,主要用于为城镇防震减灾规划提供科学依据。

1. 国内发展现状

活动构造,尤其是活动断裂在震害预防、地震预测领域具有重要意义。活动构造研究一直是地震地质学核心工作之一。早在20世纪初,活动断裂与地震关系的研究逐渐开展。1966年河北邢台地震后,我国大力加强了活动断裂研究,在20世纪70年代提出了"由老到新,由浅入深,由静到动,由定性到定量"的地震地质和活动构造研究的基本原则。20世纪80年代开展了新疆富蕴地震断裂带研究、海原活动断裂带1∶50000地质填图和定量研究工作,从而使活动构造研究逐步推进到定量研究的新阶段。为了推动在全国主要活动断层上开展大比例尺地质填图工作,1988年10月国家地震局在宁夏银川召开了全国活动断层填图工作会议。此后在国家地震局震害防御司的具体指导下,实施了1989—1995年工作计划,开展了延怀盆地活动断裂1∶50000地质填图和浅层探测,郯庐断裂带1∶50000地质填图和综合研究等15条活动断裂填图工作和4个综合研究专题。21世纪初,国家发展和改革委员会在"十五"期间启动"中国地震活动断层探测技术系统——20

个大城市活动断层探测与地震危险性评价"项目,拉开了我国城市活动断层探测的序幕。迄今为止,已开展 141 条活动断层填图和 115 个城市活动断层探测。

中国地震局从 2010 年开始先后组织编制完成了 GB/T 36072—2018《活动断层探测》、DB/T 73—2018《活动断层探察 1∶250000 地震构造图编制》、DB/T 53—2013《1∶50000 活动断层填图》等一系列国家标准和行业标准,形成了一套较完善的技术标准体系。2022 年中国地震局印发了《中国地震构造环境探查规划》,明确了分级分类分工的探查原则。一级断裂带及其包含的活动断层探查主要由中国地震局组织实施,二、三级断裂探查及城市活动断层探测由相关省级人民政府负责组织实施,中国地震局予以技术指导。海域地震构造环境探查由中国地震局会同相关省级人民政府实施。

2. 国外发展现状

近几年国外科研院所逐步开展三维地震构造建模工作。其中,美国南加州地震中心自 1991 年创建初期开始系统收集沿圣安德烈斯断裂带的科研成果,1991—2002 年,美国南加州地震中心组织分批分段逐步将成员单位的科研力量扩充,丰富了整个加州地区的地震地质研究工作,2002 年至今,进一步扩充了以前研究薄弱区和近海的俯冲带的调查资料,使得整个加州的地震地质构造格架逐步完整。随着地震地质工作的丰富程度增加,断层模型的构建也逐步丰富,在 2013 年发布的 UCERF V3 断层模型的构建中引入了断层分段和级联破裂的新概念,在 UCERF V4 期间进一步改善了全加州地区的断层模型的完整程度,采用注入高分辨率的 DEM 数据确定部分断裂的出露位置,降低空间上的不确定性,使得加州地区未来 30 年 6.7 级以上地震的概率预测模型日臻完善。

(二)地震烈度区划与地震动参数区划

地震区划是根据国家抗震设防需要和当前的科学技术水平,以地震烈度或地震动参数为指标,按照长时期内各地可能遭受的地震危险程度,将全国划分为不同抗震设防要求的区域。地震烈度区划图和地震动参数区划图是地震区划的图件成果,广泛应用于一般建设工程的规划选址和抗震设防,也是开展防震减灾工作的基础依据。

1. 国内发展现状

自 1957 年起,我国已经编制完成了五代全国地震区划图(1957 年版、1977 年版、1990 年版、2001 年版、2015 年版),其中 GB 18306—2001《中国地震动参数区划图》(简称第四代区划图)、GB 18306—2015《中国地震动参数区划图》(简称第五代区划图)均以国家标准的形式予以发布实施。

在第一个五年计划期间，我国政府就已经明确规定，在地震区的一些重要工程都需要进行抗震设防，特别是苏联援建的156项建设工程都要有当地的基本烈度数据，作为抗震设防的依据，有些重要流域规划，如黄河流域，需要有整个流域的地震区划。1957年，以李善邦先生为首编制完成了《中国地震区域划分图及其说明》，以未来可能遭受的最大地震烈度作为编图指标，同时提出了地震震源识别的"地震重现"和"构造类比"两大原则，这两项原则应用至今。

1966年邢台地震发生后，我国的地震预报工作得到政府的高度重视，中长期地震预测方法得到了迅速发展。1977年版地震区划图就是基于地震中长期预测方法编制的。该版区划图给出了地震基本烈度的概念，其含义是"在未来一百年内，在一般场地条件下，该地可能遭遇的最大地震烈度"。该图被国家建委和国家地震局批准为国家建设部门规划中小型工程的抗震设防时参考使用〔（1979）建发抗字第146号〕。1957年和1977年编制的地震区划图，基本思路都是以该区地震活动特征和地震构造条件为依据，以此来判断未来的地震危险的程度，统称为确定性方法编制的地震区划图。

1990年版地震区划图首次以超越概率的形式定义了地震基本烈度的概念。该图的概率水平为50年超越概率10%，即图中所标示的烈度在50年被超越的可能性为10%。该图由国务院批准，国家地震局和建设部联合颁布，作为一般建设工程抗震设计的依据。编制1990年版区划图的基本原则为：① 采用地震危险性分析概率方法；② 反映我国地震活动时、空不均匀性的特点；③ 吸收地震预测方面的科研成果。

2001年第四代区划图首次采用地震动参数作为编图指标。该版区划图同样采用地震危险性综合概率分析方法，考虑了中国大陆地震环境和地震活动区域性差异以及不同时间尺度地震预测结果，编制了双参数表示的中国地震动参数区划图，反映了综合场地影响和地震环境特点。最核心的内容是突破了用基本烈度作为设防标准的传统做法，首次采用地震动参数编图，直接给出工程设计所需的地震动加速度反应谱的控制参数，配合标准反应谱型，实质上为地震动加速度反应谱编图，符合我国抗震设防的基本要求。主要成果表现为"两图一表"，最终以强制性国家标准发布实施。

2015年第五代区划图，坚持以人为本的理念，充分考虑公众在地震中的生命安全问题，将抗倒塌作为编图的基本准则，同时更加重视活动块体边界发生大地震可能性的判断，更加注重地震记录资料缺失对区划结果的影响，也充分考虑地震科学认识和区划结果的不确定性。编图过程中注重已有基础资料、科研和基础工作成果的收集、分析和应用，包括大量的现代化地震观测数据，城市活断层探测、重大工程地震安全性评价、大震现场考察等基础性工作积累的丰富基础资料,"973"等一系列重大科技专项的研究成果,以及国内外在地震区划图编制原则与方法方面取得的重要进展,建立了新的地震构造模型、地震活动性模型和中国分区地震动衰减关系,确立了新的场地分类方案与地震动调整原则,首次提出了四级地震作用并相应明确了地震动参数的确定原则。主要成果表现为"两图两表",并给出了全国各省(自治区、直辖市)乡镇人民政府所在地、县级以上城市的Ⅱ类场地基本地震动峰值加速度和基本地震动加速度反应谱特征周期,最终以强制性国家标准发布实施。

从我国地震区划图的发展历程看,它是国民经济和地震科技、抗震设计技术不断进步的必然产物。几代区划图的编制反映了我国地震科学发展的不同阶段,以及与国际地震区划研究与实践不断接轨的过程。编图方法从简单的没有时间概念的"地震重复"到"百年尺度的地震预测",发展到现今的有中国特色的"地震危险性概率分析方法";编图参数由表征宏观特性的"地震烈度"发展到有实质物理含义的"地震动参数";区划图的使用由"参考""依据"发展到"强制性的国家抗震设防标准"。从第一代区划图到第五代区划图,基础资料更加扎实、技术依据更加充分、科学认识更加全面、工程适用性更强。

2. 国外发展现状

美国地震区划技术发展阶段逐步从以统计方法为主向物理方法与统计方法并重转变。最新版的美国国家地震危险性模型于2018年发布,主要创新点包括:① 基于已有地震活动,建立全新的地震震源和地震活动性模型;② 在缺少强震记录的美国中东部地区,基于数值模拟方法建立新的地震动预测模型;③ 在美国西部部分深厚沉积盆地中的城市地区,建立了新的考虑厚沉积层效应的地震动预测模型。在这些技术方法创新的基础上,更新危险性分析算法与计算软件,为更好地满足应用需求,给出了一套包括22个反应谱周期和8个剪切波速场地的系列图件。在成果应用方面,早在2015年,美国地质调查局就与美国建筑地震安全委员会成立专门委员会,加强地震科学界与土木工程界沟通交流,共同推动建(构)筑物抗震规范的修订,2018年发布的美国国家地震危险性模型为此提供了更加丰富的地震危险性信息。同时,该成果还为联邦政府其他部门地方政府评估水库大坝等重要设施、地震高危险区地方政府开展区域风险评估和防灾规划提供了丰富和必要的地震危险性支撑。

(三)地震灾害预测与地震灾害情景构建

地震灾害预测与地震灾害情景构建,指针对特定区域,结合历史震例、地震危险性、工程易损性和人口经济等状况的调查研究，对预设地震的强度、破坏程度、波及范围、后果严重性等进行评判和估计，并依此评估该区域应急能力，完善地震应急预案，开展地震应急演练，提升该区域地震应急准备能力。

1. 国内发展现状

我国20世纪60年代和70年代发生了一系列造成严重灾害后果的破坏性地震（1966年河北邢台地震，1970年云南通海地震，1973年四川炉霍地震，1974年云南大关地震，1975年辽宁海城地震，1976年连续发生的云南龙陵地震、河北唐山地震和四川松潘地震等），国内开始了基于建筑结构单体的震害预测方法研究，重点针对历次地震中破坏较为突出的结构类型研究其地震破坏特征，为各类型结构的抗震加固和编制抗震防灾规划提供基本依据。1989年10月18日大同—阳高发生了6.1级破坏性地震，震后中国政府向世界银行申请贷款对受灾区进行恢复重建。按照国际惯例，中方需要对灾区所受地震灾害的直接经济损失进行评估，提供科学的评估结果。这是我国首次在政府层面对一次地震进行的直接经济损失评估。20世纪90年代前后，美国的几个城市先后出版了未来地震经济损失评估报告，由此促进了我国震害预测工作的开展和延伸。预测城市和区域在不同地震危险性作用下可能造成的人员伤亡和经济损失结果，是为了给政府、企业和行业如何做好防灾减灾规划、防灾准备和震时应急决策提供最直观和现实的科学依据。

20世纪90年代，群体和生命线工程的震害预测得到了更多的关注。由于联合国推动"国际减灾十年"的科研与行动计划，呼吁科学家和各国政府、学术团体于本世纪最后十年在世界范围内开展减轻灾害工作。美国、日本等国家分别开展了重点城市的"未来地震灾害预测与损失评估"工作，促进了我国政府对该项工作的重视。由此，震害预测的对象拓展到了对一个城市或区域可能造成的震害损失估计。如果对城市或区域逐个单体做震害预测的话，其工作量浩大。因而，建筑物的群体震害预测和城市生命线工程中单体预测的研究工作得到了进一步的重视。这个阶段，新疆乌鲁木齐的天山区、黑龙江省大庆市、海南省海口市和辽宁省鞍山市等部分区域分别开展了试点工作。

21世纪前10年，震害预测工作的实施和应用得到了较大的进步。中国地震局成立了"若干城市震害预测和防御对策专家组"，鼓励并指导各省、市等地方政府大力开展这项工作。并在1990年《震害预测工作大纲（试行稿）》的基础上，2003年颁布了我国第一版GB/T 19428—2003《地震灾害预测及其信息管理系统技术规范》。该项工作不仅是针对城市和区域震害损失估计和分布，而且延展到了城市生命线系统中的管网、电力、交通和通信等子系统中的单体结构震害，并初步考虑了单体震害对子系统网络功能的影响。同时，将地理信息系统融入了管理软件平台是当时的一个亮点，因为能更直观地展示所分析的结果，更好地服务政府、行业的规划和决策。这个阶段，震害预测作为地震工程学研究中的一个分支逐步走到了前台，受到了科技管理者和科技人员更多的关注。

2014年到2016年，中国地震局地球物理研究所在山西太原局部城区开展系统性的城市地震灾害情景构建工作，与北京大学、清华大学、中国科学技术大学和山西省地震局、太原市防震减灾局等6家单位，联合开展研究区域地下介质精细结构探测建模、未来大地震危险性预测及震源破裂过程模型构建、考虑震源及介质模型的强地面运动场构建、城市房屋建筑地震反应模拟及可视化、城市道路及供水系统地震破坏及影响分析等工作，建立了从震源—地震动—工程结构影响—地震灾害影响的全过程地震灾害情景构建技术体系，为后续的工作提供了扎实基础和成功经验。

近十年来，震害预测针对各种需求以不同精度向区域、城市和乡村等更广阔区域延展。随着计算技术和应用软件的高度成熟和空间技术的普遍应用，对单体工程的震害预测多采用基于大量样本的模糊数学判别和有限元建模的易损性分析，从而替代了利用实际震害统计分析、半理论－半经验的简化方法和简化的抗震分析方法等；对城市或区域的群体震害预测与损失评估网格化表征以及地震灾害模拟与3D动态展示已成为研究应用的增长点，这些使得预测的结果更直观，更易得到政府和民众的接受。尤其是近几年，群体震害预测和损失评估的结果作为区域灾害风险分析的基础和韧性城市评价的依据之一，展现了其更广阔的应用前景。2023年，基于第一次全国自然灾害综合风险普查，首次系统性完成全国地震灾害风险概率评估，风险指标为建筑物地震直接破坏所导致的人员死亡和经济损失，给出了四个概率下两个风险指标的分布，相当于给出全国每一个公里网格点或每一个行政单元的地震灾害风险曲线，为后续风险治理、应急准备和地震韧性社会建设提供了定量化依据，这项工作也标志着地震灾害风险评估的技术发展处于国内自然灾害单灾种风险评估与多灾种综合风险评估的领先位置。

2. 国外发展现状

20世纪70年代，美国国家海洋和大气管理局、美国地质调查局发布了一系列美国西海岸潜在地震灾害损失评估结果，这是情景构建用于备灾的开端。1978年，日本中央防灾委员会发布了一份关于1923年关东7.9级地震重现对当代东京影响的详细研究报告。日本自1997年第一次提出"地震受害假想支援"的概念以来，每年的《年度防灾计划》都要以假定情况下的震源位置、地震规模、地震分布、建筑破坏、死伤者等信息作为衡量各地灾害预防工作推进情况的主要指标。80年代，美国开展地震灾害风险评估工作，提出了一套建筑物和生命线基础设施工程震害预测方法，研发了 HAZUS 灾害损失评估系统。90 年代，作为"国际减灾十年计划"的工作之一，国际地质灾难协会借鉴美国加州和日本的研究方法，率先在发展中国家构建地震情景研究以降低灾害风险，在厄瓜多尔基多、尼泊尔加德满都、印度艾藻尔等地区，与当地专业人员合作开展试点工作。

2005 年卡特里娜飓风灾难后，美国为明确国家应急准备目标，由美国国土安全委员会牵头，组织相关部委和国家实验室共同开展了《国家规划情景》重大研究计划，这是国家层面应用情景构建来指导应急规划的典型案例，逐步由传统的"分阶段应急准备"向"情景式应急准备"的模式转变。几乎在同一时期，欧洲也开展了针对重大灾害的应急准备工作，例如德国在 2004 年开始，围绕"重大突发事件情景"持续性地开展了跨州演练工作。近年来，美国围绕旧金山湾区开展了一系列地震灾害风险情景构建工作。针对圣安德烈斯断层和海沃德断层较高的发震可能性，美国地质调查局和地震工程研究所建立了"ShakeOut 情景"（ShakeOut Scenario）（2008 年）和"海沃德情景"（HayWired Earthquake Scenario）（2017 年）。"ShakeOut 情景"基于圣安德烈斯断层南端发生 7.8 级地震（重现 1906 年旧金山 7.8 级地震），考虑了直接工程破坏以及长期的社会、文化和经济影响，最终估计这次地震将造成约 2000 人死亡、5 万人受伤，高速公路与管线损坏，电力、通信中断等后果。海沃德情景设定在 2018 年 4 月 18 日下午 4 点 18 分，位于加州旧金山湾区东湾地区的海沃德断层上发生 7.0 级地震（重现 1868 年 7.0 级地震），分别研究了设定地震作用下的地质灾害、工程层面及社会层面的后果、影响及对策。分析表明可能发生 800 人死亡和 16000 人非致命伤害（仅因地震动危险），经济损失超过 820 亿美元（包括地震动、液化以及滑坡灾害）。

（四）地震灾害风险探查区划评估技术装备

技术装备是开展深浅部地球物理探测和建筑结构抗震性能分析等地震灾害风险探查区划评估工作的必备条件。

1. 深浅部地球物理探测发展现状

深浅部地球物理探测主要是观测和研究各种地球物理场及其变化来探测壳幔不同部位精细结构和构造、断层具体分布位置与特征、大震震源体孕震环境等，主要包含对地球介质速度、密度、电阻率、磁化率等参数的测量，探测技术主要包括主/被动源地震探测、电法勘探、重力勘探、磁法勘探等。目前我国深浅部地球物理探测领域技术装备存在一定的不足之处，还有部分依赖于进口设备，因此，提高国产探测区划评估仪器装备技术水平，是解决探查区划评估业务发展需求、提升地震部门社会化服务能力的必要途径。深部探测仪器装备对探测深度、周期和精度有特殊要求，其研发水平与研发机构所具备的工业制造能力和基础密切相关，涉及材料、电子和精密加工等核心工艺技术。我国在此方面的基础、研究程度和资金投入远落后于发达国家，在国际市场和技术交流过程中处于被动地位，尤其在核心传感器和加工工艺技术上处于启动阶段，专门人才和经验严重短缺。目前正在启动阶段的巨灾风险防范工程中，将广泛配备大吨位可控震源及配套的地震检波器，这将显著提升地震部门深部地球物理探测的装备能力。从当前业务体系需求来看，目前在探查区划评估业务链条中需要重点发展深浅部地球物理探测装备、断层物质年代学测试装备和工程结构地震动力响应测试装备。

2. 结构抗震性能试验发展现状

结构抗震性能试验是结构工程研究的重要组成部分。目前实验室内常用的试验方法有拟静力试验、拟动力试验和地震模拟振动台试验。我国振动台试验发展相对较晚，大致可分为四个阶段。20世纪60年代，主要以机械式振动台为主，其工作频率以1~40Hz为主，此频率的低段内试件的特性是难以控制的。1960年国家地震局工程力学研究所建造的台面尺寸为1.2m×3.3m地震模拟振动台就是早期机械地震模拟振动台之一。随后，电液振动台因其高频率的特点得以快速发展，1966年机械部与电子部合作，为期三年建造出我国国防系统专用的振动台，此后国内许多高等院校及科研院所也开始进行研究，如同济大学引进了美国MTS公司研制的4m×4m双水平向同动电液式振动台。20世纪70年代开始，我国继续开展振动台的研究工作，并获得了较快发展，已开始研制单向电液式伺服控制振动台，但对于多轴的研制还鲜有涉及。目前，国内建成的振动台中最大台面尺寸为8m×10m（地震部门为5m×5m）、最大模型重量为160吨（地震部门为30吨）、最大台面加速度为1.6g（地震部门为1.5g）。正在建设中的天津大学"大型地震工程模拟研究设施"，建成后将实现最大台面尺寸16m×20m、最大模型重量为1350吨，同时还将具备水下振动台台阵实验能力。

二、战略问题

（一）实现从地震活动断层探测向地震构造环境、成灾环境探查与地震灾害承灾体调查并重转变

基于目前科学认识和震害实际，地震直接灾害的构成要素及过程包括了地震震源破裂、地震动激发传播、承灾体因震破坏，这就要求建立对地震孕震环境、地震动传播介质和承灾体抗震能力与分布全覆盖的分级探测调查业务体系。需要从深度、广度上大幅拓展传统的以断层地表/近地表手段为主的地震活动断层调查业务体系，根据服务对象不同扩展为以大地震震源识别评价建模为目标的地震构造环境探查业务体系、以城市规划与工程选址中避让地表破裂为目标的高精度地震活动断层调查填图业务体系、针对一般房屋建筑和重大基础设施系统的承灾体抗震能力调查业务体系并实现定时更新。

（二）实现地震区划从危险性为主向危险、风险并重转变

传统上的地震区划仅包括全国层面地震危险性区划，用于支撑建设工程抗震设防、风险识别评估，但无法直接用于地震灾害风险治理。面临新的需求，急需扩展地震区划业务范围，建立地震灾害风险区划业务体系，丰富地震区划指标，全面支撑增量风险、存量风险和变量风险治理；深化地震区划业务内容，建立分级的地震危险性和地震灾害风险区划业务体系，提升地震区划业务实现既能支撑全面宏观治理也能支撑局部精细化治理的全方位系统性服务能力。

（三）丰富完善针对重点地区、重要对象的地震危险、灾害风险与灾害后果评估业务体系

针对年度地震重点危险区、重点监视防御区、超大特大城市、关键基础设施等，需要充分吸收利用理论方法与技术手段，根据不同时段、不同对象的风险治理措施需求，不断丰富评估产品构成、完善评估业务体系，建立完善工程场地地震危险性评价、年度地震危险区地震损失预评估、超大特大城市及大型基础设施系统地震灾害情景构建等业务体系，实现对特定对象的微观精准、持续更新的地震灾害风险评估业务体系。

三、战略目标

到 2035 年，建立完善的探查区划评估基本业务体系，夯实探查基础，拓展区划业务，创新评估工作，提升地震危险源和地震灾害风险源探查精细度、区划精准度与重大风险源评估完备度。在京津冀、川滇等重点地区完成地震构造环境和各类承灾体的系统性探查，建立我国及周边公共震源模型，更新完善多尺度、精细化地震危险性与地震灾害风险，建立区划、评估环节的多参数、多精度业务产品体系，建立完善地震灾害风险产品定期工作机制，具备支撑有效防御 7 级左右地震灾害的服务能力。

四、战略行动

面临未来地震灾害风险治理的战略需求，为实现 2035 战略目标，在探查区划评估基础业务体系建设方面，急需实施五大战略行动，从业务体系建设模式、三大业务链条的体系化建设、技术装备保障体系建设等方面同步发力，协调系统推动地震灾害风险防治的业务支撑能力建设（见图 3-1）。

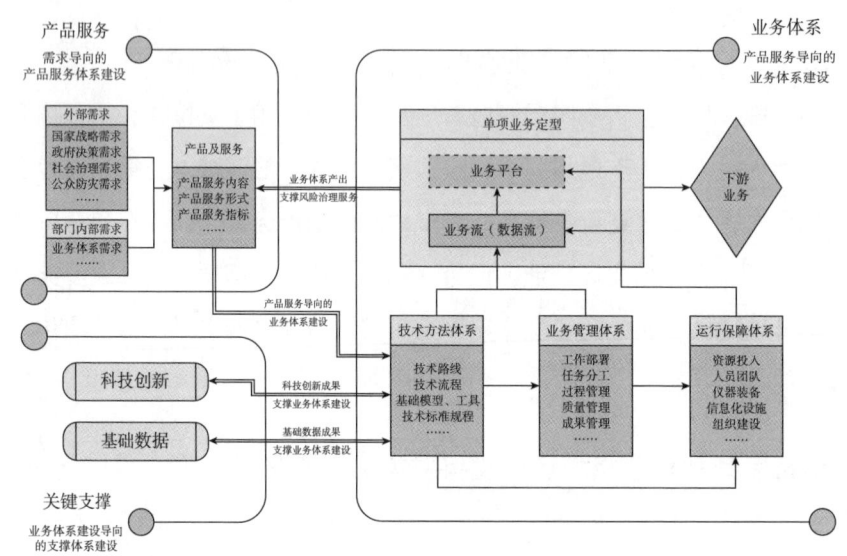

图 3-1　探查区划评估基础业务体系建设

（一）构建完善的基础业务体系

创新基础业务体系建设模式，整合地震部门及社会资源，建立导向明确、支撑牢固、构成完整的探查区划评估基础业务体系。深入研究地震灾害风险治理体系与业务体系建设需求，建立基础业务产品体系、明确产品指标与服务场景；加强业务体系建设中的跨部门、跨领域深度合作，提高业务体系建设中社会资源与相关行业资源的利用效率，夯实业务体系建设中的数据基础和应用场景；聚焦制约业务产品质量效率提升的关键科学技术瓶颈，明确局属研究所技术体系集成维护职责，强化科研选题的业务需求导向、提高从科研成果到业务能力的转化效率；打通上下游业务间的有效衔接，确保上游业务产出高效支撑下游业务运行、下游业务需求引导上游业务建设更新升级，以系统化思路推动不同业务链条间的整体化建设。

强化业务中心建设，持续提升业务中心的业务产品设计、业务体系整合与运维能力。跟踪研究地震灾害治理体系、防治理念，持续完善产品与服务体系设计；加强对技术方法与业务流程的分析整合、强化对上下游业务的整合，及时升级已有业务平台；开展基层业务单位和相关社会力量常态化的培训演练和监督考核管理，强化对业务产品质量的有效管控。

加强业务体系基础保障措施建设，确保业务体系稳定运行。统筹调配使用各级财政资金、社会资金，加强国家及省级业务中心建设、仪器装备与信息化基础设施建设。

（二）系统构建基础探查业务

在地震构造环境探测方面，需要综合多种技术，升级现有地震活动断层探测业务体系，支撑区划、评估与相关治理措施落地。基于科学认识和技术手段进步，应重构地震活动断层探测技术体系，关注对象上向地壳深部（地下10km或更深）扩展，相应的手段向基于小震分析的深部几何力学结构分析、地球物理场反演、地表形变场反演、深部探测等手段综合利用，重点开展以下方面工作：一是深化"解剖地震"和"透明地壳"科学计划研究工作，建立我国不同地震构造特征分区的大地震孕育发生模式，逐步建立大地震震源识别评价指标体系，为业务体系建设奠定基础科学认识。二是综合地表地质调查、地表形变监测、深部地球物理探测、小地震精确定位与活动序列分析等方法，深化卫星/无人机对地遥感、密集台阵监测、人工智能辅助的微震事件识别等先进技术手段应用，建立地震构造环境探测技术体系。三是依托大震震源探测项目、巨灾风险防范工程实施，丰富完善地震构造环境探查业务体系，针对华北平原等六大重点地区，瞄准基本不遗漏7级以上地震震源的目标，开展系统性的地震构造环境探查工作，推动《中国地震构造环境探查规划》落实。

在局部场地条件探测与深厚沉积层结构探测方面，需要从技术上探索传统的钻孔探测与不同频带密集地震台阵监测手段的结合，尤其是在由于城市或既有设施分布难以有效开展钻孔探测地区，建立不同深度沉积层波速结构探测建模技术体系，依托巨灾风险防范工程提升沉积层及地壳介质探测建模装备和技术能力，重点对华北平原、长江中下游平原、关中平原、松辽平原等深厚沉积层分布地区，以及超大特大城市和城市群分布地区、西部人口分布密集的山间盆地等地区，开展系统性的沉积平原和沉积盆地速度结构探测建模，为后续局部地震动效应的分析奠定数据基础。

在承灾体调查方面，从技术上建立一般房屋建筑普查工作体系，从管理层面上建立重大基础设施抗震能力数据跨部门共享机制。基于第一次自然灾害综合风险普查，住建部门已经获得了房屋建筑普查成果数据，针对下次普查之前动态掌握房屋建筑承灾体的需求，以现有单体建筑数据库建立训练样本集，基于人工智能手段建立房屋建筑结构和设防参数识别技术方法，结合高分遥感影像更新和现场人工抽样核查手段，建立增量房屋抗震能力识别业务体系，实现对房屋承灾体的年度或更高频率的动态监测和数据更新。对于重大基础设施，落实国家发展改革委的相关工作要求，建立跨部门的抗震能力基础数据共享机制，支撑地震部门与行业监管部门、基础设施运营部门联合开展重大基础设施的地震灾害风险动态监测评估与全生命周期风险管理。

（三）分级建立地震危险性区划和地震灾害风险区划业务

丰富地震危险性区划指标、内容和工作内容，建立地震危险性区划"应用一代、研制一代、预研一代"的工作流程，建立分级业务体系，提升地震危险性区划服务效能。首先，基于第五代区划图的技术体系，建立场地宏观分类方法，建立考虑宏观场地的省级1∶250000精度的地震危险性区划业务体系，为省域地震灾害风险识别评估和省级抗震设防要求立法提供科学基础；结合钻孔探测与密集台阵探测技术、二维/三维场地地震动反应分析技术，针对房屋建筑和市政基础设施抗震设防和地震灾害风险评估需求，建立超大特大城市1∶50000精度的地震危险性与抗震设防参数服务技术平台，支撑超大特大城市加快转变发展方式和提升整体地震安全水平。其次，开展新一代"多概率、宽频带、高精度、陆海一体"地震危险性区划技术体系建设，充分吸收对大地震震源过程和复发规律、深厚沉积层长周期地震动效应、海域地震构造体系等方面最新科学认识，充分利用大型构造带深部探测成果、基于人工智能的微震识别定位成果、高性能宽频带地震动数值模拟成果等，建立能够支撑基层高精度区划、行业个性化区划、服务地震灾害风险识别治理的全新技术体系，为今后实现抗震设防要求确定的"全国保底线、地方高精度、行业个性化"目标提供技术支撑。第三，前瞻性部署能够支撑下一代地震危险性区划技术体系建设的科技创新活动，推动实现地震危险性分析技术方法从以统计方法为主向以物理机制和大数据机器学习双重驱动为主转变，在震源识别建模方面突出大陆强震孕育发生机制研究，在地震活动性分析建模方面突出地震能量累计与释放过程和物理机制研究，在地震动预测模型方面突出震源动力过程与地震动激发、复杂介质中的地震动传播机制研究，在局部场地影响模型方面，综合浅表与深部沉积层的地震动响应特征研究，在整体分析方法方面要突出基于物理模型的海量地震动情景库的快速生成优化算法研究，在成果应用方面要建立基于大地震物理过程特征和实际观测记录的地震动影响场人工智能快速识别和匹配技术。

丰富完善地震灾害风险评估技术体系，建立满足不同应用场景需求的地震灾害风险评估业务体系。首先持续推进基于单体房屋建筑隐患识别的地震灾害风险区划业务体系建设，基于第一次全国自然灾害综合风险普查已构建基于单体房屋建筑的地震灾害隐患识别技术体系，经过普查过程中的县、市、省三级试点以及普查后七个省份的试点工作，技术体系基本成熟，能够有效支撑地震易发区房屋设施加固工程的实施，未来要结合单体房屋建筑数据更新业务建设，以省为单位持续推动省级业务体系建设和年度定期开展评估工作。其次，推动基于群体房屋的区域地震灾害风险概率评估技术体系和业务体系建设，在评估产品指标方面建立体现人员伤亡、安置数量等的指标体系，在技术体系方面重点开展全国房屋建筑分区分类体系和相应的地震易损性建模技术体系，在技术方法方面强化对不同类别房屋输入地震动及地震破坏识别等方面工作，在业务平台方面强化系统计算分析能力、系统安全性和稳定性等方面建设，在成果应用与支撑治理方面将受灾人员风险指标与地震应急救援救治能力建设、应急物资储备能力建设、城市基本生命线防灾能力建设等结合，建立区域地震灾害风险评估成果与城市或区域风险治理措施的因果关系，在此基础上持续推动业务体系建设。

（四）建立评估评价业务体系

不断提升重大建设工程场地地震安全性评价技术水平，强化监管能力。首先，根据地震危险性区划技术体系，及时更新 GB 17741《工程场地地震安全性评价》，并建立相配套的技术标准体系，提升评价成果的科学性和工程适用性。其次，健全完善质量监管体系和从业人员信用管理体系，制定行政许可实施细则和技术审查管理细则，确保各项技术要求严格落实到位。第三，加强地震安全性评价成果应用监督，将评价成果完整、准确地应用在重大建设工程的设计、施工和运行维护各环节，切实保障重大建设工程地震安全。

持续提升地震损失预评估与快速评估的服务效能。首先开展预评估成果应用效能调研，深入研究分析成果与基层治理措施结合的紧密度，根据需求不断完善预评估成果与表达形式。其次高度重视新技术应用，尤其是充分利用无人机遥感在区域三维建筑和地形地貌快速建模方面的优势，推动开展基于三维模型的预评估与快速评估技术方法研究，加强预评估与快速评估的技术体系升级与业务体系更新，不断提升预评估与快速评估的科学性、准确性与时效性。

推动城市与重大基础设施系统地震灾害情景构建业务体系，提升对地震灾害链生性、系统性风险防范的支撑能力。第一，梳理地震灾害情景构建的逻辑关系和技术流程，建立包括震源情景、地震动情景、工程结构地震反应情景、工程破坏及灾害影响情景等在内的完整工作体系。第二，建立完善情景构建技术体系，尤其是房屋设施分类结构动力响应本构模型及建模技术方法、标准流程，明确地震动输入参数需求和产品指标形式，指导基础数据采集、支撑业务体系建设。第三，建设相应分析计算技术平台，建立专业化业务人员队伍，明确业务运行机制与责任分工体系，推动业务体系建设与常态化工作开展。第四，探索情景构建产品与下游业务和行业的对接模式，尤其是地震动影响场情景、房屋设施地震反应与结构破坏情景，可作为地震部门产品对相关行业发布共享，为深入研究地震链生灾害与系统灾害提供支持。第五，探索城市与基础设施系统情景构建平台与各类传感器网络的衔接，推动数物孪生技术在情景构建工作中的应用，进一步提升地震灾害情景构建系统的科学性、精准性与服务风险防范能力。

（五）技术装备能力建设

加强地震构造环境探查与沉积层结构探查相关装备能力建设。首先，加强基于无人机的激光雷达测量技术装备，实现能够克服密集植被覆盖影响的高精度地形地貌快速测量建模能力。其次，加强深部地震折射/反射探测能力，尤其是大吨位可控震源及其协同控制能力建设、高性能数据反演的算法与硬件能力建设，实现莫霍面以上不同深度断层几何结构的高精度探查建模能力。再次，加强宽频带与短周期密集台阵探测能力，实现不同深度地壳与厚沉积层介质的速度结构探测反演与建模能力。

加强断层物质年代学测试的业务化能力建设。建立释光测年、碳十四测年、宇宙成因核素年代学测年等系统化的年代学测试能力，适用范围覆盖数百万年到千年尺度，有效识别判定第四纪不同时段断层活动，年测试样品能力应在千件以上。

加强实验测试流程标准化建设和社会化资源管理能力建设。首先加强实验测试流程标准化建设，基于地震部门自身工作积累和装备能力，制定相关装备检定、实验测试流程等相关技术标准，确保装备常态化的精度与稳定性水平、测试结果可靠性和一致性水平能够支撑相关业务的开展。其次，基于装备入网要求与标准体系，建立社会化资源开展相关实验测试的质量监管体系，加强对大学和其他行业科研院所振动台、离心机等大型设备使用中的关键技术流程和成果质量监管能力建设。

第四章　防震减灾服务智慧化发展战略

防震减灾服务是地震部门使用各种公共资源或公共权力，为各级政府、社会公众、行业部门和专项建设或重大活动提供地震安全信息和技术的活动，包括决策服务、专项服务、公众服务和专业服务。防震减灾服务作为防震减灾事业"2+2"的窗口布局，连接地震基本业务供给侧与防震减灾需求侧，是地震部门面向经济社会主战场发挥作用的窗口，是实现智慧服务战略思路的重要支撑。按照"四句话、四十九个字"战略举措的要求，保障应急响应、增强公共服务，达到地震灾害防御响应快速高效、防震减灾公共服务普惠便利。

第一节　战略背景

防震减灾服务伴随着地震部门的成立和发展，根据国家机构改革以及不同时期地震安全保障需求，由最初的地震监测预报服务，逐步拓展到房屋建筑和工程设施抗震设防、地震应急响应、公众防震减灾技能服务，再到国家安全和经济社会发展地震安全服务，服务能力和水平不断提升。

一、国内防震减灾服务发展情况

（一）防震减灾服务发展历程

1953年中国科学院成立地震工作委员会，以地震工程研究为主，同时审批建设工程的地震烈度，在广大地震工作者的不懈努力下，成功预报了1975年海城7.3级地震；1989年国家地震局启动了地震灾害损失评估工作。

随着我国政府积极向服务型政府转变，加强公共服务是政府职能转变的重要任务之一。《国家防震减灾规划（2006—2020年）》《关于进一步加强防震减灾工作的意见》相继发布，《国家"十二五"防震减灾规划体系之防震减灾社会管理与公共服务规划》中，首次提出了防震减灾公共服务的定义，明确了总体目标是建立与社会发展相适应的防震减灾公共服务体系，提出了明显提高防震减灾公共服务能力的总体要求。《防震减灾规划（2016—2020年）》发布，提出"推进公共服务体系建设"，涵盖建立健全覆盖城乡的防震减灾公共服务网络和服务机制，提供地震风险与应急准备信息服务、预警信息服务、应急信息服务、地球物理专业观测数据服务、抗震设防技术服务等，制定防震减灾公共服务产品清单等内容。

为加强防震减灾公共服务工作，2020年中国地震局专门成立公共服务司，提出防震减灾公共服务属于公共安全服务，分为决策服务、公众服务、专业服务和专项服务等四类。构建"防震减灾+"服务新格局的提出，要求抓规范强能力，着力提升防震减灾服务实效，做优做强公众服务，稳步推进公共服务基础工作。2023年中国地震局党组印发《关于进一步加强新时代新征程防震减灾公共服务的实施意见》，力争用3~5年时间初步建成协同高效、多元供给、保障有力的防震减灾公共服务体系，基本形成"防震减灾+"服务新格局。2023年，中国地震局首次提出防震减灾智慧服务的理念，提出数字赋能更好地"智慧服务"，构建智慧服务体系，大力丰富以地震安全为主题的信息产品，持续创新服务形式、拓展服务内容，做强、做优、做大防震减灾科技服务。

（二）我国防震减灾服务发展成就

重大地震灾害处置方面，建成国家、省、市、县四级联动的地震灾情速报平台，实现震后0.5小时完成震灾快速评估，成功应对处置了四川芦山7.0级、四川九寨沟7.0级、青海玛多7.4级等重大地震。

地震监测预报预警服务方面，国内地震实现2分钟自动速报，信息服务覆盖人口由百万量级提升至亿量级；基本建成中国地震预警网，在京津冀、福建、云南、四川等地区试点开展地震预警服务。

震灾风险防范方面，完成地震灾害风险调查和重点隐患排查工程全国调查任务，地震易发区房屋设施加固工程持续实施；发布实施第五代地震动参数区划图，在全国范围消除不设防区域；推进实施农村民居地震安全工程，建成地震安全农居2400余万户，惠及人口6800多万；开展全国中小学校舍安全工程，加固中小学校舍近3.5亿平方米，建筑抗震能力不断提高；抗震技术措施广泛应用于一般工程，减隔震技术应用于重大工程和重要基础设施；防震减灾科普"六进"活动深入推进，全社会减灾意识和综合素质明显增强。

二、国外防震减灾服务发展情况

日本和美国在防震减灾服务领域具有国际领先水平,相关实践经验和成果可以为我国推进相关工作提供借鉴。

(一)日本防震减灾服务发展

在防灾服务方面,日本官方建立了防灾网站,可以查询日本总体的国家防灾措施与相关法律,并实时更新最新、最权威的国家防灾政策。另外,每个城市均设置了避难场所。

在防灾社区建设方面,非常重视基层的防震减灾工作,注重"公助""自助""互助"相结合。强调"了解人员、了解社区、了解灾害"的减灾理念,尤其是在社区防灾减灾中提倡"自己的社区,自己保护"的理念。

在法律法规方面,日本政府用数十年时间建立了一套地震预防、准备、救援和重建的战略规划,并予以法律化、制度化。大规模地震发生后,日本就会颁布相应的地震对策法规,及时弥补防震抗震制度上的缺陷。这些防震抗震的法规集中收录在《日本现行法规总览》中。

在宣传科普方面,多年来已形成一套完善的防灾科普体系。日本政府的防灾推进国民会议是应急防灾知识普及的最高组织机构,教育行政部门在应急防灾知识普及和全民教育中发挥着主导作用,政府将防震减灾科普工作纳入学校正式的教育规划中,并设立防灾教育委员会,委员会主要负责编制防灾科普指南手册、组织开展科普教育和教师培训等工作,其他政府部门也重视和参与应急防灾知识普及工作。

在地震保险方面,1966年出台了《地震保险法》,并成立日本地震再保险株式会社作为日本地震保险的经营主体。日本地震保险采用"二级再保险"模式,地震风险由政府、商业保险公司与日本地震再保险株式会社共同承担。

(二)美国防震减灾服务发展

在防灾服务方面,美国地质调查局是美国履行生态系统、能源与矿产、自然危害等领域国家任务,并引领学科发展、向公众提供优质科学信息的重要政府机构,具备全球地震监测和灾害事件应急响应能力,公共服务是其核心职能。美国地质调查局目前开发并面向政府应急管理部门和社会公众提供实时的地震通知服务(ENS)、综合地震目录(ComCat)、全球地震响应快速评估信息(PAGER)、公众地震感知(DYFI)、矩张量和有限断层面解等震源特征产品,以及 ShakeMap 和 ShakeCast 等地震动烈度信息、工程强地面运动数据产品。

在宣传科普方面，美国采取政府强势主导、主体多元化参与、民众积极参与的方式，提升公民的防震减灾科学素质。政府注重防灾科普教育的基础性理论研究，通过建立成熟的法律法规体系规范应急工作，注重提升公民的防灾减灾观念和意识，将防灾减灾科普工作与国家经济社会发展紧密融合。主体多元化具体表现为企业、社会组织、学校、媒体、社区等主体的广泛参与。美国积极调动公众参与防灾减灾应急与科普工作，积极营造全民参与防震减灾的浓厚氛围。

在地震保险方面，加利福尼亚州于1996年成立了加州地震局进行地震保险立法工作，并联合民营保险公司为民众提供地震保险。地震保险构架提出了6级风险分担机制，由民营保险公司、加州地震局及超额再保险分级承担地震损失。

三、其他行业服务发展趋势

随着数字技术的发展，智慧服务拥有了巨大的发展空间和前景，一些行业在聚焦智慧服务的同时，基本实现了内容服务质量提升和生态搭建，并通过深耕智慧产业数字化创新，打造自身新的竞争优势，为推动全行业数字转型和智能升级作出了有益探索，实现自身的产业链优化升级。

国家林业局2013年印发《中国智慧林业发展指导意见》，这是我国各行业中最早公开发布的智慧产业发展战略。智慧林业与智慧地球、美丽中国紧密相连，其核心是利用现代信息技术，建立一种智慧化发展的长效机制，实现林业高效高质发展；实施关键是通过制定统一的技术标准及管理服务规范，形成互动化、一体化、主动化的运行模式，不断促进林业资源管理、生态系统构建、绿色产业发展等协同化推进。

2015年国务院印发《关于积极推进"互联网+"行动的指导意见》（国发〔2015〕40号），把"'互联网+'智慧能源"列为11项重点行动之一，并提出推进能源生产智能化、建设分布式能源网络、探索能源消费新模式、发展基于电网的通信设施和新型业务等重点任务。

气象部门2015年开始着力构建智慧气象的现代化发展体系，提出了发展智慧气象的三大战略，即气象大数据战略、互联网气象+战略、气象平台战略。通过智能的信息获取、精准的预报预测、开放的气象服务、精细的科学管理、深度的产业融合、持续的科技创新等6方面支撑其业务、服务和管理三个维度的智慧气象同步推进。

智慧交通是指在较完善的交通基础设施基础上，将信息技术集成应用于传统交通运输系统，将虚拟和现实相结合，将任何人、任何物在任何时间采用任何方式运送到任何地点的智慧型综合交通运输系统在交通运输中的应用，在一定程度上将改变现有的传统交通基础设施、运输工具、运输组织和交通管理。

智慧水利的建设是在物联网、无线宽带、云计算等新兴技术的支持下，充分利用现有的信息技术，协助水利管理达到"智慧"状态，使管理水利的管理、服务、决策工作更加精细、动态、智能。

第二节　战略问题

防震减灾服务智慧化体现了防震减灾工作转型的特征，是全面建设网络强国和数字中国的重要内容之一。面对新形势新要求，充分发挥防震减灾事业基础性作用，全面推进发展转型，促进高水平对外开放，不断满足人民日益增长的美好生活需要，保障经济社会更加和谐、繁荣发展。

一、服务内容的多元化拓展

防震减灾服务产品大多数是源于单项业务所产生的服务，如速报信息服务、预警信息服务、活断层分布信息服务等，在当前政府、行业和公众对安全需求日益增长的背景下，防震减灾服务产品需要打破传统的业务分界，在内容上形成组合服务产品。应建立各类地震安全风险数据的多源数据汇聚、管理、应用和评估，加强地震安全风险大数据建模、数据挖掘分析、人工智能应用，结合用户需求产出定制服务产品。

在多年实践中，防震减灾服务主要是提供技术服务、信息服务和科普服务，这些服务内容多是以技术报告、成果图件、手机信息、图书期刊等方式展示和提供的。随着防震减灾事业发展，社会经济和人民群众对地震安全需求日益增长，防震减灾服务的形式相对单一、内容专业不易被理解的问题日益突出。由于地震本身是小概率事件，防震减灾公共产品产出不够，大家对防震减灾工作不了解、不熟悉，对服务产品也就关注度低、参与度低。在调研中发现，社会公众对于地震部门开展的公共服务知之甚少，需求主要是地震短临预报的准确性和及时性，其次是地震逃生和自救互救的知识和技能。大力拓展和丰富防震减灾服务产品，加强信息技术应用，不断满足人民日益增长的美好生活需要，这是地震部门的价值所在。

二、服务模式的数智化方向

数字经济是继农业经济、工业经济之后的主要经济形态之一。近年来，新一代信息技术快速发展，并作为推动经济增长的新动能，广泛应用于社会经济生活的各个领域，推动人类社会进入数字经济时代。5G、人工智能、区块链等新一代信息技术与各行各业的深度融合应用，正在推动传统产业体系智能化变革。2023 年 2 月中共中央、国务院印发了《数字中国建设整体布局规划》，指出要有效应用新一代数字技术，为公共安全、城市运行管理、基层治理提供精准、智能、高效的管理和决策支撑，提升数字社会治理效能。

随着防震减灾服务融入数字经济时代、融入经济社会发展，其与各领域的渗透融合不断加深。地震系统信息化建设已经在基础设施、数据资源、信息服务、业务应用、网络安全、国产化替代等方面取得了显著成效，具备良好的发展基础。但防震减灾服务在应用新兴信息技术方面还处于起步阶段，缺乏地震数据治理体系，尚未实现跨部门数据归集和共享，在充分利用云计算、互联网＋、大数据等新型信息技术方面还有较大提升空间。未来需要紧跟新一轮信息技术革命，大力向数智化发展，提供数智化服务，帮助用户更具前瞻性、主动性、及时性地开展决策建设、监管、防控等工作。

三、服务产品的精准化投放

防震减灾智慧服务反映了防震减灾以人民为中心的价值取向，其具体内容是通过一系列数字化赋能举措促进防震减灾服务业转型升级，服务产品更加精准化。加强新一代信息技术应用，围绕重点时段、重要区域、重点行业、重点人群等服务需求推进防震减灾业务的精细化和精准度，从而提供面向对象、细分场景的精准化服务。如在地震危险性分析技术、危害性分析技术、灾害损失评估技术的研究和业务化应用基础上，实现不同精度的分区评估和分区区划，推出重点区域的点对点服务，用户可以随时随地获取精准的信息服务。从而健全完善防震减灾公共服务体系，构建防震减灾服务新格局，实现更快响应和更好服务，提升老百姓的生活服务体验。

第三节　战略目标

到 2035 年，全国要基本实现防震减灾事业现代化，达到地震灾害防御响应快速高效、防震减灾公共服务普惠便利，全面融合监测预报预警和震灾风险防治两大基础业务数据，建成集约化标准化防震减灾"数据底座"和开放共享的"智慧云平台"，建成具有国际先进水平的数据分析评估大模型，全面融入智慧城市和各行业智慧领域建设，充分满足社会公众地震安全需求，形成"资源集约、信息准确、技术专业、应用便捷"的"防震减灾+"智慧服务新格局，以数字赋能助力决策服务、公众服务、专业服务和专项服务，实现全社会防震减灾综合实力整体跃升。

第四节　战略行动

一、防震减灾智慧服务大数据建设

未来 20 年，以人工智能、新材料技术、量子信息技术、清洁能源以及生物技术等为技术突破口的第四次工业革命的浪潮将席卷全球。其中数字化新技术的不断突破和新产品的不断涌现，将是第四次工业革命最强大的助推剂。防震减灾服务需要深化数字化转型，全面融入"数字中国"发展战略，对接"2522框架"顶层规划，依托大数据、云计算、区块链、量子计算等新技术的创新发展，着力推动构建防震减灾业务和服务融合发展的"数据底座"，实现防震减灾业务数据化。

（一）建立防震减灾大数据资源池

搭建防震减灾时空大数据基础框架，将分布式计算与地理信息系统深度融合，形成支撑分布式文件系统、非关系型数据库、空间数据库的混合存储能力以及支持高性能并行计算、分布式空间计算的混合计算能力，通过虚拟化和云管理将存储资源、计算资源、网络资源和安全防护资源进行池化，实现 EB 级的防震减灾时空大数据的存储，构建支撑防震减灾工作业务化、数字化、智慧化转型升级的大数据资源池。逐步构建和完善防震减灾大数据资源体系，建立元数据库，运用数据仓库技术，将基础地理、地震监测预报、地震预警、震害防御、地震应急等领域的基础数据和成果数据整合并实现集约化管理。

（二）构建全国一体化的防震减灾时空大数据平台

在防震减灾大数据资源池的基础上建设国家防震减灾时空大数据平台，实现国、省、市、县四级一体化防震减灾数据整合、数据分级分类管理和精准应用。构建支持跨地域、多源可扩展的数据采集与汇交机制，形成对多源异构防震减灾业务和成果数据从数据采集、清洗、整合、存储、交互、加工、分发、更新全链条的处理融合和智能化管理，进行统一标准的质检、分类转换和关联。提供统一的数据接口、规范的数据服务和面向对象的个性化服务，实现各级应用之间数据访问、共享和交换，全面拓展数据产品和数据接口服务领域。根据数据形式，研发基于标准数据规范的防震减灾数据特征值提取技术，构建支持多种预处理工具的数据解析与汇交系统；将采集的多源异构数据汇交融合，形成地质、地球物理、承灾体等典型防震减灾数据集。

（三）构建防震减灾服务大数据标准体系和运维管理体系

系统梳理监测预报预警和探查区划评估业务体系的数据需求和数据类型，完善防震减灾时空大数据总体架构和资源目录，制定涵盖数据分类和命名、数据采集和存储、数据处理和融合、数据汇交和共享、数据脱敏和安全、数据产品和应用等内容的大数据标准体系。推进数据安全防护技术体系和运维管理体系的总体设计与建设，在存储、计算、网络、安全防护方面实现安全可靠设备100%全覆盖。建设基于区块链技术的可信防震减灾数据链，提供数据资源上链管理和安全可信流转服务，实现防震减灾数据可信可溯源共享开放，构建"防震减灾数据上链＋主体链上授权＋社会链上使用＋全程可溯监管"的数据共享开放新模式。建立与国家数据局和相关行业大数据中心相衔接的数据管理工作机制，全面提升防震减灾服务大数据资源的精准掌控能力、智能管理能力和共享服务能力。

二、防震减灾智慧服务平台建设

构建防震减灾智慧服务新模式，夯实防震减灾数字化基础设施和大数据资源体系"两大基础"，推进大数据、人工智能、虚拟现实等数字化新技术与决策服务、专项服务、专业服务和公众服务"四位一体"的"防震减灾＋"服务理念的深度融合，强化大数据治理和人工智能辅助决策"两大能力"，在充分利用社会公有云和行业内部的地震云的基础上，采用"云平台"＋"微应用"模式，基于分布式计算和存储框架和区块链技术，推进防震减灾服务"智慧云"的顶层设计与建设实施，在现有国家防震减灾公共服务平台的基础上不断迭代升级，打造接口统一、工具复用、算法共享、数据实时、服务精准的国家防震减灾服务智慧云平台，全面提升防震减灾服务的个性化、智能化和便捷化。

（一）建设防震减灾服务智慧云平台

防震减灾服务智慧云平台包括智慧感知平台、智慧服务中台、智慧调度中心和智慧应用终端。

1. 智慧感知平台

全面铺设多学科、多手段的数字地震观测网络和灾害风险智能感知网络,结合多时空分辨率的空间对地观测体系,以及精准过滤的互联网防震减灾相关有效信息,形成网络多源、立体、实时的智慧感知平台,全方位获取地震灾害相关的数、声、像、图、文信息,为防震减灾服务提供强有力的信息来源支撑。

2. 智慧服务中台

包括业务中台和数据中台,是防震减灾服务智慧云平台的核心内容。业务中台包含地震监测预报、应急响应、震害防御、科技创新等领域的可执行调用程序,对地震系统专业功能、公共服务通用功能、专题应用定制功能进行业务分解,建立标准,统一接口,在业务中台分层次、分单元布局等待调用。数据中台按照防震减灾大数据标准体系将地震数据资源清洗、梳理成为数据目录、原始数据、产品数据、融合加工数据、元数据、空间数据、公共资源数据、其他辅助数据等数据单元,在数据中台分类、分级聚合。

3. 智慧调度中心

对服务中台各项服务的负载均衡、统一调度,实现各项业务单元和数据单元的有序执行,达到智慧云平台效率最优、服务供需平衡。构建调度服务的自学习机制,以达到更精准、更智能的服务调度模式和服务供给方式,提升公共服务平台服务调度智慧化程度。

4. 智慧应用终端

融合主流多媒体终端(PC、手机、电视、大屏等)、可穿戴设备、主被动服务一体机等应用终端,在提供服务的同时具备信息收集功能和一定程度的智能感知、数据分析功能,形成多手段、多场景的防震减灾智慧服务布局,实现被动服务向主动服务转变。

(二)打造实时地震信息服务与开放门户

依托防震减灾时空大数据平台和防震减灾服务智慧云平台,着力打造有品牌影响力的防震减灾信息服务门户,建设实时地震信息服务与开放平台,实现全国防震减灾信息汇集共享,为政府、公众、行业和团体甚至个人爱好者等提供多样化和个性化的实时地震信息服务。重点创建防震减灾"科学""产品"和"新闻"三大模块。

"科学"模块发布前沿科学问题、防震减灾重大项目规划信息、实时进展信息、科技成果报告和重大科技进展,提供防震减灾基础科学知识,推动地震科技水平不断提升。

"产品"模块提供历史地震震情信息、断层分布图、地震动参数区划图等防震减灾基础数据；提供防震减灾多媒体产品库，可供社会公众、社会团体、科研机构和政府管理人员使用；提供网络版数据分析工具、可视化工具，提供防震减灾专业软件下载。

"新闻"模块提供防震减灾重大事件历史录、突出贡献人物传记、重大科技突破公告以及防震减灾焦点问题报道等，成为社会公众和科技人员的信息发布平台。

（三）强化人工智能与防震减灾服务智慧云的深度融合

实施"三算"强化行动，依托防震减灾时空大数据资源池构建完备的防震减灾人工智能"算力"资源，依托防震减灾"智慧云"建设形成集约高效、统筹协调、调度科学的"算力"支撑，通过机器学习、语音识别、计算机视觉、神经网络、虚拟仿真等技术的集成研发，形成多元化、多精度的人工智能"算法"模型库。依托华为"盘古"大模型打造"防震减灾大模型"，基于大数据的智能化数据分析、智能化监测资源调度、智能化灾害评估等应用，设计开发针对不同需求的防震减灾信息智慧服务产品，实现不同用户群体的个性化、精准化、智能化服务，显著提升防震减灾数据服务能力和智能化水平。

发展地震智慧应急技术服务与智能决策技术，利用人工智能算法分析挖掘空天地地震和灾害监测数据，建设"数据驱动"的智能分析与决策机制，在灾情快速获取、灾害感知评估和应急救援响应等多个领域开展人工智能技术的深入应用，构建智慧化防震减灾技术服务体系。加强防震减灾领域人工智能应用场景拓展与创新探索，深化人工智能在地震智能速报、大地震智能预测、地震预警处置、地震灾害隐患评估、地震灾害风险动态监测、巨灾情景构建、智慧防灾社区、应急避险指引、应急辅助指挥等领域的应用，并不断迭代升级，同时探索性开展人工智能在海洋地震监测、重大基础设施地震灾害风险监测、精密制造行业非常规振动监测等技术和产品的研发。

实现基于精准用户画像体系的主动式服务。利用机器学习、深度学习、强化学习技术，基于用户的平台轨迹、关注热点、基础信息及其他辅助信息分析用户行为，通过适配关注领域、预判兴趣轨迹形成用户精准画像，构建用户画像体系。平台基于用户画像体系高度适配用户需求，为用户个性化定制服务，实现及时反馈、实时推送，提供智慧化主动式服务体验。

三、防震减灾智慧城市服务行动

智慧城市运用物联网、云计算、大数据、空间地理信息集成等新一代信息技术，促进城市规划、建设、管理和服务智慧化，其内涵是"公共服务便捷化、城市管理精细化、生活环境宜居化、基础设施智能化、网络安全长效化"。将防震减灾智慧服务融入智慧城市建设，是大城市和城市群巨灾防范的必然选择。

（一）探查类数智化产品支撑城市总规和详规

加强时空大数据、物联网感知、数字孪生、三维模拟仿真等数字技术与探查类业务深度融合，包括活动断层与强震危险源、地下结构与深部构造、第四纪隐伏凹陷（盆地）与松散沉积层空间分布的探测和震源破裂模型、地下速度结构模型的建立以及强震动空间分布预测与地震地质灾害评估等一系列精细化地震灾害危险源服务产品纳入城市总规和详规，实现地震灾害风险的正面应对与主动规避，夯实城市大震巨灾防范基础。

（二）区划评估类数智化产品支撑智慧城市风险防治

推进城市场地条件勘测、地震区划和风险评估等区划评估类业务数字化工程建设，将地震精细区划数智产品纳入智慧城市，可为工程建设提供比以往更精细、更个性化的抗震设防参数，从源头上增强灾害风险适应性和抗灾能力。发挥时空地理数据整合优势，融合地上三维模型、地下速度结构三维模型、影像数据、地形数据以及其他数据，实现多维多层级场景融合，研发地震灾害情景构建系统，建立底数清、更新快、易共享的城市地上、地下防震减灾全息数据库，为城市防灾规划编制、重大工程规划选址、抗震设防管理、抗震加固等提供支撑，为智慧城市增加城市韧性和地震安全底色。

（三）地震灾害风险信息服务支撑政府城市治理

推动地震灾害风险信息服务纳入城市信息共享平台，加强与大数据局、水利、自然资源、住建、交通、民政等部门数据融合，实现部门数据共享。将地震速报与预警信息服务纳入城市信息共享平台，提高政府地震应急的快速处置水平。将精细化地震灾害风险评估信息纳入城市应急指挥平台，开展大数据挖掘与融合应用，为应急预案编制、救灾方案制定、灾后救助以及恢复重建提供决策服务，不断提高城市地震灾害科学防御和治理能力。

四、防震减灾智慧行业服务行动

我国防震减灾服务相对于行业发展比较滞后，科技信息化水平总体较低，风险隐患早期感知、早期识别、早期预警、早期发布能力欠缺，与国家治理体系和治理能力现代化的要求存在很大差距，应加强防震减灾智慧服务与行业深度融合。

（一）加快建立行业风险感知与评估技术

基于现代地震学、信息技术、人工智能等多学科新技术新理论的研究，建立智能化精准化的震源模型、地震活动性模型、传播介质模型和场地模型。研究三维地震震源数值模拟、基于震源破裂过程的区域尺度地震动影响场高效模拟以及三维场地地震动影响数值模拟技术。探索基于高分遥感、人工智能等多种手段建立空地一体化的基础数据采集与更新系统，实现地震区划及其信息服务相关数据、风险暴露数据等的动态收集、存储与管理，提出精细化地震灾害风险区划评定等级方法。

推动核电站、跨海大桥、水库大坝、超高超限建筑和生命线工程等重特大基础设施布设震动感知仪器，动态监测和实时感知重特大工程运行中的震动状态，构建重大工程震动感知监测网。

发展云处理算法以及结构震后损伤智能识别和快速评估方法；发展建筑群地震破坏快速预测方法和基于多源异构数据的易损性分析及可靠性检验方法；发展群体建筑群地震易损性智能分析与震后功能快速评估技术。发展结构智能损伤探测、房屋安全性智能鉴定、承灾体智能识别等新技术，实现动态、精准地震灾害风险监测，精细化大震巨灾情景构建，精准化地震灾害隐患识别，为不同行政单元和尺度风险管理、应急备灾、应急处置提供技术支撑。

（二）推进构建行业地震预警体系

积极推进合作共建，与教育、广电、铁路、核电、铁塔等部门开展广泛合作，促进学校安装地震预警信息接收终端，加快在高速铁路、核电站和燃气等行业布设地震预警系统。引导、支持社会企业参与我国地震预警技术攻关和系统建设，鼓励社会机构在地震预警规划设计、技术交流、项目合作、重大项目立项和成果推广等领域发挥重要作用，推动我国地震预警工作融合发展。积极引导发挥社会力量共同建设科学有效的中国地震预警"一张网"，统一发布信息，强化风险防范，最大限度降低技术局限性影响。

（三）拓展防震减灾智慧行业服务应用场景

深化防震减灾智慧服务在水库、油气、地热、矿山等能源开采领域的应用；研究火车、汽车、电梯等非常规振动信号的智能监测技术；发展光纤传感信号的人工智能挖掘技术，拓展其在地震监测预测领域的应用。

五、防震减灾智慧公众服务行动

满足人民群众日益增长的地震安全需要是地震部门践行"以人民为中心"行业使命的重要体现,是防震减灾智慧服务的出发点和落脚点。以公众服务为核心,以智慧化为实现目标,以信息化和智能化为实现手段的公众服务,是未来防震减灾智慧公众服务发展的主要趋势。通过强化部门联动、深化媒体合作,加强虚拟现实和数字技术应用,打造防震减灾智慧公众服务工程,是提高防震减灾公众服务的受众面和服务效能的必由之路。

建设社区数字地震科普馆,实现高分辨率三维数字影像展示,开发防震减灾科学实验、情景视频、动漫游戏等产品,提供体验式、沉浸式、互动式科普服务。基于监测预报预警、探查区划评估知识库模型,挖掘指标信息进行人工智能逻辑推理,实现地震速报、预警信息发布、地震风险信息、科普产品等服务热点的智能挖掘、加工及热点提示服务,实现精准化推送,提高防震减灾服务的专业能力。

第五章　城乡重点区域防震减灾韧性战略

城乡重点区域包括大中城市、城市群、农村地区、产业链等，是地震部门服务国家重大战略和经济社会高质量发展，指导全社会建立地震灾害风险防治体系、防范化解重大地震灾害风险的主战场之一。城乡重点区域防震减灾韧性战略既是实现韧性防御、综合治理战略思路的落脚点，也是按照"四句话、四十九个字"的要求，强化抗震设防、提升城乡抗御大震韧性，全面巩固全国城乡综合抗御 6 级左右地震能力，实现重点地区初步具备综合抗御 7 级左右地震能力目标的重要战略举措。

第一节　战略背景

韧性城市已成为国际社会普遍认可的城市新的建设理念，代表着未来城市特别是超大特大城市治理发展的方向，给城市防震减灾工作带来了新的机遇和挑战。推进城乡重点区域防震减灾韧性建设，需衔接好国家区域发展战略、新型城镇化战略和韧性城市建设，从传统的抗震设防向抗震韧性转型。

一、城乡基本具备综合抗御 6 级左右地震能力

近年来，中央和地方政府加大工程性防御措施投入，完成 115 个地级以上城市活断层探测、200 多个城市小区划和 5 万余项建设工程地震安全性评价，地震部门提升地震监测预报预警和探查区划评估技术水平并提供抗震设防要求，住建部门在此基础上制定抗震设计规范和开展抗震设防监管，应急管理部门提升城市地震救援装备和效率。通过开展城市活断层探测、地震灾害风险感知、地震安全性评价、减隔震技术推广应用和实施校舍安全工程、农居地震安全工程、农村危房改造、地震高烈度设防地区农房抗震改造等地震安全工程，城乡抗震设防水平得到大幅提升，已经基本具备抗御 6 级左右地震的能力，正在巩固城乡防震减灾抗性的基础上向提升城乡防震减灾韧性转变。

二、城乡地震灾害风险规模仍然较大

我国地震频度高、分布广、强度大、灾害重，125个百万人口以上大城市中，地震基本烈度Ⅶ度及以上城市占2/3，51.3%的城市位于8度以上地区。随着京津冀协同发展，长江经济带、长三角一体化发展，黄河流域生态保护和高质量发展，粤港澳大湾区、西部大开发和东北全面振兴等国家区域重大战略、区域协调发展战略和主体功能区战略深入实施，重大基础设施加速建设，城镇化快速推进，城市发展方式、产业结构和区域布局正在发生深刻变化，高层建筑、地下设施和大型综合体等基础设施大量增加，产业和人口向优势区域集中，有的城市向分布着重要活动断层的区域发展，多种衍生次生灾害容易交织叠加，城市总体风险水平不断提升，超大特大城市和城市群发展带来的地震灾害风险呈现新的特点。据不完全统计，我国31%的县级城镇、33%的地级城市、41%的省会城市位于7级及以上潜在震源区，面临着直下型地震的威胁。

三、大震韧性防御已成为城市治理新方向

我国韧性城市的研究起步较晚，伴随着城市化、城市群的快速发展，韧性城市建设越来越成为国内城市可持续发展的焦点问题之一。《"十四五"国家防震减灾规划》提出要增强城市韧性，推动建设特大城市和城市群地震灾害危险源监测系统、重大风险源健康诊断与风险预警技术系统，推动特大城市和城市群地震灾害风险精准治理；实施特大城市和城市群大震灾害情景构建及风险防控工程，对接智慧城市建设，实现城市地震灾害风险智慧化管理。2022年，城市防震减灾工作座谈会提出，在城市防震减灾工作中，落实预防为主的要求，就是要从过去防守型城市的危机管理向韧性城市的风险管理转变，从被动防御向主动适应转变，提升城市对灾害的主动适应能力，使城市能够承受冲击，快速应对并恢复功能，甚至在巨灾面前能够保持功能正常运行，即城市具备鲁棒性（稳定性）、可恢复性、冗余性、智慧性和适应性等特征。上海是全国最早提出"打造韧性城市"的城市，在韧性城市的"硬件"建设上处于领先地位。北京将"韧性城市"建设纳入新一轮城市总规划，出台《关于加快推进韧性城市建设的指导意见》和《建（构）筑物和应急设施地震安全韧性建设指南》等地方标准，在韧性城市的"软件"建设上实现引领。广州、深圳、杭州、郑州等地相继出台建设"韧性城市"的城市国土空间总体规划，建设"韧性城市"已成为各大城市发展的必然选择。

韧性城市建设新理念在国际社会已得到普遍认可。2005年，联合国世界减灾会议通

过了《兵库行动框架》，明确提出了通过韧性城市来应对自然灾害的理念。2012年，联合国减灾署组织发起了"让城市更具韧性"行动，在这一行动中提出的"韧性城市十大准则"是构建韧性城市评价指标体系的基础框架。2015年，联合国通过《2030年可持续发展议程》，将减轻自然灾害风险、实现社会灾害韧性纳入目标和指标体系。日本、美国等着眼提高城市系统防范化解重大灾害风险，推进韧性城市建设。从2008年开始，美国实施"韧性城市"和社区示范建设，并将"工程韧性"上升到了国家战略层面。美国国家减轻地震灾害计划提出建设地震"弹性"国家路线图，积极推进弹性城市与弹性社区示范建设，在高风险城市开展城市地震区划；建立社区弹性与易损性监测网络，采取社区地震弹性行动，推动知识、工具和技术向基层转移；重视城市备灾，开展风险排查、灾害情景构建、应急基础设施建设，制定有针对性应急预案并积极开展演练。从2014年起，日本编制"全国国土强韧化计划"，把建设"韧性国土"作为基本国策，更加注重基于最坏受灾情境下的预期评估，实现巨灾之后社会功能、经济功能的可持续性，更加注重多元主体参与，尤其注重企业生产的可持续性；注重社区在减灾中的作用，创设地区防灾计划制度，即由单纯强调政府主导的"自上而下"型的减灾制度向加强"自下而上"型的减灾制度转变；重视风险评估并公布于民众，发布逼真的大地震灾害模拟视频，通过公布灾害风险地图促进公众的减灾行动，提醒民众未雨绸缪。日本"3·11"地震海啸灾区的重建，也充分考虑极端灾害事件，规划高台转移、职住分离，提倡多重防御体系。

第二节 战略问题

　　大震巨灾是人类社会必须应对的来自自然界的挑战，是可能迟滞或者中断中华民族伟大复兴历史进程的灾害风险。城乡韧性建设，必须立足防震减灾大国向强国迈进的总体目标，系统解决新发展格局下重点区域联防联控、不同地区不同特点地震灾害风险防治、经济社会发展和全面乡村振兴对防震减灾工作需求等问题，防范化解重大地震灾害风险，融入国家发展大局，为强国复兴保驾护航。

一、国家重大发展战略下区域地震灾害联防联控机制建设

　　围绕服务区域重大发展战略，京津冀、长三角、粤港澳大湾区已经试行了协同发展、一体化发展或联防联控机制。但是，主要以应急联动和联席会议形式为主的区域联动机制，大多停留在应急联动和工作机制层面，真正在制度、规划、业务、项目和服务层面

实现融合不够，在协同发展、数据共享、风险共治和公众服务层面问题突显。随着京津冀协同发展、粤港澳大湾区建设、西部大开发和东北全面振兴等区域重大战略和区域协调发展战略深入实施，大型清洁能源基地、沿海核电等重大基础设施加速建设，城镇化快速推进，人口财富不断积聚，地震灾害风险分布特点不断调整。未来一段时期，需要有针对性地建立更加灵活的区域地震灾害联防联控机制，打通防震减灾区域一体化发展瓶颈，实现真正优势互补、资源共享、风险共治。

二、与国家区域高质量发展战略相适应的高水平地震安全能力建设

党的十八大以来，习近平总书记高度重视防震减灾工作，多次强调要做好应对唐山地震、汶川地震那样大震巨灾的准备。大震巨灾可造成基础设施毁坏，供应链和产业链中断，形成的间接损失和宏观影响甚至远超过灾害直接损失，可能影响区域甚至国家经济可持续发展。从我国的地震构造格局看，不同区域面临的地震危险性不同，地震发生的强度及频度分布是不均匀的，具有明显的区带特征；从地震灾害风险看，经济发展促使人口财富迅速增长，暴露在大地震高危险区的承灾体数量大幅增加；从经济社会发展程度看，全球化促使经济活动高度联接化、一体化、协同化，大地震容易造成巨大的间接损失和宏观影响。需要分析我国产业链、灾害链间叠加关系，研究提出为产业链提供地震安全保障的战略举措，以更高水平地震安全护航国家及区域高质量发展。

三、乡村振兴战略下农村地区防震减灾韧性建设

推进地震灾害风险防范，难点在农村。长期以来，农村地区自建房缺乏抗震监管，整体抗震性能不高，往往是地震的"重灾区"。近年来，虽然农村地区经过脱贫攻坚、抗震农房改造等一系列工程措施，房屋建筑地震安全得到了较大改善，但是抗震能力不足的农村房屋存量大，增量还未完全遏制，仍存在抗震安全隐患，"小震致灾、中震大灾、大震巨灾"的现象较为普遍。新发展阶段，必须坚持战略思维，抓好地震灾害风险防治与乡村振兴规划对接，落实房屋设施抗震设防要求，进一步提升农村地区抗御地震灾害能力。

四、西部和东北地区防震减灾事业发展策略

我国西部地区特别是青藏高原周边的川、滇、陕、甘、宁等地，山地险峻、岩体破碎，地震地质灾害易发频发。从地震危险性看，我国西部地区处于7级以上大震多发的地区；东部地区7级以上地震危险加速累积，部分大城市面临着7级及以上直下型大地震的

威胁。随着西部大开发战略深入实施，重大基础设施更加完善，有必要分析西部大开发区域中地震灾害风险特点，有针对性地研究提升区域地震灾害风险防范能力和加强重点城市地震灾害韧性的战略举措。东北地区是我国重要的工业与农业基地，拥有一批关系国民经济命脉和国家安全的战略性产业，但受开原—赤峰、郯庐断裂带和大兴安岭断裂带影响较大，需要分析东北振兴区域中地震灾害风险特点，有针对性地研究提升区域地震灾害风险防范能力和加强重点城市地震灾害韧性的战略举措。

第三节　战略目标

到 2035 年，城乡抗震韧性水平显著提升，全面巩固全国城乡综合抗御 6 级左右地震能力，在京津冀等重点地区城市初步实现具备综合抗御 7 级左右地震的能力。重点地区、重要区域、重要设施地震灾害风险管控能力显著提升，地震灾害风险防治达到国际先进水平。

——监测更加合理，基本实现风险可感知。京津冀、长三角、粤港澳大湾区等特大城市群地区达到 1.0 级地震监测水平，东部人口稠密地区达到 1.5 级，西部大部分地区达到 2.0 级，近海海域地区达到 3.0 级，基本建立重点地区城市群及特大城市中地震反应、结构反应观测台网，基本实现高烈度地区重大基础设施实时动态监测和预警全覆盖。

——评估更加精准，基本实现风险一张图。京津冀、长三角、粤港澳大湾区等重点城市群基本完成地震危险性评价和地震灾害风险精细化评估，地震易发区城镇灾害损失预评估覆盖率达 100%。基本完成大震巨灾风险较高的城市群及特大城市灾害情景构建。

——城乡更加韧性，基本实现发展可持续。京津冀、长三角、粤港澳大湾区等重点城市群全面编制实施具有地域特色的抗震韧性建设专项规划。重点地区城市抗震韧性显著提高，实现重点地区城市高层建筑、地下空间、城市大型综合体等不整体垮塌，生命线工程、重要基础设施不遭受系统性破坏，人员不造成重大伤亡。农居加固率提升，民居震害造成的人员伤亡数量显著降低。

——防治更加协同，基本实现治理一张网。地震灾害风险管控能力显著提升，基本建成覆盖省、市、县三级的地震灾害风险防治服务平台和信息系统，京津冀、长三角和粤港澳大湾区等重点区域跨区域地震灾害联防联控机制比较健全，基本构建城乡地震灾害风险防治责任体系。

第四节 战略行动

习近平总书记强调，"要健全风险防范化解机制，坚持从源头上防范化解重大地震安全风险，真正把问题解决在萌芽之时、成灾之前"①。通过灾害防御工程和基础设施建设提高城乡抵御灾害的能力是现代城市和乡村安全韧性的基本前提。新发展阶段，我们要实施国家地震灾害风险管控能力提升工程，强化城乡抗御大震韧性。既要根据区域地震灾害风险特点和经济社会发展需求，摸清风险底数，因地制宜，分区施策，推动实现高质量发展和高水平地震安全的良性互动；又要根据地震构造区带特征和区域协同发展需要，加强重点区域联防联控，强化抗震设防，实现城乡地震安全韧性全面提升，为经济社会高质量发展提供有力的地震安全保障。

一、推进现代化的地震灾害风险防治体系建设

（一）加快构建现代化地震灾害风险防治新格局

深入贯彻《中共中央国务院关于推进防灾减灾救灾体制机制改革的意见》和《国务院抗震救灾指挥部关于进一步健全完善地方防震减灾体制机制的意见》，完善党委领导、政府负责、社会协同、公众参与的地震灾害风险防治工作机制和覆盖城乡的组织体系。坚持属地为主、分级负责的原则，将地震灾害风险防治纳入地方经济社会发展规划、政府绩效考核和公共财政预算，推动地方政府主体责任落实。完善防震减灾事业投入保障机制，发挥好地震部门"条块结合"优势，科学划分事权和支出责任，引导社会资金有序参与。创新乡镇、社区地震群测群防与保障服务工作体制机制，全面推进城乡综合减灾示范社区（村）建设，发挥社区组织和公民在地震灾害风险防治中的重要作用。努力构建大安全大应急框架下全社会共同防范化解地震灾害风险的格局。

（二）推进大中城市和城市群地震灾害风险防范

在京津冀、长三角、粤港澳大湾区等重点城市群建立城市地震灾害风险感知系统，建设城市和城市群重特大地震灾害情景构建系统，重点提升风险感知、风险评估能力，不断提高重大风险科学精准防控能力。深入开展城市及其周边地区活断层探查，推进承灾体地

---

① 《习近平在中央政治局第十九次集体学习时强调　充分发挥我国应急管理体系特色和优势　积极推进我国应急管理体系和能力现代化》，《人民日报》2019年12月1日。

震灾害风险隐患调查,加强重大风险源监测预警平台建设,重点对高层建筑、桥梁隧道、水库大坝、地铁和生命线工程等重大风险源开展实时监测。制定地震安全韧性城市评价指标体系,定期开展韧性评价,评定一批韧性社区、韧性街区或韧性项目。强化城市地震灾害应对准备,编制产业链、供应链地震灾害应对预案,提高特大城市和城市群、地震易发高发区地震应急救援能力。健全完善城市防震减灾领导体制机制,推动京津冀、长三角、粤港澳大湾区等城市群联防联控工作机制建设。

(三)加大乡镇房屋设施抗震安全服务力度

落实《乡村建设行动实施方案》和《农房质量安全提升工程专项推进方案》,抓好地震灾害风险区划与乡村振兴规划对接,科学编制和实施村庄建设规划。针对地震危险源、地震灾害风险源和次生地震灾害链,科学规划地震监测站网建设,建立城乡地震灾害风险感知系统,实现风险实时监测和精准预警。结合城市更新行动和乡村振兴战略实施,持续推进地震易发区房屋设施加固工程,着力提高城乡抗御大震韧性。统筹推进西部地震次生地质灾害、重要生命线工程及新兴产业基地、民居等建筑物地震灾害风险评估和综合治理。着力提高城乡具备在逆变环境中的承受、适应和快速恢复能力,提升城乡抵御重大地震灾害的韧性水平。

(四)强化国家重大战略基础设施地震安全保障

切实抓好青藏高原东北缘国家重大基础设施地震安全保障试点建设,探索建立长效工作机制。着力推进地震危险源和承灾体风险源相结合的地震灾害风险区划。落实国家重大基础设施安全风险评估机制,推进已有重大基础设施地震灾害风险评估与治理。推动高铁、水库等重大工程或重要基础设施专用地震监测台网或强震动监测设施应建尽建,在西部多震地区进一步拓展地震安全监测感知和预警示范应用。建立全球历史强震对产业链冲击影响的数据库,开展我国重要地区产业链地震灾害风险分析,有效提升产业链、供应链的地震灾害韧性。

二、提升重点区域地震灾害风险防控能力

为更好地服务国家区域发展战略,精准施策,围绕提升我国城乡重点区域抗震韧性目标,根据不同区域地震灾害风险特点和战略定位,对重点地区、重要区域、重要设施提出对策建议。

（一）强化京津冀协同发展地震安全服务保障

1. 基本情况

根据《京津冀协同发展规划纲要》建设要求，京津冀地区将建成以首都为核心的世界级城市群、区域整体协同发展改革引领区、全国创新驱动经济增长新引擎和生态修复环境改善示范区，其中，北京市将建成全国政治中心、文化中心、国际交往中心和科技创新中心；天津市将建成全国先进制造研发基地、北方国际航运核心区、金融创新运营示范区和改革开放先行区；河北省将建成全国现代商贸物流重要基地、产业转型升级试验区、新型城镇化与城乡统筹示范区和京津冀生态环境支撑区（参见附图4）。

2. 地震构造背景

京津冀城市群地处华北平原断坳区与燕山—太行山—内蒙高原断块隆起区两大块体的接合部位。在地震区带划分中，京津冀城市群位于华北地震区的华北平原地震带和汾渭地震带上。该地区地震活动断层广泛分布，是我国大陆东部地震活动最强烈、灾害最严重的地区，曾经历过多次强震活动，最典型的是宋辽时期1057年大兴 M6¾ 级地震，康熙时期1679年三河—平谷8级地震和1966年邢台7.2级地震、1976年唐山7.8级地震，每次灾难死伤人数均达数万乃至数十万。自公元294年以来，该区共发生5级以上地震138次，其中，8级地震1次，7.0～7.9级地震4次，6.0～6.9级地震27次，5.0～5.9级地震106次。

3. 潜在的地震灾害风险

从地震构造特点及历史地震灾害事件看出，该地区是我国发生城市直下型地震巨灾风险最大的地区。京津冀地区人口密集，现代化高楼大厦林立，生命线工程密布，且由于人口规模过大，交通拥堵、环境污染、资源紧张以及老旧房屋、城中村、城乡接合部棚户区等问题突出，导致城市脆弱性显著增加。同时人口、财富、产业链、行政功能的暴露程度高，如果发生中强以上地震，造成的经济损失及人员伤亡将远超一般城市直下型地震灾害，地震引发次生灾害的源头多、涉及范围广，各类易燃、易爆危险源多，一旦遭受地震破坏或失控，会产生一系列连锁反应，导致整个城市功能的丧失或瘫痪，加重地震灾害损失。而城市功能受损或部分丧失又容易引发社会不稳定事件。

4. 主要任务

（1）建立防震减灾一体化工作协同机制。建立资源共享机制，大力加强信息化建设，以网络互联为平台、以信息互通为纽带、以维护网络安全为保障,建设一体化的防震减灾网络基础设施。整合区域信息资源,建立区域防震减灾综合信息服务系统,推进信息资源互联互通与共享开放,实现区域资源利用最大化。建立监测预警协同互助机制,按照地震监测区域统一布网、重点地区加密的客观需求,强化顶层设计,形成统一的规划蓝图、数据平台和管理规制,协同优化建设京津冀区域地震监测台网,建立联合运维、联合会商、互为服务、协同预警新机制,推动地震监测一体化和震情会商一体化,实现区域优势互补效能最大化。协同加强区域地震灾害预评估、灾损快速评估、灾情快速获取、决策依据快速集成等应急联动能力建设,实现区域应急处置效率最大化。

(2)加强京津冀地震灾害风险调查与评估。在全国第一次自然灾害风险普查的基础上,联合开展京津冀地震构造环境和活动断层探查、场地工程地质条件调查、承灾体地震灾害风险隐患调查等基础探查业务;细化京津冀活断层探查业务的内容、指标和产品产出规程,对接国土空间规划部门,提供大比例尺标准图件,为京津冀国土空间规划、城乡规划、城市专项规划等提供防震减灾依据;构建京津冀统一的承灾体性状数据库,借力数字城市建设和城市数据机构设立,对接城市管理各行业数据库,实现数据的"专业管理、便利应用"的模态;建立京津冀地震灾害风险评估业务平台体系,建立适合京津冀区域特点的评估模型,能够开展针对各种用途的地震灾害风险评估,力争产出1∶5000地震灾害风险评估和区划图,支持城市各项更新改造工作;研究不同行政层级和不同行业对维持城市正常运行功能的人力资源、基础设施、技术装备水平、资源禀赋等支撑要素的短板和弱项,服务于不同层级的政府和行业。

(3)提升京津冀地震灾害风险动态监测与服务能力。科学规划地震监测站网,围绕地震危险源、地震灾害风险源,建立京津冀地震灾害风险信息感知系统,完善城市地震预警信息发布系统,实现风险实时监测和控制。应用新型传感技术和物联网、大数据、云计算等新一代信息技术,持续升级完善城市地震危险性监测网络;开展城市地震危害性监测系统建设,充分融入城市安全风险综合监测预警平台建设,对城市重要建(构)筑物(人员密集场所、中央国家机关办公和生活区)、重要基础设施(城市生命线等)、可能产生严重次生灾害场所(大坝、核设施等)等可能危害城市安全的承灾体开展正常态的健康检测和非正常态的破坏监测,实时提供其性态信息,为地震灾害风险动态评估提供精准和时效信息;成立京津冀地震安全风险监测与信息服务中心,开展地震安全风险数据汇集与共享、地震安全风险智能分析、成果应用服务、灾害风险隐患治理等各个方面的工作。

(4)实施京津冀地震韧性城市协同建设。积极融入韧性城市空间发展规划,推动域内北京、天津超大城市和河北中心城市群建设，开展韧性城市规划，对5级韧性空间规划从地震灾种的角度，开展各级灾害推演、韧性评估、韧性建设空间布局及其目标任务的研究；成立京津冀地震韧性理论研究和技术开发中心，组织科技团队跟踪国际研究前沿，借鉴韧性城市建设的理论成果和技术成就；在北京、天津和河北中心城市选择若干有代表性城市、街道、社区级地域，分批开展韧性城乡建设示范；充分利用"轨道上的京津冀"、三地"1小时圈"的协同发展成果，厘清区域内不同的韧性目标，有针对性明确京津冀韧性支撑环、韧性保障通廊和韧性保障支点，实现京津冀大震巨灾的韧性建设总体布局和功能布局。

（5）强化地震应急救援与恢复重建能力建设。基于安全可靠、快速部署、灵活转换、平战结合的导向持续加强地震应急救援能力建设。提升地震灾害预评估和震后灾害快速评估精准度，利用京津冀地震及其灾害风险调查与评估系统在震后2分钟内提供灾害损失预评估，提供灾情的总体概况、重点破坏地区、可能的灾害点，为应急救援提供战略方向和重点区域；利用烈度速报数据在震后5分钟内给出烈度分布和震灾分布，分辨率到街道和乡镇，准确率达到70%，为应急救援提供具体的方向、地点和救援通廊；提高灾情收集和分析能力，采用遥感技术、地面监测系统等城市物联网监测信息和人工灾报信息，60分钟内对震后灾害快速评估进行修正，分辨率达到社区、村镇和重要基础设施，准确率达到80%，为救援力量提供具体救援目标、应急环境、救助需求等；建立健全基层救援力量建设和培训机制，完善信息分级分类和快速发布系统；建立快速恢复资源配置和空间规划能力，保障首都核心功能基本恢复正常。

（二）长江三角洲城市群发展地震安全服务保障

1. 基本情况

长江三角洲城市群，位于长江的下游地区，濒临黄海与东海，地处江海交汇之地，沿江沿海港口众多，是长江入海之前形成的冲积平原。根据国务院批准的《长江三角洲城市群发展规划》，长三角城市群在上海市和江苏、浙江、安徽三省部分城市范围内，规划范围包括：上海市，江苏省的南京、无锡、常州、苏州、南通、盐城、扬州、镇江、泰州，浙江省的杭州、宁波、嘉兴、湖州、绍兴、金华、舟山、台州，安徽省的合肥、芜湖、马鞍山、铜陵、安庆、滁州、池州、宣城等26市，区域面积21.17万平方千米，约占中国国土面积的2.2%（参见附图5）。以上海为中心的长三角城市群凭借优越的地理区位、密集的城市分布以及经济互补性强、产业基础雄厚等优势，集聚了大量的生产要素和跨国资本，成为全球排名第六的超大型城市群。

2. 地震构造背景

长三角区域内断裂构造发育共涉及 49 条主要断裂。按断裂走向可分为北东向、北西向、北北东向和北西西－近东西向 4 组。其中以北东向和北西向断裂占优势。区域中强震分布特征主要表现为北强南弱、海强陆弱的分区特点及成团成片分布的丛集性特征，并具有较好的重复性。有历史记载以来至 20 世纪末的 2500 年间，长三角地区共遭受 1500 余次地震波及，最大强度陆域为 1624 年 2 月 10 日的扬州 6 级地震及 1979 年 7 月 9 日溧阳 6 级地震，特别是后者曾造成人员较大伤亡，经济损失颇巨；海域最大地震为 1846 年 8 月 4 日南黄海 7 级地震。而位于长三角城市群西北向的郯庐断裂带，总长约 600 千米，呈北东、北北东走向，是一条现今仍在活动的断裂，历史上曾发生中国最大的 1668 年郯城 8.5 级地震。

3. 潜在的地震灾害风险

从地震构造背景及历史震害来看，该地区具有中强地震发震背景，但由于区域经济发达、人口密集、跨江跨海特大型桥梁林立，生命线系统错综复杂，是我国核电站最多、石化产业最为发达和集聚度高的区域，在我国的经济建设中有着举足轻重的地位，如果发生中强地震，造成的经济损失及人员伤亡将远超其他地区，也容易造成系列产业灾害链。同时由于地处的长江三角洲冲积平原，场地覆盖土层深厚、软弱，区域内超高层建筑、跨江跨海大型桥梁等易受到远震事件影响，甚至造成破坏。

4. 主要任务

（1）提升长三角城市群地震应急处置能力建设和协同响应水平。建立长三角区域地震应急救援协作联动机制，制订完善长三角地震应急管理专家跨区域使用和管理办法，提高应对地震灾害的能力和效率。深入研究高层建筑应急避险策略，选取典型区域开展经常性演练。制订长三角城市群地震灾害应急演练评估指南，组织开展长三角跨区域地震应急救援实战拉动演练；协调发改委、应急局等部门，按照已有的物资储备中心的布局，查漏补缺，在相对空白地带建立长三角统一的大地震救灾应急物资储备中心，统筹规划应急物资储备种类和数量，以"快速响应、供需对接、多元合作"为原则，建立应急物资保障制度和应急物资管理使用监督制度，完善应急物资储备调配运输工作协调机制。

（2）实施陆海一体化地震监测预警信息化工程。坚持陆海一体化目标，遵循涉海业务特点，构建由全国中心—长三角区域中心—海域地震监测站（网）以及配套的海洋地震装备实验平台组成的长三角海域地震观测业务体系架构。主动与长三角自然资源部门、气象部门、海事部门、高校院所等加强合作，实现更快速、准确地确定海洋地震基本参数，精确地测定震源参数，增强地震部门海洋地震观测服务能力。

（3）推进开展长三角地区周边海域活动断层探察工程。主动融入海洋大开发战略，开展重点海域断裂地震构造探查。在长江口外海、舟山西南地震密集区、北东向的镇海—宁海断裂、岱山—黄岩断裂海域延伸段开展浅层地震勘探工作，确定地震构造位置及活动性；对浙闽滨海断裂开展深浅地震反射探测和重磁反演等工作，确定滨海断裂的规模、性质和活动性；综合以上探测结果，编制海域地震构造图，建立海域地震构造数据库，为中国海域地震区划图编制和涉海重大工程场地地震安全性评价提供更翔实的资料基础。

（4）加强重点地区、重大基础设施震害数值模拟与情景构建技术研发。加强超高层建筑、大型桥梁以及重要基础设施的强震动监测预警，建立建（构）筑物健康状态监测系统，实现地震监测+结构健康监测双服务，为城市精细化管理提供地震防灾新理念。实施长三角地区典型区域建筑群震害数值模拟与情景构建及风险防控试点工程，以韧性城市及城市群建设为目标，评估其总体能力与存在问题，为国土空间规划、地震灾害风险评估、避难场所建设、应急救援准备、大灾巨灾应急预案、现场工作方案编制以及应急演练等提供依据。

（5）不断提升科技创新能力，培育优化防震减灾产业结构。紧密结合长三角科技创新共同体的建设，从加强顶层设计，制定科技创新发展模式及机制、加大地震科技研发力度、构建协同网络、促进跨学科合作、加强科技联合攻关、加强国际交流合作、鼓励知识共享、建立人才联合培养机制等方面入手，优化各地科技力量，强化科技资源配置，加强区域协同创新，创建长三角地区地震行业重点实验室，打造长三角地区科技创新主引擎。加强防震减灾产业整合及升级，对标三省一市地震局不同发展优势，以华东片区测震仪器维修中心为突破点，培育长三角地震监测仪器生产企业、数字化领先企业，支持抗震研究科研单位，以市场为导向优化产业结构，推动产业向中高端、集约化方向发展。

（三）加强长江经济带战略发展地震安全服务保障

1. 基本情况

根据《长江经济带发展规划纲要》，该带以长江为依托，覆盖九省二市（上海、重庆、江苏、浙江、安徽、江西、湖北、湖南、四川、云南和贵州），涵盖范围约205万平方千米，占我国国土面积的21%，人口和地区经济总量超过全国的50%（2021年），明确了长江经济带"一轴、两翼、三极、多点"的发展新格局。"一轴"是以长江黄金水道为依托,发挥上海、武汉、重庆的核心作用,"两翼"分别指沪瑞和沪蓉南北两大运输通道,"三极"指的是长江三角洲、长江中游和成渝三个城市群,"多点"是指发挥三大城市群以外地级城市的支撑作用。总体而言,长江经济带涉及省市多,地域广,沿江地质构造和人口经济环境复杂多样(参见附图6)。

2. 地震构造背景

长江经济带空间上大致以近南北向的成都—西昌—昆明一线(大致对应南北地震带的中南段)和北北东向的宿迁—合肥—九江一线(大致对应郯庐断裂带南段)为界,可分为西部、中部和东部3个区段。长江经济带西部隶属于青藏活动构造区,中、东部归为华南活动构造区。有历史记载以来,长江经济带范围内共发生4级及以上地震1623次,其中5级及以上地震837次,6级及以上地震196次,7级及以上地震43次,8级以上地震2次。其中7级及以上地震和绝大多数的6级地震都发生南北构造带及其以西地区,而发生在长江中东部(重庆—上海段)地区的6级地震仅12次。长江经济带西部地震活动强烈,中、东部地震活动频度低、震级小。

3. 潜在的地震灾害风险

一是城乡灾害风险防范能力参差不齐。区域内不同地区城镇化进程不同,超大城市、大城市、中小城镇同时并存,且经济发展水平差距明显,城镇灾害风险防范能力参差不齐,承灾体复杂多样。城市普遍存在新旧建筑并存,建筑林立,生命线系统错综复杂等问题,地震灾害风险日渐积累。以重庆市为例,该市集大城市、大农村、大山区、大库区于一体,经济社会协调发展与安全风险挑战并存。全市现有高层建筑(3.6万栋)、吊脚楼(1284个)、古镇古寨(378个)、工业厂房库房(1.4万家)、地下工程(7151万平方米)、大型商业综合体(227栋)、石油化工和易燃易爆企业(3602家)、建筑结构复杂、体量庞大、人员密集,城市核心区建筑密度和容积率极高。沿长江流域高速铁路、特大桥梁、城市轨道交通、机场码头等基础设施量大面广,老、危旧基础设施地震灾害风险不断增加。二是水利基础设施众多,地震安全保障需求巨大。长江流域水利工程众多,已建成水库5万多座,其中大型水库300余座。上游建有葛洲坝、三峡等巨型水利枢纽,从金沙江上游四川德格岗托镇至云南水富市约1900千米河道上密集规划了20座梯级电站,大渡河乐山以上河段规划了22座梯级电站,已经成为我国能源规划的重点内容和能源安全的重要支撑。在长江经济带韧性发展过程中,基础设施的建设和运维对地震安全高质量技术服务保障需求巨大。三是生命线系统灾害链逐渐错综复杂。长江经济带沿线超大城市"铁、公、水、空"综合立体交通规模不断提升,"四向"开放通道优势不断显现,构建起"一带一路"和长江经济带贯通融合的新格局。例如,"十四五"末,重庆城市轨道交通运营里程达600千米,全市道路通车总里程达到14029千米,城市道路网密度达7.22千米/平方千米,交通线大多数沿江而建。重庆又号称"桥都",仅中心城区跨江特大型桥梁就有36座。还有大型储油储气罐、地下储气库、悬索桥等。长江上游流经的川滇地块普遍为高震级潜在震源区,区域内建成或规划了大量梯级电站、大型水利枢纽等重要能源设施。

4. 主要任务

(1)探索建立长江经济带地震安全保障协调合作机制。打破行政区划的界限和壁垒,积极探索建立事权清晰、分工明确、行为规范、运转协调的长江经济带地震安全保障管理体制,不断完善跨部门跨区域的协调机制,重点协调长江流域跨部门地震综合监测和安全保障问题,研究制定长江经济带地震保障工程建设方案,统筹协调长江水道地震安全保障工作。建立跨区域的沟通协调协商合作机制,共同研究解决区域合作中的重大事项。实现地震灾害联防机制和区域防灾减灾联防联控,基础设施共建共享、地震信息资源的合理共享与充分利用。实现长江水道地震安全保障统一规划、统一建设,统一标准、资源共享,服务规范。

(2)增强长江流域地震科技服务保障能力建设。推进沿江地震监测站点和长江流域地震预报预测业务现代化建设,增强技术力量和设施部署,实现精准服务。加强地震灾害预评估能力、地震灾害风险预警服务能力,建立多渠道地震危险源及承灾体风险源数据收集、处理、共享和归档业务体系,实现数据共享。加强地震危险源及风险源数据再分析、实时监测等数据融合应用技术研究,开发地震大数据应用服务系统,推进科技协作平台、科技基础条件平台、科技创新团队、"产学研"协作平台等的建设。建立地震立体综合监测野外科学试验基地与地震灾害数值模拟系统,研发地震危险源及承灾体风险源大数据共享、挖掘和应用技术。

(3)将地震安全服务保障主动融入长江经济带发展战略。联合应急管理、住房和城乡建设、规划和自然资源、水利水电等市级部门编制关键基础设施大震应急处置联动工作方案。在关键基础设施底数排查、风险评估、震害预测和情景构建的基础上,结合现有应急准备和紧急应对能力,开展高层及超高层建筑、燃气、供电设施、交通、电梯等关键基础设施大震巨灾防范和应急处置专项工作。加强重大基础设施的抗震设防监管,加大重要基础设施全生命周期安全保障技术研发,组织研究长江港口、码头、大型水库等重大基设施等的抗震设防指标体系，不断提高新建工程场地地震安全性评价服务的科学性和可靠性。

（四）粤港澳大湾区战略发展地震安全服务保障

1. 基本情况

根据《粤港澳大湾区发展规划纲要》，大湾区包括香港特别行政区、澳门特别行政区和广东省广州市、深圳市、珠海市、佛山市、惠州市、东莞市、中山市、江门市、肇庆市。其总面积达5.6万平方千米，常住人口约8600万，2021年GDP总量约12.6万亿元，占全国11%，按照规划纲要，粤港澳大湾区不仅要建成充满活力的世界级城市群、国际科技创新中心、"一带一路"建设的重要支撑、内地与港澳深度合作示范区，还要打造成宜居宜业宜游的优质生活圈，成为高质量发展的典范（参见附图7）。以香港、澳门、广州、深圳四大中心城市作为区域发展的核心引擎。

2. 地震构造背景

粤港澳大湾区地处广义的珠江三角洲地区，位于西太平洋构造域与欧亚板块东南部大陆边缘的交会带。新生代以来多期活动，主要断裂构造包括珠江口大断裂、化龙—黄阁断裂、白泥—沙湾断裂、西江断裂、银洲湖断裂、广海湾大断裂、三水—罗浮山断裂和顺德—惠来断裂等，其中白泥—沙湾断裂和西江断裂为活断层。

粤港澳大湾区内陆地震活动水平总体不高，历史上共发生了14次4¾级以上破坏性地震，最大为1911年红海湾的6级地震。空间上，该区地震活动由沿海到内陆逐渐减弱，且具有东强西弱的特点。破坏性地震主要分布在大湾区南北两侧，即：河源断裂以北和莲花山断裂以南，中间仅有中小地震分布，但控制东南沿海地震带地震活动的滨海断裂带从附近海域通过。

3. 潜在的地震灾害风险

一是地震构造复杂。粤港澳大湾区位于华南沿海地震带中段的构造断陷盆地，盆地内部及边缘发育多组断裂，具有多期活动的特点。滨海断裂带大致沿南海北部陆架30~50米水深线展布，控制了南海北部陆缘地震带的强震活动，历史上曾发生多次6级以上地震，包括4次7级以上强震，为活动强度最大、频率最高的地震带。因其地理位置距离粤港澳大湾区重要城市仅数十公里，一旦发生强震，将造成难以估量的损失。此外，作为近海深大断裂，滨海断裂带的地震往往可触发局地海啸，可在数十分钟内到达大湾区的主要城市。二是重要设施密布。粤港澳大湾区密集分布着大型港口、机场、核电站等重大基础设施。我国连接东南亚乃至全球的海底国际通信电缆几乎全部分布在粤港澳大湾区。根据最新统计，我国城市 200 米以上的摩天大楼排名中，深圳以 189 栋高居榜首，香港以 103 栋排名第二，广州以 64 栋排名第六，另外佛山 18 栋（排名 21）、珠海 16 栋（排名 23）、东莞 14 栋（排名 28），粤港澳大湾区是中国摩天大楼最集中的区域。三是存在地震灾害风险。粤港澳大湾区内人口稠密、经济发达、生命线工程网络遍布，财富高度集中，大湾区内地震灾害具有环境敏感程度高，社会影响广的特点。粤港澳大湾区 2.47 万平方千米（含香港、澳门、珠三角九个城市所在地）位于地震重点监视防御区。根据建筑物抗震性能普查初步结果，区内还有少量建筑物存在地震灾害风险隐患。同时，粤港澳大湾区内广泛分布的沉积层对地震波有较强的放大作用，使得距离较远的大震或区域内中等地震也有可能对建（构）筑物产生一定程度的破坏。此外，由于地震发生的频率不高，公众的防震减灾意识不强，城乡建筑抗震能力不强，该区还容易出现小震大灾的情况。例如，1997 年 9 月 23 日和 26 日发生在佛山市三水区的 3.1 和 3.9 级地震，造成 1708 栋房屋（其中农居 1639 栋）受损，7865 人受影响，受灾面积达 25 平方千米，受损房屋 1708 栋（其中农居 1639 栋），受影响人数 7865 人，直接经济损失约达 7000 万元，为我国少有的小震大灾震例。

4. 主要任务

（1）建立健全大湾区地震灾害防范联防联控机制。进一步完善粤港澳三地防灾减灾救灾联动机制，健全震情灾情信息共享机制、应急救援道路交通协调管控机制、救援力量协调响应机制等。强化粤港澳大湾区地震监测预报预警合作，共建粤港澳大湾区地震预警"一张网"。强化粤港、粤澳地震科技创新、地震灾害风险防治合作，联合开展大震震源探查、城市活断层探测等项目，强化粤港地震科普宣传合作，打造防震减灾融媒体品牌。强化人才技术交流合作，举办粤港澳地区地震科技研讨会，针对项目的实施组织开展粤港澳三地人才访学、交流活动。强化珠江三角洲九市地震灾害联防联控机制。

（2）进一步加强地震灾害风险探查区划评估能力，实现区域风险精准治理。围绕大湾区城市及近海海域地震灾害风险调查，开展城市群地震活断层探测、场地条件勘测、承灾体抗震性能调查、地下精细三维结构探测等，实施重点区域地震构造环境探查工程，探查华南地区滨海断裂带大震震源，持续摸清地震灾害风险底数。在此基础上，开展地震灾害风险探查区划评估"一张图"建设，编制粤港澳大湾区近海地震危险性区划图、珠江三角洲防震减灾国土空间专项规划以及大湾区防震减灾国土空间发展建议。探索建立地震灾害风险防治区划纳入国土空间规划的机制，服务国土空间利用和重大工程规划。发展粤港澳大湾区地震巨灾风险评估技术，研发基础设施、产业链地震灾害模拟计算、定量化风险动态评估与灾害情景构建技术，发展重大工程时变动力参数和结构损伤评估技术、跨断层大型生命线工程地震破坏机理、风险评估与抗震韧性提升技术，研发基于多源大数据的城市关键基础设施灾害响应模拟技术、风险防控关键技术以及弹性恢复技术，为提升城市、重大工程和基础设施抗御地震灾害的能力提供支撑。依法加强抗震设防要求管理，推广更有韧性的隔震减震等技术，协同相关部门统筹推进房屋设施加固改造，促进城市抗震韧性整体提升。

（3）进一步加强地震安全风险监测预警能力，实现灾害链风险可感知。在典型高层建筑、交通枢纽、水利水电、能源电力、石油化工、核设施等重大基础设施开展地震安全监测与健康诊断应用，建设集风险监测与安全诊断、灾害模拟与预警、检测验证、紧急处置等功能的城市与重大基础设施地震安全防范运行平台，拓展广东省地震预警系统应用和信息发布渠道，建立粤港澳大湾区城市群地震灾害风险感知系统，实现风险早期识别和精准预警。加密海域地震监测设施，建设滨海深井地震监测系统，研发地震海啸监测预警系统，提升近海海域地震和南海海啸监测预警服务能力。

（4）进一步提升防震减灾公共服务能力，为政府、社会和公众提供多元化的品牌服务产品。适应智慧城市和韧性城市建设需要，建设集约高效的防震减灾公共服务平台，建设地震易发区地震灾害预评估与灾害快速评估系统，打造一批实用化、标准化的防震减灾公共服务产品，服务于城市规划、工程建设、抗震加固等。开展重特大地震灾害情景构建，推动城市地震灾害风险区划工作，为粤港澳大湾区韧性城市建设提供技术支持。建设粤港澳大湾区防震减灾数字融媒体资源库，加强部门协同及社会力量参与，开展常态化的地震科普宣传服务。

（5）进一步发挥粤港澳地震科技合作优势，探索建立防震减灾协同创新科技高地。落实"四个面向"战略目标，利用粤港澳大湾区三地科技人才和创新要素集聚优势，依托局省共建重点实验室、城市地震安全研究所、深圳防灾减灾技术研究院以及湾区内高校、科研院所力量，组建粤港澳大湾区地震灾害风险防范科技创新团队，集中力量资源开展城市防震减灾实用性技术攻关和应用研究。发挥深圳市地理优势与政策优势，建设深圳地震科技创新中心，吸引地震系统省局、业务中心、科研院所入驻，构建地震科技产业技术创新体系，带动广东省防灾减灾市场发展新动能。大力发展城市与城市群地震灾害风险新技术、新产业、新业态、新模式，加快形成以创新为主要动力和支撑的地震科技创新高地。

拓展面向港澳地区和东盟国家的国际合作和科技服务,持续提升大湾区地震科技的国际影响力。

(五)黄河流域经济带一体化发展地震安全服务保障

1. 基本情况

黄河发源于青藏高原巴颜喀拉山北麓,呈"几"字形流经青海、四川、甘肃、宁夏、内蒙古、山西、陕西、河南、山东9省区,干流全长5464千米,落差4480米,流域面积79.5万平方千米,流域内2019年人口总量为1.6亿,黄河流域西接昆仑、北抵阴山、南倚秦岭、东临渤海,横跨东中西部,是我国重要的生态安全屏障,也是人口活动和经济发展的重要区域。

黄河流域是我国重要的粮食基地和能源基地,粮食和肉类产量占全国三分之一左右。黄河流域还是我国重要的能源基地,内蒙古、山西位列净供电量最高的5个省份之列。在国家发展大局和社会主义现代化建设全局中具有举足轻重的战略地位。

2. 地震构造背景

(1)黄河流域上游地震活动强烈。黄河流域上游主要有兰西城市群,这个城市群是指以甘肃省省会兰州市、青海省省会西宁市为中心,主要包括甘肃省白银市、定西市、临夏市和青海省海东市、海北藏族自治州等22个地州市的经济地带,是中国西部重要的跨省区城市群。甘肃和青海地区位于中国西北的地震带,地震活动频繁。青海省地震构造复杂,发育有50多条规模较大的活动断裂。其中横切黄河流域地震构造有8条,分别是东昆仑断裂、中铁断裂、甘德南缘断裂、玛多—甘德断裂、阿万仓断裂、日月山断裂南段和拉脊山断裂等。这些断裂历史上曾发生过中强以上地震,以发生在东昆仑断裂带上的2001年昆仑山口西8.1级地震最为显著。甘肃省地处青藏块体东北缘,地震地质条件复杂,发育有80多条规模较大的活动断裂,包括祁连山断裂带、东昆仑断裂带、西秦岭北缘断裂带、六盘山—海原断裂带、河西走廊北部断裂带、阿尔金断裂带等,历史上曾发生多次破坏性地震,如1927年武威古浪8.0级地震、1932年玉门昌马7.6级地震、2013年定西岷县漳县6.6级地震等,均造成重大人员伤亡和财产损失。兰西城市群的地震灾害典型特点是所在省份存在多个中强以上潜在震源区,在强震发生时,容易造成直接经济损失的概率较大。同时西部的重大工程,西气东输、西电东送、中欧班列等也极易在强震中受到损坏,从而造成重大经济、人员损失。

(2)黄河流域中游中、强震频发。黄河流域中游主要有黄河"几"字弯城市群和关中平原城市群。这两个城市群覆盖了宁夏、陕西、山西、内蒙古四个省份。宁夏位于南北地震带北段，从地理构造上来说，处于青藏高原东北缘与华北地台的结合部位，新构造运动活跃，中、强震频发。黄河穿卫宁平原和银川平原向北出宁夏境，清水河纵贯宁南黄土丘陵区。地形上，宁夏处于我国第二阶梯与第三阶梯的过渡带，地形变化大，地质条件复杂，自然环境恶劣，属地质灾害易发区。内蒙古最显著的就是河套断陷，1970年以来，共发生5级以上地震15次，其中6.0~6.9级地震5次，5.0~5.9级地震10次。发生在1996年5月3日的包头地震6.4级地震造成包头至固阳的110千伏供电线路中断，固阳县城停电。此次地震是中华人民共和国成立以来内蒙古自治区发生的最大的一次地震灾害，也是1976年唐山大地震后，首次在百万人口的城市造成灾害的6级以上地震。山西地震带是全国23条主要地震带之一。山西历史上是地震活动较强烈的地区之一，地震活动频度高、震级大，地震灾害严重。黄河"几"字弯城市群和关中平原城市群地震灾害典型特点是历史多强震，但现代地震较弱，由于特殊的地质原因和工业活动，中强地震极易引发滑坡、塌岸、泥石流、地面塌陷等次生灾害，造成经济、人员损失。

（3）黄河流域中下游地震次生灾害严重。黄河流域中下游主要有中原城市群和山东半岛城市群。这两个城市群覆盖了河南、山东两个省份。河南有两个断裂方向展布，四组断裂体系以新乡—商丘断裂为界，河南北部主要受郯庐断裂影响，区内断裂走向以北北东向为主，如汤东断裂、聊兰断裂带等，其中聊兰断裂带发生过多次5.0级以上地震，如1937年菏泽7.0级地震、1983年菏泽6级地震等；河南南部主要受秦岭大别造山带影响，以北西-近东西走向为主，如新郑—太康断裂、朱夏—商丹断裂等，省内最近一次中等地震，2010年太康4.7级地震是新郑—太康断裂活动的结果。历史上河南有多次强震造成了重大的人员损失，现代地震活动较弱。中原城市群和山东半岛城市群是黄河流域人口密度最高的两个城市群，同时也是经济发展较高的中东部地区，地震发生在城市周边，非常容易造成人员伤亡，同时现代城市在地震后也存在火灾等次生灾害隐患。

3. 潜在的地震灾害风险

黄河流域是我国遭受地震灾害最为严重的流域，分布着东昆仑断裂、西秦岭北缘断裂、祁连—海原断裂、郯庐断裂等多条断裂，具有"地震频度高、强度大、人口密、灾害重"的特点。8级以上地震占全国近1/3，7级以上地震超过全国1/7。中国历史上死亡人数最多的4次地震有3次发生在黄河流域，如1556年陕西华县发生8¼级地震，死亡人数超过83万，是世界有史以来死亡人口最多的一次大地震，101个县遭受了地震的破坏，分布于陕西、甘肃、宁夏、山西、河南5省约28万平方千米。黄河流域上游土壤侵蚀严重,中下游河道含沙量过高,在地震活动影响下,极易发生次生灾害,不仅带来巨大的生命和财产损失,而且容易对流域的河道和水利工程设施造成严重的破坏。同时城市发展不平衡城镇化水平低,公共服务、基础设施历史欠账较多,承灾体具有较高的地震灾害风险隐患,国家重大基础设施,如西气东输、西电东送、中欧班列等遭受强震风险较大,容易造成重大经济损失及相关产业链灾害。

4. 主要任务

(1)强化韧性城市建设,提升城市安全水平。一是加快完善城市群韧性城市建设。随着经济社会发展水平的不断提高,黄河流域城市群公共服务和基础设施经过数十年的发展,已有的城市公共服务设施和基础设施硬件存在老化现象,亟须更新升级。二是提升防震减灾意识和自救互救技能。推动应急、灾害防治重心下移、资源下沉,发动基层群众共建共治共享。基层要有常设化的应急力量,明确基本的职能设置、力量配置,统筹建好专兼结合的应急队伍,加强专业化培训和应急演练。把全社会动员起来,扩大市民群众和社会组织、社会力量参与,强化防灾观念、防护能力、互助精神。积极培育、孵化防灾减灾领域各专业类型的社会组织,组建多方参与的社会化防灾减灾救灾新格局。三是统筹利用政府机构、高等院校、科研院所、社会力量等各类资源,融入海绵城市、信息化和人工智能等新技术理念,联合开展韧性城市建设领域的相关研究。

(2)健全监测预警体系,提升风险应对能力。一是利用地震监测预警系统和发布系统,尽快形成城市地震预警服务能力。要完善灾情监测网络的合理布局与资源共享,持续提升系统防范、化解重大风险的能力,为减轻灾害损失赢得时机。二是完善地震预警信息发布渠道,扩大服务对象及范围,规范信息发布方式及内容。建成部门联合、上下衔接、管理规范的地震预警信息发布体系。三是探索建立黄河流域城市群监测预警信息通报制度,实现黄河流域城市群地震信息服务互通,为黄河流域城市发展提供地震安全保障服务。提升地震监测和震相识别能力,优化地震台阵技术,加强对矿震等非天然地震事件的监测识别能力。

(3)构筑风险评估体系,提升风险感知能力。一是开展黄河流域城市群承灾体地震灾害风险评估。结合第一次全国自然灾害综合风险普查结果,开展黄河流域城市群地震灾害评估。逐步摸清地震风险底数,提出有针对性、可操作的防灾减灾措施。开展大震震源探测,区域构造环境探测,城市活动断层探测与地震危险性分析。开展地震灾害风险探查区划评估"一张图"建设。二是建设黄河流域城市群防震减灾地震安全服务平台,为城市群各级政府的规划部门、建设部门、城市管理部门和社会公众提供地震安全信息和地震安全工具服务。三是制定黄河流域城市群地震安全规划并纳入区域发展规划，开展地震安全小区示范、避难场所建设示范和城际生命线系统安全示范。

（六）西部大开发地震安全服务保障

1. 基本情况

世纪之交，党中央作出实施西部大开发战略的重大决策。20年来，党中央、国务院先后印发实施《关于实施西部大开发若干政策措施的通知》（国发〔2000〕33号）《国务院关于进一步推进西部大开发的若干意见》（国发〔2004〕6号）《中共中央　国务院关于深入实施西部大开发战略的若干意见》《中共中央　国务院关于新时代推进西部大开发形成新格局的指导意见》等文件和一系列相关政策，为西部大开发提供了重要指导和支持。在全面推进我国城乡抗性韧性战略发展进程中，同样不能忽视西部地区城乡防灾减灾救灾能力提升建设，将地震安全服务保障主动融入国家发展战略，为西部大开发大发展提供防震减灾服务保障。

2. 地震构造背景

我国大陆东、西部地区板块的动力加载方式存在较大差别。东部的太平洋板块、菲律宾海板块并未直接作用在中国大陆东部的东北亚、华北和华南地块；西部的印度板块则以低角度俯冲的方式直接作用于青藏和西域地块。正是这种差别导致中国大陆西部的地壳运动速率和应变速率分别为东部的3～8倍和3～4倍，西部释放的地震能量为东部的9倍。上述原因导致中国大陆的地震活动表现出显著的东西差异，强度呈西强东弱，频次呈西高东低，复发周期呈西短东长等，大约有90%以上的7级及以上地震发生在西部区。

（1）青藏高原东北缘地区。青藏高原东北缘地区是青藏高原向大陆内部扩展的前缘部位，晚新生代到现今的构造变形十分强烈，全区遍布晚第四纪活动逆冲断裂、走滑断裂和活动褶皱。该区地震活动十分强烈，有历史记载以来发生在柴达木—祁连活动地块边界带内7级以上强震有20次左右，绝大多数发生在该地块的边界带上。典型地震包括1920年海原8.5级地震、1927年古浪8.0级地震和2001年昆仑山口西8.1级地震等，历史地震灾害较重。十年尺度危险区和重防区研究结果表明，青藏高原东北缘地区地震危险性和地震风险均比较高。

（2）川滇地区。川滇地区位于中国大陆西南，由川滇、滇西、滇南地块以及巴颜喀拉、羌塘和华南等地块的部分区域组成。受青藏高原南东向推挤作用影响，川滇地区地壳变形剧烈，是大陆地区现今地壳变形速率较高的区域。强震复发周期相对较短，川滇菱形地块东边界部分断层仅有几十年，是中国大陆地区强震原地复发周期最短的地区。在此背景下，川滇地区强震活动频繁，有记录以来共发生7级以上地震43次，其中8级以上地震2次，分别为1833年嵩明8级和2008年汶川8.0级地震，历史地震灾害极其严重。十年尺度危险区和重防区研究结果表明，川滇地区地震危险性和地震风险均比较高。该区既是中国活动断裂密度最大且地震活动频度最高的区域，也是地震地质灾害最显著区域。

（3）青藏高原地区。青藏高原地区主要由一系列的活动地块组成，其中腹地主要为拉萨地块、羌塘地块、巴颜喀拉地块。青藏高原地区也是地震活动的频发地区。喜马拉雅构造带发生过8级及8级以上的地震，包括我国的察隅8.6级地震等。青藏高原从南向北主要的断裂带包括喜马拉雅主逆冲带、喀喇昆仑断裂、公格尔断裂、康西瓦断裂、马尔盖茶卡断裂、龙木措邦达措断裂、风火山断裂、伊布茶卡—日干配错断裂、墨脱断裂、亚东谷露裂谷，当惹雍错裂谷，藏南拆离系，班公怒江缝合带，雅鲁藏布江缝合带。十年尺度危险区和重防区研究结果表明，青藏高原中南部地区地震危险性和地震风险均比较高。

（4）天山地震带。新疆地区位于中国西北边陲，由天山、准噶尔、塔里木地块以及阿拉善、阿尔泰和萨彦地块的部分区域组成。新疆地区地壳形变比较剧烈，新生代期间印度板块和欧亚板块碰撞的远程效应导致天山带重新活动，发生陆内造山运动，形成剧烈隆升的地貌形态，现今构造变形依然强烈。天山构造带以挤压变形为主。有记录以来，天山地区共发生过7级以上地震11次，其中8级以上地震2次，分别为1812年尼勒克8级和1902年阿图什8¼级地震，历史地震灾害严重。新疆地区主要地震带为北天山地震带、南天山地震带，此外阿尔泰地震带、西昆仑地震带和阿尔金地震带地震也较为活跃。

3. 潜在地震灾害风险

西部地区作为重要的能源基地和交通枢纽，广泛分布各类重大基础设施，包括重大能源基地、水利水电设施、油气储运骨干管线、国家电力系统枢纽工程、国家信息枢纽节点和大数据中心集群、重大交通基础设施以及战略性新兴产业基地等工程，这些设施的地震安全在保持国民经济持续稳定发展和国家总体安全中发挥着重要作用。西部地区大多位于地震烈度7度以上的地区，地震高烈度区大中城市和重点区域产业积聚、人口密集、财富集中，重大基础设施向大型化发展，复杂工程系统将导致地震灾害脆弱性。近年来的地震形势分析表明，西部地区的地震形势变得更加复杂严峻，高烈度地区的重大基础设施的地震安全问题变得更加突出。而西南、西北地区由于地形地貌及人口密度等因素影响，其震害特点同样存在差异。西北地区地震发生频率更高，但由于地广人稀，地震灾害一般为"大震小灾"。西南地区尤其是四川、云南等地，受地形影响当地震发生时大多会引发地震地质灾害从而导致或加剧人员伤亡，地震灾害呈现"小震大灾"的特点。同时西部地区城镇化率整体偏低，农民经济条件受限，虽多次经历大地震，农民抗震意识较强，但受经济因素制约和建设场地受限影响，仍有较大比例农村民房不具备抗震能力，另受制于农村民房建设缺乏规划、施工随意、缺少监管等因素影响，存在较大的安全隐患。此外，地质灾害点与地震活断层分布高度耦合，地震会诱发或加剧滑坡、崩塌、泥石流等地质灾害，容易出现"小震大灾"或"大震巨灾"。

4. 主要任务

（1）加大地震次生地质灾害防治的关键技术研发应用。聚焦地震次生地质灾害的预测预报研发技术创新，完善监测预警体系，提高预警能力。加强基于物联网及现代传感器技术应用，持续攻关研发低功耗、低成本、适应复杂环境、能够反映地震次生地质灾害变化特征及影响因素的试点型监测仪器。加强试点型地震次生地质灾害监测点网建设，进一步完善地震次生地质灾害专业监测预警网络。结合地震次生地质灾害综合信息平台基础数据和实时监测数据，研发分区域分类型地震次生地质灾害预警预报、危险性预测等模型，及时掌握地震次生地质灾害隐患点动态，及时发送预警预报信息，并采取相应防范措施。

（2）加强重大基础设施的抗震设防要求监管，服务于国家西部大开发战略。西部地区面积广阔、经济发展水平不同、南北差异明显，需要强化不同地区的抗震设防能力。依法加强抗震设防要求管理，加强事中事后监管，构建建设单位、地方政府、行业部门和地震部门等全链条监管体系。针对重大工程、各类开发区工业园区房屋建筑和城市基础设施、一般建设工程、学校医院等人员密集场所等，形成差异化抗震设防要求制度体系。持续加强地震危险源探查，不断提高对发震构造认识，进一步摸清西部地区大震巨灾风险底数，推进西部地区重大基础设施地震灾害风险评估，及时将研究成果服务于国家西部大开发战略发展，在产业基地、能源基地和重大交通基础设施的选址建设和抗震设防中发挥作用。

（3）强化农居地震安全技术服务和指导。加强自建房屋地震安全监督、引导和科普宣传。省级政府出台制度，加强对在农村宅基地上新建、改建、扩建农村住房的建设活动的监督管理，规范农村住房建设活动，保障农村住房建设质量安全，促进宜居宜业和美乡村建设。加强对乡镇工匠的技能培训及对自建房屋减隔震技术和新型抗震材料使用的引导，监督不合理方式建筑和不抗震材料使用。推进西部地区老旧和不规范自建房屋抗震改造工程。实施农村危房改造、农房抗震改造工程。农房抗震改造聚焦地震高烈度设防地区，优先支持地震重点危险区实施农房抗震改造，拆除或加固农村老旧和不规范自建房屋，持续提高农房抗震防灾能力。实施城市重点隐患排查工程，推进城市老旧小区加固改造和城中村拆迁改造。组织开展民族地区农房功能提升工程。在保留优秀传统建筑风格和满足安全稳固的基础上，提升抗震、采光、防火、隔音、保暖等性能，升级成为具有现代居住功能的传统民居。

（七）东北地区全面振兴地震安全服务保障

1. 基本情况

东北地区指辽宁、吉林、黑龙江三省以及内蒙古东五盟市构成的区域，是新中国工业的摇篮和我国重要的工业与农业基地，拥有一批关系国民经济命脉和国家安全的战略性产业，资源、产业、科教、人才、基础设施等支撑能力较强，发展空间和潜力巨大。东北地区区位条件优越，沿边沿海优势明显，是全国经济的重要增长极，在国家发展全局中举足轻重，关乎国家发展大局。按照习近平总书记关于新时代东北振兴新要求，在城乡抗性韧性建设过程中，将全面加强地震安全服务保障。

2. 地震构造背景和潜在地震灾害风险

东北地区位于中国大陆东北，由燕山、兴安—东蒙、东北3个地块组成。本地块区是一个构造活动相对稳定的地区，除了在与中国和朝鲜交界一带有深源地震发生和火山活动之外，第四纪构造变形微弱。东北亚活动地块区与欧亚板块的稳定部分（西欧、西伯利亚）之间的相对运动可能不大，内部差异运动也不明显。郯庐断裂带北段是东北地区最重要的地震构造带，它由郯庐断裂带辽东湾段、下辽河段、依兰—伊通断裂和密山—敦化断裂组成，依兰—伊通断裂带已经发现了全新世活动的证据和7级以上古地震事件。郯庐断裂带北段展布区域同时也是东北地区的经济核心地带，它贯穿辽宁沿海经济带、长吉图开发开放先导区、沈阳经济区以及哈长城市群4个国家级区域发展规划区，涉及大连、营口、鞍山、辽阳、沈阳、铁岭、四平、长春、吉林、佳木斯、鹤岗11个城市主城区，并涉及哈尔滨、吉林市下辖的5个县/县级市主城区。嫩江—八里罕断裂带是松辽盆地的西缘控盆断裂，是大兴安岭断裂带中活动性最强的组成断裂，历史上在其南部的宁城发生过6¾级地震，涉及赤峰、白城、齐齐哈尔3个城市主城区。开原—赤峰断裂带是中朝准地台的北缘构造带，长逾450千米，宽度可达近百千米，在该断裂带与其他方向断裂交汇的部位，如宁城、朝阳、阜新、彰武、开原多次发生5级左右的破坏性地震，涉及赤峰、阜新、铁岭三个市主城区和彰武、开原、昌图3个县主城区。

东北地区地震史记资料很少，地震资料除少数历史地震外，多为1900年以来的地震资料。1900年以来我国东北及邻区共计发生5级以上浅源地震48次。其中5级地震37

次，6级地震8次，7级地震1次，最大地震是1975年2月4日辽宁海城的7.3级地震。该地区有活火山分布，除本区域地震灾害影响外，容易受到境外地震事件影响。

3. 主要任务

（1）建立健全东北地区大震危险源识别联合工作机制。建立东北"三省一区"大震危险源识别一体化联合工作机制，针对东北地区重大断裂带郯庐断裂带北段及其涉及的辽东湾段、下辽河段、依兰—伊通断裂和密山—敦化断裂、金州断裂带，开展大震危险源识别工程，识别7.5级以上大震震源体。健全大震危险源数据和信息共享机制、工程联合工作交流机制和项目立项、申报协调机制等。强化东北地区大震危险源探查工作合作，共建东北地区大震危险源识别"一条线"。强化东北地区大震震源识别科技创新和人才交流合作，联合开展郯庐断裂带北段大震震源探查项目，针对项目的实施组织开展辽吉黑蒙四地人才访学、交流活动。

（2）加强地震危险源及承灾体风险源的探察与危险性评价。根据东北地区地震构造的地震危险程度和规模，按照由重到轻、逐步推进的原则，开展开原—赤峰、郯庐断裂带和大兴安岭断裂带的探察与危险性评价。判定断裂构造的分段特征和地震危险性，为中长期地震预测预报提供科学依据。加强对非天然地震事件的监测及判别。对东北地区重点城市群内的学校、医院等人员密集场所、城市重要基础设施和重要生命线工程进行抗震性能普查，实施重大基础设施及产业基地的地震易损性定量评估，厘清区内重点城市群面临的地震风险。在强震危险源识别、地震震源结构探测及模型构建、强地面运动影响场预测基础上，开展大城市地震灾害情景构建工作。实现对大型清洁能源基地、沿海核电、水库大坝、油气储运管线、电力系统工程、信息基础设施、交通基础设施地震安全的有效保障。

（3）构建东北区域地震灾害风险区划评估体系。形成完整的东北区域地震灾害风险区划，有效服务地方国土空间规划和灾害预防整体安排，将东北区域地震灾害风险区划纳入地方国民经济发展计划和财政预算，形成常态化区划业务体系。开展特大城市和城市群地震灾害风险精细化评估，从源头上治理和降低地震灾害及其链生灾害和跨类灾害风险，探索并推进综合减灾的新途径，强化应急准备，让政府各级职能部门做好灾前、灾中、灾后各种准备，有所行动，做到灾前有备无患，灾中或灾后应对自如，提升城市群防范化解重大自然灾害风险能力。

（4）建设东北地区地震灾害风险防治服务平台。建设东北地区地震灾害风险防治数据中心，打破东北区域数据壁垒，综合运用大数据、云计算等先进技术推动数据整合与共享。建设东北地区城市活断层探测成果数据库、重点断裂地震构造环境探查成果数据库、断层活动性调查成果数据库、地震危险性区划与评估数据库和地震重点隐患区划与评估数据库；建设东北地区地震灾害风险防治综合服务平台，形成探查、区划和评估成果数据资源"一张图"，成果应用、服务"一平台"。研发覆盖地震灾害风险调查、评估、治理、服务全链条的东北区域地震灾害风险评估和服务系统。打造完备的地震灾害风险业务支撑体系和服务体系。通过系统的建设，实现数据自动汇集、风险管理科学、信息共享便捷、协同联动高效和公共服务精准；通过综合业务展示大厅的建设，实现对地震灾害风险防治数据和业务产品的集成展现与综合管理；通过优化整合云基础设施平台，实现区域科研、业务、管理、服务、监管的"云＋端"扁平化应用；最终实现风险防治数据资源价值挖掘，凸显业务应用的智能化特征，增强全局一体化服务能力。

第六章　国家重大战略基础设施地震安全保障战略

国家重大战略基础设施包括大型清洁能源基地、沿海核电、水库大坝、油气储运管线、电力系统工程、信息基础设施和交通基础设施等，是地震部门服务保障经济社会稳定运行，指导行业部门建立地震灾害风险防治体系、防范化解重大基础设施地震灾害风险的主战场之一。国家重大战略基础设施地震安全保障战略是实现韧性防御、综合治理战略思路的落脚点，按照"四句话、四十九个字"战略举措的要求，摸清风险底数、强化抗震设防、提升基础设施抗御大震韧性，保障重大基础设施安全稳定运行。

第一节　战略背景

重大战略基础设施地震安全保障工作，始于中华人民共和国成立初期。"一五"期间为156项国家重点建设工程的规划、选址和设计提供了依据；改革开放以来，为大亚湾核电厂、二滩水电站、黄河小浪底水利枢纽、秦山核电站、海洋石油平台、三峡水库大坝、西气东输、青藏铁路等重大建设工程提供了科学合理的抗震设防依据，地震安全保障已成为各行业重大战略基础设施建设必须考虑的重要因素。

一、已建立地震部门与行业部门相结合的地震安全保障机制

1. 组织管理方面

1953年，为了适应地震烈度水平的研究，保障国民经济建设的需要，中国科学院常务会议决定成立中国科学院地震工作委员会，负责审核重大工程烈度的咨询机构。1967年，建立国家科委地震办公室，统一管理国家地震和抗震科研工作。1971年，国家地震局成立以后，对地震烈度鉴定工作实行了分级、分地区的管理办法。1983年，为了适应

重大工程建设对地震烈度鉴定的要求，国家和省地震局成立烈度评定委员会，负责审定国家重大项目建设地区地震烈度鉴定意见，审批全国各地区地震基本烈度的更改，对重大工程、重点建设地区的地震烈度工作的技术咨询。1993年，成立了国家地震烈度评定委员会，由国家地震局会同建设部等有关工程建设项目的主管部门组织专家组成，《地震安全性评价管理条例》实施后，调整为国家地震安全性评定委员会。2016年，伴随着"放管服"改革的不断深化，中国地震局撤销了国家级和省级地震安全性评定委员会，改由国、省两级地震部门建立地震安全性评审专家库，组成专家对重大工程地震安全性评价报告评审后，给予抗震设防要求行政审批。

2. 技术规范方面

一方面，明确规定基本烈度鉴定。第一个五年计划时期（1953—1957），我国从苏联与东欧国家引进了156项重点工矿业基本建设项目，建设部门主要围绕这些重点建设项目，提出繁重又紧迫的工程场地地震烈度鉴定任务，强有力地促进了有关工程地震的科学研究工作。国家高度重视建设项目的地震安全，明确规定所有的工厂、矿山、桥梁、水利、铁路等建设部门在进行重大工程的设计时，必须备有该工程建设场地的地震基本烈度鉴定书。1955—1956年，在李善邦主持下，邀请苏联专家哥尔什科夫作业务指导，编制了第一代中国地震区划图，即1957年发表的《中国地震区域划分图（1∶5000000）》，服务于工程建设。另一方面，开展抗震设计规范编制。1956年制定的全国科学技术发展远景规划中，将地震对于建筑物的影响及有效抗震措施的研究确定为重点问题之一。1959年，中国科学院土木建筑研究所时任所长刘恢先牵头编制了第一部《地震区建筑设计规范（草案）》，为建筑工程部门提供抗震技术支撑。1971年国家地震局成立后，组织编制出版了《中国地震烈度区划图（1∶3000000）》，为工业和民用建筑抗震设防的依据，为国家经济建设做出了积极的贡献。1974年，原国家建委批准颁布TJ 11—74《工业与民用建筑抗震设计规范（试行）》（简称《74规范》）。1978年，国家建委批准颁布了TJ 11—78《工业与民用建筑抗震设计规范》。1989年，建设部批准颁布GBJ 11—89《建筑抗震设计规范》，1990年开始实施。1992年，由国家地震局和建设部联合发文规定《中国地震烈度区划图》（1990）用于一般工业与民用建筑的抗震设防依据。1993年，对GBJ 11—89《建筑抗震设计规范》作局部修订。与此同时，"地震安全性评价"理念逐渐形成，地震工程地质工作的规范性也得到提升，中国地震局组织编制了《重大工程场地的工程地震工作大纲（试行稿）》和《地震小区划工作大纲（试行）》，分别于1986年和1988年发布，于1994年颁布了地震行业标准DB 001—94《工程场地地震安全性评价工作规范》。此外，

1995年开始实施的国家标准 GB 50021—94《岩土工程勘察规范》涵盖了地震工程地质勘察的主要内容。2001年，在充分吸取国内外有关地震区划的最新科研成果的基础上，中国地震局组织有关单位完成了第四代区划图的编制，提供了50年超越概率10%的地震动峰值加速度和反应谱特征周期，作为确定一般建设工程的抗震设防要求的依据。2005年，发布实施的国家标准 GB17741—2005《工程场地地震安全性评价》，将地震安全性评价工作分为Ⅰ级~Ⅳ级，根据工程特点和重要性，选择采用不同级别的工作。2015年，中国地震局组织有关单位完成了第五代区划图，引入了抗倒塌理念，以50年超越概率10%的地震动峰值加速度与50年超越概率2%地震动峰值加速度除以1.9所得商值的较大值作为编图指标，提供了Ⅱ类场地的地震动峰值加速度和反应谱特征周期。《工程场地地震安全性评价》以及不断迭代完善的中国地震动参数区划图等国家强制性标准发布实施，建设、水利、电力、交通等相关行业抗震设计规范的制定，为建设工程抗震设防提供了技术支撑。

3. 政策法规方面

1979年3月，国家建委和国家地震局联合颁布了"关于地震基本烈度鉴定工作的规定"，明确了对列入国家计划的大、中型基本建设项目的地震烈度鉴定任务。1998年，《中华人民共和国防震减灾法》颁布施行，规定重大建设工程和可能发生严重次生灾害的建设工程，必须根据地震安全性评价结果确定的抗震设防要求进行抗震设防。2001年颁布的《地震安全性评价管理条例》完善了重大建设工程和可能发生严重次生灾害工程地震安全性评价范围的规定。防震减灾配套法规的进一步健全完善，构建了重大建设工程地震安全性评价及抗震设防要求监管的基本制度。2016年以来，国务院在推进"放管服"改革中，将地震安全性评价由行政审批改为强制性评估。《地震安全性评价管理条例》经2017年和2019年两次修改，删除了有关地震安全性评价单位资质管理等内容。目前，经过地震部门和住建、水利、交通、能源、通信等行业部门的共同努力，国家重大工程和基础设施均已开展地震安全性评价并按照相应的标准进行抗震设计和建设。以水利工程为例，自2000年水电大开发以来，全国开展的水利工程地震安全性评价工作约400多项，中型及以上的水利工程绝大多数都开展了专门的地震安全性评价工作。

图6-1以时间轴的形式，从地震安全保障工作几个主要方面将该工作四个发展阶段中的关键节点进行了描绘。然而，各类基础设施的抗震设计规范、震后应对处置等方面的诞生和发展仍有很多内容，由于篇幅限制，不在此逐一梳理。

第六章 国家重大战略基础设施地震安全保障战略

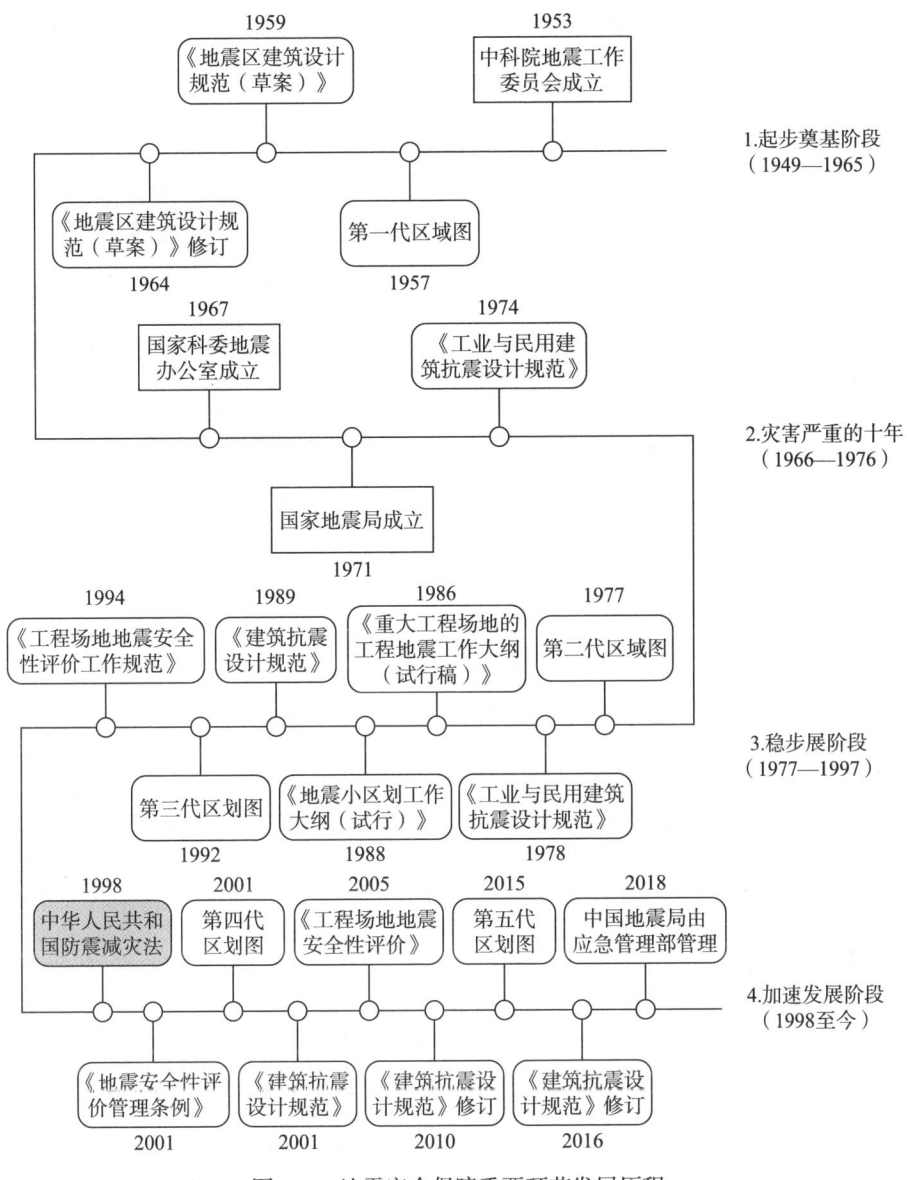

图 6-1 地震安全保障重要环节发展历程

二、新时代国家重大战略基础设施需要更高水平地震安全保障

（一）国家重大战略基础设施的总体构成和规模

中华人民共和国成立至改革开放前，我国基础设施建设处于增长速度较慢的阶段，基础设施发展较为滞后。1982 至 1989 年年底，国家重点建设项目中，能源、运输邮电项目 198 个，总投资 1977 亿元。这批重点项目的建成投产对促进我国经济发展，改善产业

结构，缓解能源、交通运输等基础设施的紧张状况起到了重要作用。1991年后，我国经济开始飞跃式发展，1991年的基础设施投资额977亿元，到2002年已增加至9698.62亿元。1991至2002年累计完成基础设施投资为1978至1990年的15.4倍，是我国历史上基础设施投资增速最快的时期，大亚湾核电站、岭澳核电站等一批能源项目工程竣工；长江三峡、黄河小浪底等大型水利枢纽开工建设，京九铁路带领现代化交通网络开始形成。其中，能源完成投资额2571.17亿元，年均增长18.5%；交通和仓储完成投资额5470.38亿元，年均增长26.31%；水利完成投资额680.07亿元，年均增长26.93%。2003至2011年，我国相继实施西部大开发和中部崛起等区域发展战略，建成了一批关系全局的重大基础设施项目。交通方面，青藏铁路全线通车，京沪、京广、哈大等高铁和一批城际铁路相继投入运营；西气东输一线、西电东送全面投产，金沙江向家坝水电站、三峡左岸电站机组全部建成发电；三峡水利枢纽、南水北调等重大工程顺利推进或建成，共完成基础设施投资377415.97亿元，年均增长17.74%。

近年来，我国在水利工程、交通枢纽、信息基础设施、国家战略储备等方面取得了一批世界领先的成果，基础设施整体水平实现跨越式提升，交通、能源、水利等领域重大战略基础设施建设规模已跃居世界第一。中国拥有世界上最大规模的高速铁路网，最大跨度的高速铁路拱桥，占全球总数40.6%的大坝。此外，中国建造了21座大型LNG接收站，占全球总量的14.5%，陆上风电装机占世界39%，海上风电装机占世界28%。

"十三五"时期，我国综合交通网络规模由2015年底的483万千米增加到2019年底的530万千米，光缆总长度由2486万千米增加到4750万千米，发电装机容量由15.3亿千瓦增加到20.1亿千瓦，220千伏及以上输电线路由60.9万千米增加到75.5万千米，输油（气）管道里程由10.9万千米增加到15万千米，水库总库容由8581亿立方米增加到9035亿立方米。高速铁路营业里程、高速公路通车里程、城市轨道交通运营里程、港口万吨级及以上泊位数、电力装机、电网规模、第四代移动通信（4G）网络规模等均居世界第一。

"十四五"期间，预计交通运输方面，铁路营业里程由2020年的14.6万千米增长至16.5万千米，公路总里程由2020年的519.8万千米增长至550万千米；预计能源方面，存量通道输电能力提升4000万千瓦以上。预计到2025年，全国油气管网规模将达到21万千米左右，全国集约布局的储气能力将达到550亿至600亿立方米。

2022年以来，一批大型风电、光伏基地在西部沙漠、戈壁、荒漠地区加快规划建设，大藤峡水利枢纽、滇中引水等水利工程有序推进。进入新发展阶段，随着国家重大战略逐步深入推进，城镇化将逐步从规模扩张过渡到质量提升阶段，相应形成对水资源、能源安全保障以及交通路网的需求，"一带一路"倡议以基建互通为主要突破口，可以预见，未来20至30年仍是我国大规模基础设施建设的高峰期。附图8至附图10展示了多种能源及交通基础设施在未来一段时间将要形成的空间布局。

（二）国家重大战略基础设施面临的地震风险

1. 大量设施分布在较高地震风险区域

我国地处环太平洋地震带与欧亚地震带之间，震灾严重，能源、交通、信息等领域大量既有和待建重大战略基础设施分布在地震风险较高区域。例如，西气东输的三大系统包括连接中亚、我国新疆与东部地区的天然气输送系统，连接缅甸、我国云南和华南地区的油气长输系统，途经俄罗斯远东、蒙古国和我国东北地区、华北地区的油气长输系统。这些长输管线大多穿越大地震易发区和大型活动断裂带，经过区域历史上多次发生8级左右的大地震，如1920年海原8.5级大地震，1927年古浪8级大地震等。

西电东送系统的电力生产基地包括西部地区的水电生产基地和晋、陕、蒙的火电生产基地，占输送电能的90%左右。西部水电生产基地位于大地震非常活跃的川滇菱形块体边界的深大断裂带和青藏高原北缘及东北缘大型活动断裂带附近，历史上7级以上大地震非常频繁。西北火电基地则位于大地震频发的大型断裂带附近，如鄂尔多斯北缘断裂带、汾渭地堑断裂带等。连接电力生产基地与东部发达的城市群与大城市的超高压输电系统，必须穿越大型地震断裂带。北煤南运的核心组成部分包括煤矿、铁路和港口大多集中在大型地震带所在区域，如晋、陕、蒙煤炭基地均位于大型地震带附近。核心运煤铁路包括大秦铁路、兖石铁路、神黄铁路，核心港口包括秦皇岛港、黄骅港和日照港等，均遭受环鄂尔多斯等地震带可能发生的大地震的威胁，这一区域历史上曾发生10余次7.5级以上的大地震。

据统计，我国现有水库大坝中，有240座处于九度及以上烈度区；5246座处于八度区；18931座处于七度区。分布在渤海、黄海、东海、南海沿海的现有22座核电站，所处海域在历史上曾分别发生过1604年泉州海外7½级地震、1600年南澳7级地震、1918年南澳海外7.3级地震、1605年琼州7½级地震以及渤海海域1548年7级地震、1597年7级地震、1888年7½级地震、1969年7.4级地震。

随着近年来公路交通网络的发展，越来越多的公路桥梁在滇西北、藏东南、川西以及东南沿海等地震高烈度区建成或正在修建，桥梁总数和密度均大幅增加。综合地形地貌、建设成本、工程周期等各种客观条件的制约，一些路线无法避开或采取替代结构，不得不必须采用桥梁形式跨越活动断层。如我国第一座跨越活动断层的特大型桥梁——海南文昌铺前大桥。同时，随着我国城市活断层探测与地震危险性评价工作的不断推进，断层数量将会不断增加，这些分布广泛的活动断层，对数量众多的桥梁同样具有极大的潜在破坏风险。除此之外，光伏发电、抽水蓄能，以及信息通信等基础设施，均有很大比例暴露在较高地震风险之中。

2. 重大基础设施地震安全面临严峻挑战

在重大基础设施的选址、规划和设计阶段，地震部门通过开展活断层探测和工程场地地震安全性评价等工作，提供技术支撑。但重大战略基础设施往往具有超长的预期使用年限，在长期服役过程中，工程建设场地的地震危险性可能会有新的发现或新的认识，而且工程自身的抗震能力随着材料老化、疲劳等问题也可能存在一定程度的下降，从而产生新的地震灾害风险。

一方面，随着科学研究和技术方法的发展进步，可能带来对区域地震危险性的认识的不断深化。以核电站为例，我国现有核电站的地震安全性评价工作大多完成于2015年之前，然而随着第五代区划图的编制和颁布，GB/T 50572—2010《核电厂工程地震调查与评价规范》最新修订（2022年）、GB 50267—2019《核电厂抗震设计标准》等的颁布，大量的新的认识、新的方法得以更新。华南沿海地震2015年以来发生3级以上地震活动34次，平均每年4次，破坏性地震3次，较为频繁。近年来又进一步积累了大量的海域活动断层探测资料、宽频带地震台阵观测资料，以及国家重点研发计划项目《海域地震区划》为代表的重要科研成果，对沿海地区地震构造、地震动力学环境、海域大型活动断裂活动性与地震危险性评价等认识取得进展，致使早期的地震安全性评价结论可能会面临挑战。地震活动和地质构造环境的变化极可能导致区域地震危险性发生变化。比如，2022年"青藏高原东北缘重大基础设施地震灾害风险评估"项目研究表明，西一线有两段地震危险性跨档提高区域，50年超越概率2%的峰值加速度由0.30g～0.4g提高到0.40g～0.5g，如河西走廊地区有14处与油气管线相交的活动断裂的预估位错发生明显变化。

另一方面，基础设施的抗震能力随着材料老化、疲劳等问题也可能存在一定程度的下降，配套设备设施等也会逐渐出现损耗，相应地，灾害的风险水平也随之改变。例如，油气管道服役期越久抗震能力越弱，对于在役老龄化管道，其管材力学性能普遍低于目前常用管材，由于服役期内的管道腐蚀易导致管材力学性能的退化。如建于1975年的四川输气干线借田—青白江段埋地输气工程，采用屈服强度为419MPa的T/S-52K螺旋焊缝钢管，而建于 2012 年的西气东输二线工程，采用屈服强度为 541MPa 的 X80 直缝钢管。经地震安全性分析发现：前者在峰值加速度 0.2g 地震作用下即发生中等破坏，后者在峰值加速度 0.4g 地震作用下基本完好。目前，我国尚存大量在役老龄化管道，特别是一些原油管道服役已超过 30 年，考虑到不同服役期管道的抗震能力显著差异，在我国地震活跃性增强的背景下，在役油气管道的地震灾害风险正在不断累积增大。

3. 地震灾害风险不断叠加

由于我国社会经济不断发展，近几十年来，包括国家重大战略基础设施在内的各类承灾体数量猛增，地震灾害风险不断加剧。一是承灾体数量增多，密度和暴露程度随之增加，导致了地震灾害风险不断聚集。二是地震灾害风险往往与其他多种风险因素相互交叉关联，风险链条不断延长。除建筑结构倒塌、破坏以外，地震还会引发火灾、水灾、滑坡、泥石流等各类致灾因子的耦合，进而影响基础设施的安全。与此同时，各类基础设施具有结构类型多样、震后功能相互依存和耦联等特点，地震后容易导致生命线系统大面积的功能失效，进而导致多系统之间灾害的传播与扩散。进一步，则加重了社会功能瘫痪、生产停工、人力资本损失、商业中断等的风险。例如电力和信息系统之间存在较强的功能依存关系，而电力和信息通信基础设施又同为支撑其他各类传统基础设施安全运转的重要保障，一旦出现中断等故障，就会对人们的日常生活和生产造成巨大影响。更严重的是，信息通信基础设施功能中断，造成的影响不受空间距离限制，可能引起更大的损失。

4. 各类基础设施地震灾害风险呈现不同特征

国家重大战略基础设施门类丰富，所面临的地震灾害风险也存在明显的差异性。① 大型清洁能源基地发展迅速，而现有的勘察、设计和施工方面的规范和标准，尚不能满足大型清洁能源基地地震安全保障的需求。部分新型能源设施及基地在可研阶段未考虑地震安全问题，致使新能源设施及基地存在地震灾害风险；《防震减灾条例》《地震安全性评价管理条例》等法律法规中对于这类设施抗震设防要求规定存在盲区。② 由于对海域地震构造条件探知和研究的局限性，带来了核电场址地震危险性认识的不足，我国沿海核电工程地震安全存在的最大隐患是存在遭受超设计基准地震事件影响的风险，核工程地震安全法规与标准体系也并未对此问题构建起全面的应对对策。③ 在役水库大坝普遍缺少动态地震灾害风险分析，对极端危险情况风险估计不足，缺少地震风险实时预警能力，尚未建立地震灾害自动处置系统。④ 油气储运管线的地震安全问题主要包括设施服役年龄过长以及极端风险估计不足的问题。目前，服役年龄超过 30 年的天然气管道中川渝管网占很大比例。在我国地震活跃性增强的背景下，长输油气管线工程仍可能面临超设计基准地震风险。然而，我国现行规范中尚未考虑极罕遇地震情况，亟待评估在役油气管道的地震灾害动态风险，并可依据评估结果对高风险区域的在役油气管道进行地震监测与预警。⑤电力系统是社会和经济运行的总开关，因功能特殊，其地震安全保障的要求从地震时损失小，发展到震时损失小、震后恢复快，再到针对国家电力系统重大战略基础设施的震时电力供应功能不中断、无损失等更高要求。随着城市化的迅速推进，城市及城市群极度依赖于电力供应，几乎全部城市生命线系统都与电力系统紧密相关，电力供应的中断将导致难以估量的损失。而随着电压等级的增加，电力系统易损设备更加高耸，换流站等关键节点更加复杂，柔性电网区域更加关联，可能存在的风险也愈发复杂。⑥信息化技术及基础设施的发展迅猛，推动了基于物联网、云计算等信息技术的广泛应用，高端制造、智能制造产业变革以及智慧城市等正在实现。但信息基础设施地震安全保障在多个环节均存在极其严重的问题。首先是尚未建立系统科学的地震灾害风险评估规范和工具。其次是缺少地震安全监管，地震安全保障管理存在漏洞。入网设备的抗震性能检测试验相关监管的机制和规范尚未建立。此外，地震后的震害和经济损失数据管理混乱。通信系统在地震后的灾害数据和经济损失数据没有形成有效的统计核查渠道。⑦交通基础设施分布广泛，同时极易受到地震灾害影响。针对超过我国现行规范适用范围的极端情形，需要继续进行研究。如针对高寒、冻土、高海拔、跨断层等复杂场地条件下交通设施的地震安全问题认识不足；对海上风、浪、地震等多荷载耦合作用下桥梁地震破坏机理问题研究不够深入；对于跨断层桥梁隧道结构的抗震技术研究依然处于起步阶段等，地震灾害链条的延伸考虑不足，对其造成的长期影响还缺少认知。

三、国内外重大战略基础设施地震安全保障发展趋势

（一）国内发展现状和趋势

国家重大战略基础设施的地震安全保障以地震工程为核心领域，以地震灾害风险探查、区划、评估类基础业务支撑规划选址、抗震设计、抗震加固等环节，并针对可能或已经发生的地震灾害采取有效的处置应对，国家重大战略基础设施地震安全保障架构如图 6-2 所示。

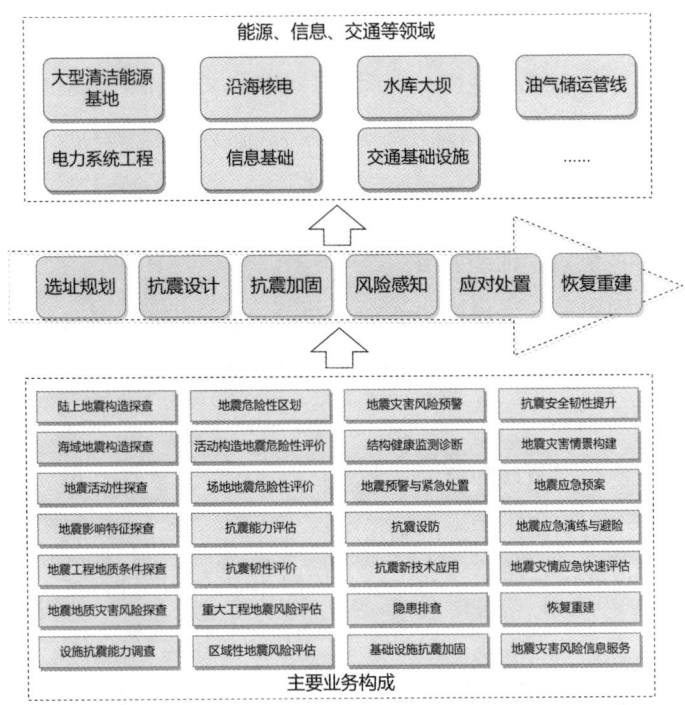

图 6-2 国家重大战略基础设施地震安全保障架构

近年来，我国地震灾害风险防治业务新格局全面构建，探查区划评估取得新进展，规范重大工程抗震设防要求审定，全国地震动参数区划图编制迭代更新，依法组织开展抗震设防要求落实情况监管，重大工程地震安全保障得到不断强化。在国家重大项目的支持下，针对各类基础设施，发展了新一代性态框架下的重大工程地震易损性分析方法以及功能可恢复性评价方法，建立了适用我国重大工程安全运行的地震风险评估理论体系，提出了相应的地震紧急处置、运营恢复策略，实现国际领跑。高速铁路领域已成为国内生命线工程地震预警和紧急处置技术发展的前沿。2012 年 2 月，中国地震局与原铁道部签署战略合作协议，共同推进中国高速铁路地震预警系统的建设与技术攻关，具有 P 波预警功能的高速铁路地震预警监测系统，先后通过了铁路部门组织的室内测试、福厦线和成灌线现场试验以及大西线综合试验与试用，并通过铁路部门的技术评审和入网认证。截至目前，该系统已在大同至张家口高速铁路等十余条线路上部署应用，线路长度超过 1500 千米。该系统还首次走出国门、走向世界，中标印度尼西亚雅万高铁地震预警系统建设项目，是地震科技服务"一带一路"建设的又一重要范例，是我国地震监测预警技术装备和标准"走出去"的标志性事件。

2022 年 8 月 26 日，国家管网集团与中国地震局签订了战略合作协议，双方将在信息共享、地震监测预警能力建设、地震灾害风险评估和关键技术研究等方面开展深入合作，进一步提升国家油气储运管线的地震安全保障能力。随着我国的防震减灾工作进入担负更高使命的战略阶段，国家重大战略基础设施地震安全保障工作发展趋势主要有以下几个方面：

1. 以理念的转变形成对工作的牵引

一是牢固树立习近平总书记提出的"两个坚持、三个转变"防灾减灾救灾理念，深入贯彻落实习近平总书记关于"要健全风险防范化解机制，坚持从源头上防范化解重大安全风险，真正把问题解决在萌芽之时、成灾之前"[①]。的重要论述精神。针对国家重大战略基础设施地震安全保障的关键领域和薄弱环节，掌握风险隐患底数，做到关口前移、重心下移，加强源头管控。二是坚持底线思维和极限思维，以防范大震巨灾为工作重点。国家重大工程和基础设施均已开展地震安全性评价并按照相应的标准进行抗震设计和建设，但仍可能面临超设计基准地震情景与风险。至2020年，我国已经基本实现抗御6级左右中强地震的目标。保障重大战略基础设施地震安全，应该针对可能超出认识水平的小概率的极端性地震事件，防范极端风险。此外，地震灾害与次生、衍生灾害，灾害耦合以及灾害沿基础设施网络链路传播对国家重大战略基础设施的影响和风险的防范也是需要重点关注的。三是坚持系统思维，把握好国家重大战略基础设施地震安全保障的全生命周期覆盖、全链条技术支撑贯穿的特点。

2. 全面贯彻韧性防御思想，科学制定基础设施抗震韧性目标

2021年我国《十四五规划纲要》和2022年党的二十大报告提出建设"韧性城市"，将城市更新和韧性城乡建设提升为国家战略。韧性理念强调系统在不改变自身基本状况的前提下，对干扰、冲击或不确定性因素的抵抗、吸收、适应和恢复能力。在这一语境下，地震安全保障中的"韧性防御"则是指承灾体在预估地震作用下有效抵御、吸收和适应灾害，并恢复原有功能的能力，近年来受到地震行业的广泛关注，并已成为地震灾害风险防治的核心概念。对国家重大战略基础设施地震安全保障而言，"韧性防御"目标必须考虑设施、系统的功能维持及恢复能力，即结构、设备、功能系统在指定强度地震作用后保持满意的功能状态、产生允许范围之内的经济损失以及在预定期限内恢复功能运行的保障。以韧性防御为目标，针对重大基础设施而研发的消能减震新技术、新材料则将成为关键。

---

① 《习近平在中央政治局第十九次集体学习时强调　充分发挥我国应急管理体系特色和优势　积极推进我国应急管理体系和能力现代化》，《人民日报》2019年12月1日。

例如，汕头海湾隧道在修建中创新性地采用了柔性消能节点特殊结构，该结构基于"连接加强、诱导变形、集中消能、低模隔震记忆恢复"的总体思路，采用C60钢筋混凝土管片，局部连接螺栓由6.8级提高到8.8级，对于地层刚度变化大的部位，设置诱导、消能节点，并采用形状记忆合金构件。该合金具有超弹性，可恢复应变达8%、极限应变达17%甚至更多，震后能够自恢复变形，实现了世界首座地处8度地震烈度区的大直径盾构海底隧道。

（二）国际发展现状和趋势

长期以来，发达国家在基础设施领域始终保持较强的整体实力，基础设施在布局均衡，配套体系完善，监管制度健全等方面处于较为领先的位置。虽然发达国家关于基础设施老化、建设增速缓慢等问题近年来经常会引起人们的关注，但在基础设施地震安全和可靠性方面却始终没有懈怠，美国曾于1996年颁布第13010号总统令《关键基础设施防护》，2013年2月12日，奥巴马签署了第21号总统令《提高关键基础设施的安全性和恢复力》，2021年颁布《国家基础设施保护计划》；2006年，欧洲理事会和欧盟委员会颁布了欧盟COM（2006）786号指令，要求所有成员国将欧洲关键基础设施保护计划的组成部分纳入其国家法规。2017年，澳大利亚政府从保障国家安全的角度出发，宣布成立"关键基础设施中心"。重大战略基础设施地震安全保障问题也成了牵引新技术发展，汇聚新成果转化的创新高地。特别是美国和日本，由于经济实力和特殊的地理位置因素，加之相关研究起步较早，各项相关工作均走在世界前列，主要呈现出以下态势：

基础设施功能在地震后的继续，已在各类设施地震安全保障的目标中有所体现。例如，美国核管理委员会吸收了基于性能的评价思想，于2007年3月正式颁布为管理导则RG 1.208"基于功能的场址相关地震动确定方法"，较早实现了核电抗震设计领域韧性理念的贯彻。日本在电力设施抗震方面，根据1995年阪神地震中的一些启示，对两大类设备均进行了不能出现主要功能故障的抗震性能规定。日本电力公司根据相关需求，将最先进的防灾技术及时应用到新建结构或已有结构的改造加固中。2011年"3·11"地震以后，日本各核电站还广泛开展了地震概率风险分析（SPRA）工作，对核电站未来地震作用下可能存在的安全缺陷进行风险分析，为改进抗震设计，发现和改进极端地震状况下安全保障和应急等方面的缺陷，提供依据。

相对成熟的信息化技术，已经逐渐成为重大基础设施安全监控运维的主要手段。例如，瑞士对于其已有的水库大坝的安全保障的重心主要放在安全监测上，通过3重预警预报系统，规范警报测试，完善硬件设施，确保监测数据的可靠性以及监测设施的耐久性，使安全监测能够指导大坝的安全管理，并成为安全监管的"耳目"。日本的水库运行管理实行管养分离。管理单位人员少，管理规范，管理设施先进、自动化水平高，可实施远程监控与操作。

系统化、全生命周期的技术集成应用，在基础设施的地震安全保障中发挥优势。例如，2010年，巴西联邦议院批准了"国家大坝安全政策"，规定了大坝安全工作应贯穿计划、设计、施工、初次蓄水、初次泄洪、运行、报废、未来运用的各个阶段；美国阿拉斯加输油管线在2002年的德纳里地震中保持完好，经受住了破坏性地震的考验，成为全世界输油气管线的抗震典范，得益于根据早期的地震安全性评价工作，完成了科学合理的抗震设计，并在管线沿线建立了地震监测报警系统。美国土木工程师协会（ASCE）编制输油气管线抗震导则也因此得到了国际认可。

日本新干线地震安全保障工作体现了全链条的特点。第一，根据日本《建筑基准法》提出的抗震设计目标应该保证结构在遭遇超过设计标准的地震时不发生毁灭性破坏。第二，新干线线路于20世纪60年代起，已经完成包括阈值报警和预警系统、UrEDAS系统、新干线早期地震检知系统在内的三代预警处置系统迭代更新。并于2017年扩展了可融合海底地震观测网（S-net和DONET）地震监测数据的方法，目的是更早地发现海上发生的地震，从而大幅延长预警响应时间，减小地震造成的灾害损失。第三，2019年，新干线部署了铁路地震损伤预测信息发布系统（DISER）。该系统可在地震发生后直接调用日本防灾科学技术研究所管理的强震观测网（K-NET）测得的数据，对线路沿线的地震强度和各种基础设施的损伤情况进行预估，并在地震发生10~20分钟后向相关铁路运营企业发布信息，使其能够更有效地进行线路检修。

第二节 战略问题

我国大型清洁能源基地、沿海核电、水库大坝、油气储运管线、电力系统工程以及信息、交通等基础设施总体存量和未来发展潜力都巨大，然而其在国土空间的分布和所面临的地震灾害风险均呈极为复杂的状态。同时，进入新发展阶段，构建新发展格局、推动高质量发展、保障国家安全等职责，均对国家重大战略基础设施地震安全保障提出了更高的要求。因此，从国家重大基础设施的战略作用和防范大震巨灾的思维出发，有必要分析其地震灾害风险，研究提升其抵御地震灾害能力的战略举措。

一、国家重大战略基础设施地震安全保障工作的体系化

地震安全保障是贯穿基础设施规划布局、勘察选址、设计建设、运行维护、灾后恢复等方面的系统性工作。国家重大战略基础设施地震安全保障工作的动态风险评估、隐患排查、风险感知与应急处置等工作需加强衔接，强化全局性、系统性谋划。长期以来，地震部门通过开展地震安全性评价和活断层探测等工作，主要聚焦工程建设场地的地震危险性评价，在重大基础设施的规划设计阶段，为其科学选址和合理确定抗震设防要求提供技术服务。对于已建成重大基础设施，在正常使用阶段中的地震安全中的动态风险评估、隐患排查、运行安全状态监管等环节的工作体系和工作机制则需进一步优化。相关的政策法规、体制机制、业务体系的完善，将为新发展阶段针对重大战略基础设施开展高质量地震安全保障形成支撑。为此，需要进一步健全国家重大战略基础设施地震安全保障的工作体系，特别是对相关的新技术、新业务、新设施的发展进行超前谋划。

二、国家重大战略基础设施地震安全标准的规范化

标准化与规范化是推进国家重大战略基础设施地震安全保障工作高质量发展的重要手段。国家重大战略基础设施涵盖内容丰富，存在多重的跨领域、跨行业现象，地震安全保障的工作体系的完善和健全离不开高水平的标准化与规范化的支撑，相关科学技术的创新发展也离不开标准化工作的引领和互动。随着国家重大战略基础设施地震安全保障工作不断发展，新认知新发现的更新需要对现有标准进行修订完善，新手段、新技术的应用也需要相应标准体系的不断丰富。地震安全保障工作涉及的工作领域包括地震灾害风险调查、隐患排查治理、抗震加固、监测预警以及应急处置方面，相关现行法律法规和制度规范方面虽有涉及，但从地震安全保障的全链条上看，仍然存在衔接不畅等问题，对迫切需要开展的相关工作的约束和规范能力有待完善。《防震减灾条例》《地震安全性评价管理条例》等法律法规中对于新型重大基础设施抗震设防要求和规定也需要随着技术进步和工作的拓展不断修订和迭代。为此，需要从法律法规、规范制度、标准体系等多方面入手完善和提高相关工作的规范化和标准化水平。

三、国家重大战略基础设施风险防控技术系统的智慧化

对于国家重大战略基础设施的地震安全保障问题，"智慧防灾"体现了地震安全保障工作向着现代化发展的时代特征。以信息化、数字化、智能化手段为国家重大战略基础设

施地震安全保障工作赋能增效，是把握时代发展大势的有效举措。推动物联网、数字孪生、人工智能、边缘计算、大数据、云计算等新兴技术在国家重大战略基础设施的地震灾害风险探查、情景构建、风险感知以及智能运维、智慧处置中的深度融合应用，推动地震安全保障信息化建设，将成为全面提升国家重大战略基础设施地震安全保障能力的新范式。近年来，服务于基础设施地震安全问题的地震预警与紧急处置、结构健康监测诊断、地震灾害风险动态评估、地震灾害风险评估与情景构建、城乡抗震韧性评估等技术在向着精细化、精准化以及自动化、智能化的方向不断发展；人工智能、大数据、区块链、云计算等技术与传统产业结合发展也必然推动国家重大战略基础设施地震安全保障工作全面升级。未来需要强化科技创新，从基础研究、关键共性技术、前沿引领技术、现代工程技术、颠覆性技术等方面，着力突破重大战略基础设施地震安全保障"卡脖子"技术难题，将国家重大战略基础设施地震安全保障打造成科技创新高地，引领地震安全保障全面高质量发展，提升地震工程领域科技竞争力。

第三节 战略目标

到 2035 年，国家重大战略基础设施地震安全保障能力整体上得到明显提升，抵御地震灾害风险的能力达到国际先进水平。建立重大基础设施地震安全动态评估机制，建立重大基础设施预警与自动处置系统，通过科学规划、规范建设、事前事中事后监督、抗震加固等措施，确保关键基础设施稳定安全运行。国家重大战略基础设施地震安全的全链条、全生命周期各项工作有效支撑新时期国家现代化基础设施体系建设和新型基础设施大发展，有力服务国家经济社会高质量发展。

——基本摸清国家重大战略基础设施大震巨灾危险源和风险源底数，完成重大基础设施周边区域潜在震源复核及灾害风险普查。完成重大战略基础设施地震灾害风险评估系统平台建设，完成国家重大战略基础设施风险调查数据库和基础设施典型震害数据库。使国家重大战略基础设施的规划选址得到更加科学有效的支撑。

——实施重大战略基础设施地震灾害风险动态监测和感知规划，全面完成重大战略基础设施地震灾害风险评估系统平台建设，重大战略基础设施大震巨灾情景构建技术更精细可靠，提高轻量化结构台阵等技术在重大基础设施的应用率，初步实现对重大基础设施地震灾害风险的动态感知与评估。基本实现重大基础设施实时动态监测和预警全覆盖，全面推广预警与自动处置应用领域。

——地震安全保障的全业务链条韧性理念贯彻更加全面，实施覆盖类型全面的重大基础设施抗震韧性建设专项规划，全面完成重大基础设施隐患排查和抗震加固，有效推广减隔震新技术、新材料的应用。国家重大战略基础设施抗震设计规范更加科学，联合编制抗震设计规范的机制基本建立。实现重大战略基础设施系统性抗震韧性明显提升，当发生7级以上地震时不遭受系统性破坏。

——基本完成覆盖科学规划、规范建设、过程监督、抗震加固等措施的全流程的国家重大战略基础设施地震安全保障业务架构建立和完善。基本建立在国家重大战略基础设施地震安全保障相关领域，跨行业、跨部门联合编制相关规划、制订相关标准、申报重大项目、实施重要工程的合作协调机制。基本建立重大基础设施地震安全联防联控机制、应对地震灾害的应急指挥机制以及地震灾害风险联合会商研判工作机制。

第四节　战略行动

一、重点任务

（一）填补海域地震监测与危险源探查空白

针对未来可能建设的如琼海大桥、渤海湾大桥和台湾海峡大桥等重大基础设施，发展沿海及近海重大工程地震安全保障与风险管控技术，探识海域断层空间属性和断层活动性。针对我国大规模沿海城市群、大体量海岸与近海重大工程和基础设施，研发与区域地震环境相匹配的陆海一体强地震动模拟和预测技术及信息共享平台，以解决陆海交界区域的情景构建、长周期地震动及其参数以及地震烈度速报与预警等问题。研发基于多芯光栅等多手段的近海场地地震响应监测关键技术和重大工程风险评估技术，建立典型海岸与近海工程应对常态、非常态灾害的监测与风险评估系统，研发灾前—灾时—灾后多时空全链条全生命周期海洋工程设计建造和长期运营韧性提升技术，有效增强极端地震、暴风潮、海啸等多种灾害风险防范能力。研发面向性能的重大工程地震与海啸耦合作用风险分析方法，研发滨海重大工程地震安全智慧监测及报警系统，研发地震发生—海啸链生—工程破坏—灾害演化—监测报警的全过程情景构建平台，支撑沿海城市群地震安全保障与风险管控。

（二）完善重大基础设施智慧防灾体系

推进重大基础设施地震预警、地震安全监测、健康诊断、地震反应观测防控等系统建设，推动建立重大建设工程地震灾害风险监控预警和防控系统。组织研发推广重大基础设施地震灾害风险感知和结构损伤监测手段，建设具有较高智能化水平的预警与自动处置系统，对接智慧基础设施的精细化管理模式，主动融入大安全大应急体系，提升实时感知、在线监管、预警处置能力。

发展涵盖场地—基础—结构—功能的地震传动全过程多物理量监测系统。研发深埋基础和地下结构的土-结地震相互作用监测传感器，提升重大工程精细化、经济化、科学化抗震设计方法和建造技术，建立融合微观应力应变和宏观变形的重大基础工程震前—震时—震后的涵盖从灾害发生条件到破坏行为、恢复过程的全链条地震监测系统。

建立"国家重大战略基础设施地震安全保障信息服务一体化平台"，提升地震信息化支撑能力，以信息技术推动国家重大战略基础设施地震安全保障现代化、智能化。

建立重大建设工程地震灾害风险监测预警和防控系统，研发典型工程结构和重大工程实时、智能地震反应观测技术，在川滇等地区建立城市典型工程、重大工程、工程场地观测示范基地，布设分别考虑震源—地壳传播—场地—结构的地震工程观测台阵集群。研究融合国家预警信息与重大工程现地观测信息的重大工程地震紧急处置策略。

建立高山峡谷、盆-山复合区域，极端地震作用下重大能源基础设施地震安全风险感知、预警与智能防控系统平台。研究地震中战略基础设施失效或恢复时间对社会经济运转的重大影响并进行风险评估，提出防、抗、救各阶段的处置对策。研究基于区域地震台网预警信息并融合现地预警方法的重大工程专用地震紧急处置方法，开展重大工程紧急处置示范应用。研发与区域地震环境相匹配的陆海一体强地震动模拟和预测技术及信息共享平台。

二、战略举措

（一）强化风险调查评估

坚持底线思维，针对国家重大战略基础设施，持续推动大震巨灾危险源和风险源探查与评估工作，摸清底数。针对重大战略基础设施地震安全保障需求，提升活断层分布、地震动分布、潜在震源区分布、年度地震危险区、重点防御区分布等基础性服务产品的精细化程度。开展重大基础设施周边区域潜在震源复核，开展重大基础设施地震及次生灾害风险普查，开展地震高风险地区库区上游地震地质灾害危险性的调查，加强新建国家重大战略基础设施地震安全评价。建立覆盖全国的重大工程统一地震风险防控体系，建立常态化、实战化、动态化的地震风险防控机制，形成"专业主导、行业共治"的综合防控大格局，推动基础设施风险普查和震害调查信息化，推动重大战略基础设施地震灾害风险评估系统平台建设，建立国家重大战略基础设施风险调查数据库和基础设施典型震害数据库。

（二）提升规范质量水平

坚持系统观念，在推动国家重大战略基础设施地震安全保障业务体系建设的基础上，不断强化国家重大战略基础设施地震安全保障全流程业务的规范化、标准化建设。

主动掌握国家重大战略基础设施抗震设计规范制订的话语权，建立联合编制抗震设计规范的机制，完善基础设施地震安全规范体系，积极参与新型基础设施抗震设计标准和规范的起草和修订。

丰富地震区划产品，统筹现行地震安全相关法规和标准中存在的不足，强化对巨灾风险的设计，完善包括风力发电设施、太阳能电池板、海底隧道、大型跨海桥梁等的抗震设计，从技术和管理角度推动我国重大基础设施抗震设防标准科学性的提升，提高对设施韧性和功能运行指标、设备抗震性能的考虑。

（三）全面提升抗震能力

提升在役重大基础设施抗震水平，提升我国重大基础设施抗震设防标准，对新建基础设施规划建立严格的地震安全审查制度。地震安全保障的全业务链条贯彻韧性理念，发展国家重大战略基础设施抗震韧性评价方法和韧性提升的新材料、新技术应用。推进重大基础设施抗震鉴定加固工程，开展老旧基础设施及相关配套设备的地震安全隐患排查，细化风险整治判定标准，有效落实川藏铁路等重大基础设施抗震设防措施。在地震灾害风险评估和隐患识别的基础上，综合考虑设施结构、功能类型、隐患水平、技术经济性等因素影响，提出有针对性的国家既有重大战略基础加固措施建议，建立分行业、分类别、分缓急的加固治理清单，编制国家重大战略基础设施加固分布图、推进图。

针对提升重大战略工程抗震韧性以应对重大地震灾害的需求，发展重大战略基础设施抗震韧性评估理论与方法，提出考虑空间变异性的重大基础设施系统抗震可靠度评估方法，建立基于时变可靠度的系统修复策略及性能提升技术；开展典型基础设施的抗震韧性评估与提升技术的应用研究；提出基于监测数据和使用功能的城市建筑损伤的智能诊断和定位技术；研发基于碳纤维、弹性胶泥、复合橡胶的三维隔震装置，实现在典型设施结构的应用和评估,显著提升重大战略基础设施的抗震韧性。

根据未来可能发生的概率小、超常规、超极限的大震假设,推进大震巨灾情景构建技术发展,研究极端地震作用下重大基础设施系统的服役性能退化规律和地震破坏机理,构建充分考虑次生灾害、链式灾害、复合灾害演化过程以及基础设施之间相互依存、分工衔接、功能互补的巨灾情景,提出应对策略。

(四)建立健全体制机制

坚持目标导向,围绕国家重大战略基础设施地震安全保障的业务体系和实际需求,合理确定国家各有关部门功能性分工,发挥行业主管部门在需求凝练、任务实施、成果推广等方面的作用。

建立健全涵盖多层级责任主体、以法制化建设为根本,以国家行政法规具体化行使行政权力、履行行政职责的规定,以地方性法规和政府规章完善部门职能边界的制度体系。

明确重大基础设施地震安全保障工作中各级地方政府的主体责任、地震部门的专业主导作用和行业部门的监督管理责任,加强各部门之间的力量整合和职责衔接,形成全社会齐抓共管的有效合力,优化地震安全保障工作格局。推动跨区域优势资源整合,统筹和引领区域一体化,促进区域地震安全保障协同。

建立和完善以地震灾害风险防治业务为基础支撑,覆盖科学规划、规范建设、过程监督、抗震加固等措施的全流程的国家重大战略基础设施地震安全保障业务架构。

建立在国家重大战略基础设施地震安全保障相关领域,跨行业、跨部门联合编制相关规划、制订相关标准、申报重大项目、实施重要工程的合作协调机制。

建立和完善重大基础设施地震安全联防联控机制,在灾害防御、应急预案、救援力量、救援物资等方面密切对接,加强对震后抢险工作的全过程管理和力量资源的优化管理,形成统一应对地震灾害的应急指挥机制。构建风险联合会商研判工作机制,及时共享风险隐患信息,强化协同处置,形成统分结合、防救协同的应急管理效能。全面加强应急队伍、指挥平台、物资保障和信息化支撑等应急能力建设。

(五)凝练重大科技项目

加强科研院校合作,针对国家重大战略基础设施地震安全保障领域目前存在的技术短板和未来可能的突破提出关键技术问题,凝练科学问题和重点工程项目,联合开展科研攻关。

把握国家重大战略基础设施地震安全保障问题与"透明地壳""解剖地震""韧性城

乡""智慧服务"四项计划的结合点。推动物联网、数字孪生、人工智能、边缘计算、大数据、云计算等新型信息技术在国家重大战略基础设施的地震灾害风险探查、风险感知以及智能运维、智慧服务中的深度应用。

组织建立国家重大战略基础设施地震安全保障战略研究平台。以课题研究为契机，统筹课题成员单位，组建具有区域和专业特色的战略研究实体，发展研究中心建立专家库，统筹系统内外专家、智库等研究资源，初步形成"小实体、大网络"研究平台和管理机制，提升战略政策研究水平。

第七章　地震科技创新和人才资源开发战略

科技创新和人才资源开发是地震部门深入实施科教兴国战略、人才强国战略和创新驱动发展战略的体现,是实施防震减灾事业发展"探识地震、感知风险、韧性防御、智慧服务、综合治理"战略思路的重要支撑,也是防震减灾事业"2+2"布局的重要组成部分。按照"四句话、四十九个字"战略举措的要求,不断深化对地震发生规律和致灾机理的认识,持续突破防震减灾关键技术,创新地震科技,推动现代化建设。

第一节　战略背景

重大地震灾害风险一直是全球经济社会和环境可持续发展的重大威胁之一。近年来,世界各国以减灾需求为导向,持续推动地震科技发展,在地震发生机理与致灾机理、地震监测预测预警技术、地震危险性分析与灾害风险防范技术、地震应急与处置技术等方面取得了一系列重要进展。同时,也针对存在的问题,通过多学科交叉融合、大数据和高新技术的应用等,推进地震科技的创新发展。

一、地震科技发展现状

(一)国内地震科技发展现状

1. 地震科技创新能力显著提升

随着国家一系列重大科技计划项目的实施,特别是重大自然灾害监测预警与防范专项、重大自然灾害与公共安全专项、中国大陆活动构造探察、中国地震科学台阵探测、中国大陆地球物理场观测、国家地震科技创新工程等重大探测和研究项目的实施,深化了对中国大陆地震构造背景和动力学环境的认识,完善了作为地震中长期预测和危险性分析重要基础的活动地块理论,形成了具有我国地域特色的若干优势领域。在青藏高原东北缘新构造变形过程与动力学机制、基于性态的抗震理论与技术、断层亚失稳、地震破裂相图、人工智能地震监测预测技术系统、深井仪器研发和观测等方面取得了一批具有原创性和学术界有重要影响的研究成果。面向多尺度、多物理场、复杂三维地球介质的计算地震学方法、技术得到了快速发展。地震电磁监测卫星"张衡一号"成功发射，新型地震监测仪器、高分遥感地震观测技术研发取得重要进展。

2. 地震科技支撑服务能力显著增强

地震参数自动速报进入国际先进水平，中长期地震预测水平显著提升。国家地震预警网在四川、云南、京津冀和福建地区实现示范运行，高速铁路等重大基础设施地震预警及紧急处置技术达到国际先进水平。第五代地震动参数区划图、活断层探测和地震安全性评价广泛应用于国土空间开发规划及国家重大工程选址，减隔震技术广泛应用于重大工程和重要基础设施。地震应急产品产出、灾情快速获取、应急评估与决策技术在地震应急处置中发挥了重要作用。

3. 地震科技创新体系建设成效显著

中国地震局发挥行业牵头作用，积极推动国家地震科技创新体系建设，逐步形成了以国家级科研机构和高等院校为主体，业务中心、省级地震机构、新型研发机构、区域研究所、相关企业共同组成的地震科技创新体系，在承担"十三五""十四五"国家重点研发计划专项和中国地震科学实验场等重大任务中发挥了重要作用。与此同时，搭建了以国家和部门重点实验室、国家野外科学观测研究站、国家地震科学数据中心为主体的地震科技基础条件平台，为地震科技创新发展提供了保障条件。

4. 地震科技国际合作深入开展

我国地震科技合作走在国家科技合作的前列，先后与全球80个国家、13个国际组织建立了科技合作关系，在"一带一路"合作中先后与41个沿线国家建立合作关系，并与其中22个国家签署双边合作协议。地震系统研究机构依托国家国际科技合作基地，不断创新合作方式、开拓合作领域，在提升我国地震科技水平、培养优秀科技人才等方面发挥了重要作用。

（二）国外地震科技发展现状

1. 地震构造探测与危险源识别领域

美国、日本等国对地震构造定量化精细化研究、大震危险源精确识别及危险程度分析方面处于国际前列，在20世纪创新发展了活动构造定量研究和深部构造综合探测技术，并通过一系列大科学计划完成了其主要活动构造和大陆尺度的壳幔精细结构探测研究。近年来，融合地质学、年代学和形变测量的高精度地震构造分析方法及深部构造联合探测技术得到快速发展，建立了精细化地震构造模型并分析其危险性。以美国为例，2015年以来在南加州地区开展的SSIP探测计划重新构建了区域三维地壳精细结构和断裂模型，建立地震波全波形反演、地震波与重磁等联合反演构建多地球物理参数模型。南加州地震中心建立的三维断层模型正逐步由公共模型向速度等物性参数与断裂耦合的高精度统一模型发展。

2. 地震监测预警技术领域

美国、日本等地震科技强国总体引领地震监测预警科技前沿方向。美国建有全球—国家—区域—城市—近海预警等多尺度多对象监测网络体系，并不断研发和更新监测处理系统、丰富地震灾害态势感知服务产品；ShakeAlert等技术系统已发挥实际效益，MyShake、QCN等基于众包（crowdsourcing）概念的监测预警技术正在快速发展。日本整合"陆地—海洋综合地震海啸火山观测网络"（MOWLAS），实现对东部俯冲带大地震的提前20分钟的海啸预警和提前约30秒的地震预警。利用分布式光纤声波传感技术（DAS）、海底光缆等开展地震观测的技术快速发展，全球正在快速进入智能监测预警技术发展时代。

3. 地震机理与预测研究领域

基于断层粘滑理论的地震机制研究取得显著进展，摩擦速率-状态本构关系广泛应用于地震成核条件分析、断层滑动模式与相互作用研究、地震破裂理论模型研究，多尺度室内实验、野外观测、数值模拟相结合研究地震物理过程取得显著进展。地震可预测属性和可预测的地震类型得到初步认识，地震物理预测模型和数值预测模型得到发展。例如，美国在对加州地区活动断层开展系统研究的基础上，率先建立了加州地震破裂预测系统，目前该系统已发展到第三版模型，其中以包含350多条活断层的模型为基础，给出了变形模型、地震发生速率模型和概率模型，同时给出了基于物理概念的模拟模型。

4. 地震致灾机理与灾害风险防范技术领域

地震动是地震致灾最重要的因素之一，近年来国际上基于地震物理模型的地震动模拟技术发展迅速，发展了多种考虑震源过程、复杂场地结构与断层相互影响的强地面运动模拟技术。地震区划与危险性分析技术持续发展，美国等已采用融合多种震源、宽频带、多概率等的地震动区划技术。目前国际上提出了"风险导向地震动"概念和"一致风险"抗震设计方法，并积极研究"风险导向"地震动参数区划图。美国、日本等率先研发针对城市复杂系统的地震灾害情景构建技术，发展基于物理规律、数字孪生与数据驱动的地震灾害情景多尺度模拟技术，并投入大量资源研发情景构建软件系统。基于抗震韧性概念开展了工程系统破坏机理研究，如基于电力系统、供水系统等的功能开展抗震评价；在工程系统地震安全检测与健康诊断技术方面，研发基于机器视觉和光纤的监测手段、无损探测技术和无人探测技术等。

5. 地震应急与处置技术领域

美国、日本和欧洲总体引领地震应急和响应领域的发展。美国联邦紧急事务管理局等机构建立了包括卫星、无人机、气球在内的联合观测平台，研发了包含 PAGER、HAZUS、ShakeMap 和 DYFI 等灾害快速评估和灾情获取系统，可在震后 3~5 分钟给出烈度信息，在短时间内对灾害损失进行评估；美国 USGS 可在震后准实时产出千米尺度的地震地质灾害危险性评估结果。日本建立了面向地震应急的从中央到地方的快速联络通信网，构建了 DIS、RAS 等地震灾害应急系统，能够快速地提供灾情调查、烈度图速报等信息。欧洲基于光学、Lidar、SAR 等多源观测手段，实现地震灾害监测和动态灾情分析。

二、地震科技人才支撑现状

（一）国内科技人才发展现状

中国地震局紧密围绕经济社会发展对防震减灾人才的需要，在充分发挥防震减灾人才效能，激发人才活力方面改革创新，确立了防震减灾人才优先发展地位，不断优化人才发展环境，持续创新人才发展体制机制，在打造创新型防震减灾人才队伍、增强防震减灾人才对经济社会发展的服务保障作用等方面成效显著。中国地震局所属研究所、高校、业务中心、省级地震局及新型研发机构等拥有地震专业技术人员近 8000 人，队伍规模总体稳定，高学历科技人才比例逐年增加。中科院和高校系统，地矿、能源、水利水电、住建、交通等行业都有从事地震科技研究的机构和人员，特别是近年来国内从事地震科技研发的高校数量大幅增加，地震系统以外的百余所高校、研究所也成为地震科技人才队伍的重要聚集区。因此从国家层面来看，地震科技队伍规模增加，实力显著提升，并形成了一支具有国际影响力的高水平科学家队伍。

（二）国际科技人才发展现状

世界发达国家和多震国家都建有地震科技队伍，主要分布在各国政府设立的灾害应对处置部门、高校、研究所（中心）、数据中心（信息中心）、国家实验室以及相关的学会、协会等组织中。据不完全统计，从美国、日本、加拿大、英国、德国、法国、俄罗斯、意大利、澳大利亚等20多个地震科技水平较发达国家看，设立了100多个有关地震的专门机构、组织。

由于世界各国的国情、国力、外部安全环境、社会发展情况不同，决定了不同国家的地震科技工作体制机制、地震灾害综合管理体制、地震的应急处置机构和科技人才队伍建设都各具特色，特别是日本、美国、俄罗斯等国家都围绕地震监测预报、灾害防御和应急救援等开展了各方面的探索与创新，创造了很多有效的科学研究方法、科学管理体制等。美国的防震减灾工作体制具有综合管理、整合调度、属地为主、分级负责、社会参与、专业救援、数字运行等特点。美国的气象、交通、地质调查以及多所高校等专门设立涉及地震的工作机构，建立专门科技人才队伍，开展地震监测预报、地震抗震设防、地震灾害信息网络集成、地震紧急救援、地震技术等方面的研究。日本的地震研究机构包括相关国立研究机构（日本地质调查所、防灾科学研究所等）及高校的地震研究机构（东京大学地震研究所等）。地震管理机构为日本国土交通省气象厅地震火山部，其下设置了地震海啸监测科和地震预测情报科两个科所，对地震进行监测并负责发布地震预报信息。俄罗斯地震科技力量分布在科学院和高校，有多个著名地震研究机构，其防震减灾机构设置体系健全，俄罗斯联邦民防、应急和减灾部（特别情况部）由人口与领土保护司、灾难预防司、部队司、国际合作司、放射物及其他灾害救助司、科学与技术和管理司等部门组成，下属8个地区中心和镇以上的民防和应急司令部，莫斯科和每个地区、州设有指挥控制中心。

三、地震科技发展趋势

1. 重大科学研究计划引领地震科技创新发展

2006年实施的国际地震可预测性合作研究计划完成首个10年研究周期，在地震可预测属性和分布式对比实验上取得重要认识，目前正在实施第二个10年计划。针对俯冲带大地震灾害风险防范和驱动地球演化问题，美国国家科学基金会2018年开始实施《俯冲带四维研究计划》。2019年国际地质科学联合会推出"深时数字地球"国际大科学计划，创建多学科、多维度地球科学数据的"数字地球"平台，开展地球演化过程研究。其中设立了地震科学工作组，总结全球大地震，并开始建立地震知识体系和地震科学数据库。

2. 学科交叉和地球系统科学促进地震科技发展

注重相关学科的交叉和新技术融合是当代科学技术的基本特征。2011年美国自然科学基金会启动"地球立方"计划，加速知识的融汇过程，构建面向复杂问题的分析框架，充分整合利用新技术。美国国家科学基金会2012年发布的《地球科学新研究机遇》战略研究报告中，明确提出地球系统的动态基本特征研究对减轻自然灾害风险至关重要，并将早期地球、气候—地表过程—构造和深层地球之间的相互作用、生命—环境与气候的共同演化等多学科和多圈层的交叉问题，列入未来十年地球科学研究优先主题。2019年由美国白宫管理和预算办公室、科学与技术政策办公室发布的《2021财年政府研发预算优先事项备忘录》提出的5个高优先级研发预算优先事项中，就包括"地球系统可预报性"。这一研究趋势强调需要考虑地球过去的历史和演化过程的可预测性，需要从地表地形等不同圈层的动态变化和相互作用，人类活动的影响以及地球对人类活动的反馈等系统性科学角度研究包括地震灾害在内的自然灾害问题。

3. 大数据和人工智能技术助推地震科技发展

美国、日本、德国等发达国家高度重视人工智能在地震领域的应用。美国地质调查局建立了人工智能智库平台，开展大地震人工智能基础方法和基于中长期概率预测的地震短临预测研究。美国国家地震信息中心提出以深度学习和大数据为主导的监测预测预警技术，构建现代防震减灾技术体系。美国谷歌公司所属DeepMind实验室已经在人工智能中期天气预报领域实现了对学术界和行业部门的超越，并在快速推进人工智能地震预测研究。美国洛斯阿拉莫斯国家实验室近年来全面采用人工智能技术进行岩石物理实验产生的地震资料处理。美国国家科学院、工程院和医学院2019年联合发布的《通过数据、建模和仿真增强城市发展的可持续性》研究报告中，提出利用多源大数据和新型建模技术模拟城市关键基础设施灾害响应、构建灾后快速恢复的韧性城市等关键问题。充分融合物联网、大数据和智能计算应用技术，基于对地震发生和致灾机理的深入研究，针对地震灾害事件孕育发生全过程，研发智能化、高精度和高稳定性的监测预警关键技术，发展高时空分辨率、基于物理和数值预测模型的地震预测技术，发展高准确性、精细化地震灾害风险防范与应急处置技术，构建现代防震减灾技术体系是未来一段时间的发展方向。日本将智能化信息化减灾作为重要的社会发展情景，建立综合灾害应对的大数据系统。日本气象厅通过人工智能地震监测研究，持续改进现有地震预警系统。德国地学研究中心计划在

2021—2027年间通过人工智能方法推进地震的长期预测和短期预测。大数据和人工智能正在成为助推全球地震科技快速发展的关键技术。

4. 国家重大基础设施和大城市防灾技术是重中之重

国家重大基础设施是城乡的生命线系统、城市是现代化国家的经济发展的主体，一旦破坏将造成巨大的直接和间接损失，破坏产业链和经济的生态系统。在美国国家研究委员会2011年编制发布的《地震工程研究中的重大挑战》报告中，凝练了国家减轻地震灾害计划在未来十年的13个重大科学挑战，其中的建（构）筑物国家清单的编制、基础设施脆弱性的风险评估等多个问题均与国家重大基础设施的地震灾害韧弹性相关。美国在《2018年国家备灾计划报告》中，将"基础设施系统"继续列为国家备灾的5大核心能力之一，并作为国家备灾评估、建设和不断改进的重点领域。2017年美国地质调查局发布的国家现代地震监测系统未来10年投资建设规划中，明确包括加强城市地区关键设施与生命线工程的强震动台网建设，以及对城市高层建筑和燃气管网等强震监测等内容。

第二节　战略问题

一、地震科技的高水平自立自强

实现地震科技高水平自立自强是建设地震科技强国的必然要求。虽然我国地震科技已在一些领域形成特色和优势，但与国际先进水平相比总体尚处于并跑和跟跑阶段，在一些领域仍存在明显的短板和弱项。在基础研究领域前沿原创少，对地震发生和成灾机理的认识依然有限，特别是尚未形成针对我国主要地震类型——大陆地震研究的理论体系；在应用研究领域涉及地震监测预测预警、灾害风险防范和应急处置的一些关键技术尚未突破，观测技术装备产业化水平较低，科技成果转化率不高。因此，补短板强弱项，构建针对大陆地震的理论和技术体系，在主要学科和技术领域全面赶超国际先进水平，实现地震科技高水平自立自强是我国地震科技发展至关重要的战略任务。

二、大震巨灾风险防范的关键技术

我国地震科技的水平尚难以完全满足国家经济社会发展和重大战略的地震安全需求，其实质是地震科技的一些关键科技问题尚未取得突破。从国家防震减灾战略需求出发，特别是从回答大地震会在哪里发生,如何防范出发,未来一段时间我国地震科技需要重点攻关下述关键地震科技问题。

1. 大陆不同类型大震危险源识别与危险性分析技术

准确识别大震震源位置并分析其危险程度是回答大地震会在哪里发生的关键所在。为此,需要针对不同类型大地震,依托地震地质调查、地表大地测量和深部地球物理探测,揭示大震孕育发生的环境条件和力学机制,分析典型活动断裂带几何结构、活动习性与大震震源特征;发展大震震源识别技术及危险性评估技术,研发面向分类对象的新一代地震区划技术和方案,为确定大震发生地点、危险程度判定及灾害预防提供科技支撑。探索发展基于数据驱动的新型地震科技人工智能理论和方法,监测断层带变形状态,为构建高精度地震危险性模型提供动态信息;基于地震复发模型、物理约束的断层模型和地震动数值模拟模型,建立更精细、更准确的地震活动性模型和地震动模型,以精准描绘地震发生的位置、频度及地震动影响场。

2. 大震孕育发生过程动态监测与预测

对地震重点危险区和大震危险源开展动态监测和不同时间尺度的预测,是回答大地震会在哪里发生不可缺少的技术条件。为此,需要针对地震孕育和发生的物理过程,研发适应非常规观测环境的新型传感技术,发展地震孕育过程的前沿观测技术和数据挖掘技术,支撑地震孕育环境和过程的多时空尺度监测,提升地震孕震区观测能力。针对强震危险区的时变地球物理场监测与预测问题,需要研发面向海量数据的多场耦合信号提取和前兆异常识别技术,开展大震孕育发生和震后过程的物理效应研究,揭示多场耦合以及地震异常成因与演化规律;在强震危险区段,开展高精度地球物理和地球化学连续观测、获取短临尺度高信噪比异常信息,开展基于地震动力学和亚失稳模型的数值模拟,建立强震短临预测模型。为突破大震巨灾风险防范关键科技问题,需要研发基于物理模型的时间相依的中长期强震概率预测技术,开展针对重点监视防御区强震机理与预测技术研究,探索地震孕育发生过程不同阶段的物理效应,揭示震间、震前、同震和震后形变演化特征和机理,提升强震发生紧迫程度和震级预测水平,建立强震短临预测模型并开展大震紧迫程度预测实践与应用示范。还需要发挥人工智能前沿技术的能力,研发基于数据驱动的人工智能地震监测预测大模型技术。鉴于大模型技术对数据集和算力的巨大需求,需要建设人工智能地震监测预测标准化数据集;整合优势算力资源,搭建大模型深度学习框架,构建人工智能地震监测预测大模型基础训练平台,研发面向地震监测预测领域的人工智能大模型核心技术,建立大震危险源动态监测、识别方法和短临模型,开展系统平台在重点地震危险区的示范应用,提高中小地震监测的完备性与可靠性、大地震监测的准确性与时效性,为提升强震预测准确率提供技术支撑。

3. 大震灾害风险评估与防范技术

在确定重点危险区和大震危险源及其危险性预测的基础上,开展大震灾害风险精准评估并发展有效的防范技术,是回答"如何防"的关键所在。为此,需要重点针对大城市和城市群、重大基础设施可能遭遇重特大地震的情形,开展面向地震灾害风险评估的多尺度、宽频带、多概率地震区划新技术研究,基于记录稀疏区域城市大震的地震动场模拟与预测技术,阐释城市群工程及系统强地震破坏机理;考虑建筑群、生命线等工程系统的地震破坏相互作用机制及其对社会、经济的影响,建立灾害风险评估与情景构建技术体系,研发重大基础设施地震安全风险感知与智能防控技术;通过融合多源信息,建立地震灾情实时感知、动态评估和应急处置技术;融合不同尺度地震灾害动态风险分析方法与精细化情景构建技术,建立面向城市更新与重大基础设施长期安全服役的震害风险防治技术。提升城市和城市群及重大基础设施震前抗震能力、震后应急处置和功能快速恢复能力。

4. 海域大震震源识别与灾害风险防范技术

随着我国沿海地区经济和近海海洋工程的快速发展,海域地震可能引发的灾害风险持续加大。但我国海域地震研究基础薄弱,需要开展全方位的研究。研发近海活动断裂带探测与大震震源识别关键技术,揭示渤海、东南沿海、南海等近海深大断裂活动习性与大震活动模式并识别大地震危险源;开展陆海一体化地震监测预警关键技术和装备研发,提升海域地震监测预测预警能力;发展陆海一体地震动模拟与预测关键技术,研发沿海城市群及近海重大工程地震安全保障与风险管控技术,提升大震灾害风险评估与防范能力。

三、地震科技人才队伍建设机制的优化

面对新时期防震减灾事业高质量发展的新形势新任务,地震科技人才队伍建设还存在一些突出的短板和不足。一方面,中国地震局虽拥有一支规模可观的地震科技人才队伍,承担着国家地震科技的主体任务,但近年来面临着战略科学家和领军科学家缺乏、优秀青年人才不足的困境,重大工程项目、重点任务计划实施中缺乏有影响的学术带头人和首席专家等,人才断档问题较为突出。同时,地震科技人才分布不均衡,特别是西部多震省份地震监测预报预警、震害防御、科技创新、公共服务等领域的人才分布与事业发展需求极

不适应。另一方面，高校、中科院等系统在地震科技领域拥有一批优秀领军和青年人才，但他们主要从事地震科技基础研究，与防震减灾主体业务的关联不够紧密。相关行业部门的地震科技力量主要从事与本部门业务工作相关的地震科技工作，同样与防震减灾主体业务的关联较少。据不完全统计，目前地震系统外从事地震科技研发的人员总数已远超过地震系统的科技力量。因此，如何凝聚全国地震科技人员的力量，协同攻关地震科技关键问题，支撑服务国家防震减灾需求，是我国地震科技发展面临的重要战略问题。此外，地震系统科技人才发展体制机制改革有待继续推进和深化，事业单位尚未建立高效的运行机制和管理体制，地震科技创新发展活力不足；地震科技人才的分类评价机制还不健全，事业单位全员岗位聘任、能上能下机制尚未取得明显成效，绩效工资分配制度不完善，地震科技人才队伍干事创业的活力有待激发。

第三节 战略目标

到2035年，智能化地震监测预警技术及地震信息服务技术进入国际先进行列，基于活动构造和岩石圈精细结构公共模型、强震孕育物理模型的地震数值预测技术体系基本完善，基于地震灾害情景构建、重大工程风险防控、抗震韧性理论与技术的灾害风险防范技术体系形成并广泛应用，高效精准的地震应急响应和处置技术体系形成并业务化，在大陆地震机理与预测技术、城市和重大工程地震灾害风险防范理论与技术等领域处于国际领先，建成技术先进、特色突出的地震科技创新平台，形成一支国际一流的地震科技人才队伍并在国际学术界发挥引领作用，我国步入世界地震科技强国之列。

第四节 战略行动

一、战略任务

（一）组织实施重大科技项目

面向国家防震减灾重大需求，重点围绕当前需要解决且具有优势的基础理论和技术领域，集中优势地震科技力量，组织实施重大科技项目开展攻关，带动关键科技问题的突破。

1. 实施华北强震机理与风险防范科学研究计划

华北地区大城市众多、人口密集、高新产业及国家重大基础设施集中，大震灾害风险日益增加。而华北地区由于巨厚沉积分布，地震构造和大震危险源辨识分布尚未明晰，严重制约防震减灾能力的提升。为此，拟通过后克拉通破坏时期华北地区的构造演化、华北地区现今动力过程与强震孕育发生机理、华北地区强震成灾效应与风险防范技术等三方面的研究，分析华北强震构造形成演化机制，刻画孕震环境，评估地震危险性；突破区域孕震环境复杂、沉积层深厚、场地特征差异显著的制约，开展综合三维地震构造建模，研发强地震动时空分布场构建方法，开展城市群大震巨灾情景构建，系统研究华北地区强震孕育发生机理、大震巨灾风险与大城市及城市群抗震韧性问题。

2. 实施大震危险源识别与灾害风险评估及防范技术研发专项

重点针对中国大陆地震构造与大震孕育环境探测研究不足、大震危险源识别与危险程度判定不精确、大震危险源动态监测与预测技术水平有限、城市大震灾害风险评估精准度不高及防范技术有效性不足、海域地震灾害研究薄弱等问题开展攻关研究，为准确识别中国大陆及滨海海域大震危险源并分析其危险程度、提高地震重点防御区和危险区动态监测与预测水平、完善大城市地震灾害情景构建与风险防范技术体系、提升大震预警与灾情实时获取的时效性和准确性等，提供坚实的科技支撑。

（二）建设中国地震科学实验场

加快建设中国地震科学实验场，尽快形成集野外观测、数值模拟、科学验证及科技成果转化应用为一体的世界一流的地震科学实验场。积极推进中国地震科学实验场二期——华北实验场和新疆实验场建设，形成涵盖中国大陆不同类型地震构造环境的地震科学实验场，为构建大陆地震研究体系、创新发展地震科技、支撑引领防震减灾提供先进平台。

1. 加快建设中国地震科学实验场

加快建设沿活动地块边界带"一带五区"布设的多学科多手段地震科学观测实验系统，形成对区域地震孕育、发生过程的全链条实时监测平台；加快建设地震科学基础条件平台，形成室内实验、数值预测与野外观测"一内一外"相互验证的研究体系；建设地震链生灾害模拟仿真平台，形成依托全场景物理模拟和全过程数值模拟的灾害链模拟研究系统。组织实施中国地震科学实验场——川滇实验场重点研发专项，基于川滇实验场高密度高精度多手段地震科学观测体系，围绕实验场区特大地震强震孕育发生的构造环境及动力过程、强震前兆识别与短临预测技术、强震成灾机理与城市和重大工程的地震安全等关键科技问题开展攻关研究，揭示大陆型强震孕震体介质结构和空间分布特征，探索孕震过程与应力应变的关系；识别地震前兆时空演化特征，揭示地震成核过程物理化学机制；把握工程结构动力响应和失稳破坏特征，阐释地震致灾机理；破解灾害链孕灾致灾机制，发展监测预警技术；揭示诱发/触发地震发震机制，探索其可控性。

2. 推进中国地震科学实验场（二期）——华北和新疆实验场建设

启动华北和新疆实验场的预研，推进实验场基础设施建设。华北地震科学实验场聚焦深厚沉积层大震危险源探查识别等重大科学问题，城市群强震韧性和风险防控等关键技术研发，为我国东部城市群地震安全建设国际领先的科技创新平台。新疆地震科学实验场聚焦陆内俯冲造山带变形机制与大地震孕育发生机理等关键科学问题、重大基础设施地震灾害感知与抗震韧性机理及风险防范等关键技术，建立关键交通基础设施、长大重要管线、关键通信设施地震安全和功能状态监测体系与数字孪生系统，研发"一带一路"关键节点的城市地震致灾机理与抗震韧性提升技术，为大陆地震强震机理的理论创新和重大基础设施地震安全实践搭建国际领先的科技创新平台。

（三）建设地震科技创新平台

1. 按照"一室一场一中心一基地"的总体思路建设地震科技创新平台

以中国地震科学实验场为主要基地，以全国重点实验室、行业重点实验室为科技攻关单元，以国家科学野外观测研究站、国家地震科学数据中心、地震科学国际数据中心为科技支撑单元，以工程中心、高新企业以及技术研发中心和产业研究院等新型研发机构为产学研创单元，建设产学研密切结合的全链条创新平台。形成国际地震科学研究、合作交流、人才集聚的创新高地，推进地震科技关键问题的突破和科技成果的有效转化，引领和支撑防震减灾事业发展。

2. 重组地震动力学国家重点实验室

全国重点实验室是国家科技创新的战略力量。在优化整合现有科研力量的基础上，汇聚地震系统及相关高等院校优势科技团队，组建地震动力学与强震预测全国重点实验室，进一步提升实验室研究队伍的实力和水平，拓展实验室研究方向，强化实验室基础设施建设，完善实验室运行机制，充分发挥国家重点实验室在地震科技创新、优秀人才培养、国内外合作交流中的带头作用。重点发展地震动力学理论与强震预测关键技术，针对地震灾害事件孕育发生全过程，瞄准地震发生机理与强震预测、地震致灾机理与灾害预测等重大科学技术问题，持续开展地震科学基础理论和方法创新，聚焦地震构造环境与强震活动习性、地震孕育发生过程与物理效应、地震发生机理与强震预测及地震致灾机理与灾害预测等四大研究方向，发展地震预测和灾害风险防范技术。实现地震科技国际引领，有效支撑国家防震减灾事业。

3. 完善地震行业重点实验室布局

地震行业重点实验室是地震科技创新体系的重要平台，在学科和领域创新中发挥着带头作用。在持续加强现有中国地震局重点实验室的基础上，面向国家需求和地震科技前沿，进一步完善地震行业实验室布局，形成全面覆盖地震科技主要学科和技术领域的实验室体系，同时明确实验室的科技主攻方向，提升研究队伍的实力，改善实验室科研条件，充分发挥实验室在地震科技创新和基础条件平台建设中的核心作用。吸收地震行业外优秀地震科技团队加入地震科技重点实验室行列，推进与行业外科研院所、高校合建重点实验室。

4. 加强国家野外科学观测研究站建设

国家野外科学观测研究站是国家研究试验基地的有机组成部分，也是国家科技基础条件平台建设和科技创新体系的重要内容。地震科技领域目前已拥有10个国家野外科学观测研究站，应继续推动省地震局与高校和科研机构合作，积极创造条件，推动更多台站进入国家野外科学观测研究站行列。同时，按照国家野外科学观测研究站的科学定位，统筹规划野外站的发展方向，加强野外站研究队伍和观测研究条件建设，面向地震科技前沿问题和国家重大需求，开展长期稳定连续观测、试验研究、标准编制和科技示范，协同推进相关国家重大科技任务实施，发挥其在人才培养、科研成果推广、开放共享与服务、知识传播与科学普及等方面的引领示范作用。同时加强中国地震局所属野外科学观测研究站的建设。

5. 加强地震科学国际数据中心建设

在加强国家地震科学数据中心建设的基础上，对标国际地球科学研究前沿，汇聚地震行业和全球优质数据资源，优化健全数据标准体系。推动地球科学数据深度挖掘和融合应用，面向全球科学家、科研人员、中资机构提供标准化、可追踪的高效数据应用服务，持续提升我国地震科学数据服务能力和共享水平。培育基于大数据、人工智能、数据可视化等多源异构数据应用开发能力和产品规划与加工能力。建成布局合理、技术先进、功能齐全的发展格局产学研一体化数据平台，形成人才智慧集聚、服务产品多态的地球科学数据生态环境，建设国际知名的地震科学数据中心、我国地震科学领域的重要科技基础设施高地。

6. 发展新型研发基地和科技型企业

加速构建科技成果转化新模式和机制体制，建立新型研发基地等多种形式的科技型企业，着力解决科技成果转化过程中的难点问题，拓展科技成果转化渠道，探索在企业体制下开展技术研发、市场推广创新和事业破局，在体制机制、财务政策、绩效评价、知识产权管理、固定资产管理等方面进行尝试和实践，激发科技成果转化、市场化应用的主动性，营造良好的科技创新、科技创业氛围，打通"最后一公里"，形成服务地震行业和政府社会的地震科技成果转化平台，提升科技创新、成果转化和防震减灾公共服务能力，开创科技成果转化新局面。

（四）实施地震科技人才发展计划

1. 推动地震科技人才一体化发展

建立并完善地震科技人才共建共享的开放合作机制，促进地震科技创新与地震科技人才队伍的一体化协同发展，形成支撑新时期防震减灾事业高质量发展的巨大合力。一是推动学科交叉融合，在地震系统外遴选认定一批跨省市、跨系统、跨领域、跨学科的地震科技创新平台，汇聚全国各行业领域、高校和科研机构的优质地震科技创新资源。二是打通地震系统与部委、高校、企业等防震减灾人才的交流合作通道，通过地震科技人才项目等渠道，在地震系统外科研院所遴选一批优秀地震科技创新人才、创新团队，站在国家角度着力培养并造就地震科技战略科学家、首席专家、领军人才等，打造适应新时期防震减灾事业发展需要、具有国家领先水平的高层次专业化地震人才队伍。

2. 推动地震科技人才协调有序发展

以地震科技人才发展体制机制改革为主要突破口，在深化人才分类评价机制改革、加快构建以创新价值、能力、贡献为导向的地震科技人才评价体系的基础上，考虑不同科研业务工作属性及特点分领域、分学科构建人才发展规划和建设计划。依托国家重大工程、重大项目，稳步有序实施不同学科、不同技术领域领军、骨干等各类人才的培养和遴选，培养适应新时期防震减灾事业发展需要的高水平地震科技人才；针对科研院所、业务中心、省局等不同性质的机构，引进培养不同类型的科技人才，建设富有活力和竞争力的地震科技人才队伍。

3. 创新地震科技人才和团队的培养模式

完善和落实地震科技项目立项"揭榜挂帅""赛马"等机制，最大限度发挥地震科技人才创新积极性和主动性，依托重大科技创新平台、重大科技任务的实施，着力培养高水平地震科技创新人才，在关键科技攻关实践中培养一批具有国际水平的战略科技人才、科技领军人才。支持重点领域科技创新团队发展，促进团队逐步形成技术能力和国际竞争力，在前瞻性基础研究和战略高技术领域形成自有能力，打造一流的地震科技创新团队。

二、战略措施

（一）建立资源调配和重大项目协调立项机制

坚持科技优先发展战略，围绕地震科技发展的国家使命、战略方向和优先领域，优化资源配置，确保科技资源优先用于关键技术领域研发、重大科学问题探索，优先用于有利于形成高质量自立自强科技能力的建设，优先用于重点任务落实的资源保障。健全政府、社会、企业等多元投入和稳定投入机制。深化地震行业与相关部门、科研机构、高等院校、学术团体、地方和企业间的合作，建立共同申请、共同实施国家重大地震科技项目的协调机制，保障地震科技发展得到持续稳定支持。

（二）建立人才共建共享机制

从国家地震科技发展的高度，发挥地震行业的牵头协调作用，创新人才机制，联合地震人才相对集中的行业和科研机构、高校等，建立人才共建共享机制，包括共同申请国家重大项目、共建地震科技重点实验室和科技创新团队等，实现不求所有、但求所用的人才共享目标，形成地震科技创新的合力。推进地震行业内部人才机制改革，实现不同性质单位人才队伍建设、不同类型科技人才使用的协调发展。

（三）建设有利于科技创新和人才成长的良好环境

积极创造科技创新良好环境，构建科技评价机制、资源配置方式、创新文化引领的科技创新生态，服务国家战略需要和防震减灾事业发展，全面保障地震科技创新的快速和可持续发展。尊重科技发展规律，优化科技评价机制。持续推进"放管服"改革，破除阻碍科技创新的体制机制障碍。深入推进科技成果的评价制度改革，围绕"四个面向"和防震减灾国家使命，建立以价值和贡献为导向的科技评价机制，激发创新主体活力。强化科研诚信和科技伦理制度建设，为提高科技创新过程中的透明度、诚信和合法性提供制度保障。

利用资源配置和评价激励机制等多种手段营造良好的科研环境，推动各级各类科技创新机构和平台的转型和重构，建立适应颠覆性技术创新、新兴科学和技术发展的创新链条，以及有利于领军型人才脱颖而出的人才培养体系。形成地震科技创新文化与创新体系双轮驱动的良好局面。优化地震科技人才成长环境，转变地震科技人才管理职能，落实地震科技创新主体单位的自主权。遵循地震科技研究发展规律、地震科技人才成长规律，强化地震科技人才的主体地位。要完善激励保障机制，实施以科研人员分类管理为导向的激励机制。扩大开放合作，促进人才流动、引进与国际化水平。

（四）开展高水平国际科技合作

为确保我国地震科技与人才的高水平和可持续发展，必须加强与世界地震科技创新国家的多层次、广泛领域合作，积极参与和构建多边地震科技合作机制、政府间科技合作机制。深度参与全球创新治理，立足减轻重特大地震灾害风险等可持续发展问题，加强与联合国教科文组织等机构合作。依托中国地震科学实验场等国际水平的科技创新平台，启动我国牵头主导的国际大科学计划、高端国际学术会议。营造高水平和国际化的科技创新环境，打造具有国际竞争力的科技创新与服务创新平台。服务中国地震科学实验场等重大科技战略行动，积极探索因公出国分类管理的针对性措施，放宽出境访问时长和国别数量限制，境外高水平科学家访问资助条件。

第八章　防震减灾科普转型升级战略

防震减灾科学普及是地震部门指导全社会利用各种传媒以浅显的、让公众易于理解、接受和参与的方式向普通大众介绍地震科学及防震减灾知识、推广地震防灾减灾技术的应用、提升防震减灾科学素质的活动，是"2+2"业务布局中防震减灾公共服务的重要内容，是实施"探识地震、智慧服务"战略思路的重要组成。按照"四句话、四十九个字"战略举措的要求，强化转型升级，打造可持续、吸引人的科普，不断满足人民群众防震减灾科普和安全文化新期待，提升防震减灾软实力。

第一节　战略背景

一、防震减灾科普布局

（一）防震减灾科普主体

目前，中国地震局 11 个直属事业单位、研究所、高校和企业均在开展特色科普工作，工程力学研究所实施科研人员科普考核制度，一批科研人员主动开展科普工作；地球物理研究所以北京国家地球观象台——全国中小学生研学实践教育基地为基础，对外开展科普服务；地质研究所在所长基金中设立科普专项，用于开展科普日常性工作；全国地震监测中心站改革均将科普宣传职能纳入改革职能，但尚未形成科普规模；地震出版社依托图书的策划、出版、发行和融媒体转化，成为防震减灾科普的源头之一；一些高校、科研院所逐渐重视科普，正在逐步形成一支有一定规模但统筹性不强的兼职科普的科学家队伍。

中国地震局下属 31 个省局"三定方案"中，均设有防震减灾宣传科普职责，但仅北京、黑龙江、山东、河南建有独立防震减灾宣传教育中心专职科普工作，其他单位多将科普职能划归至信息中心或其他省局直属单位。目前，共建有一支 200 人左右的相对稳定、专兼职结合的科普宣教队伍。

与此同时，地球科学爱好者成为防震减灾科普不容忽视的主体力量。随着自媒体时代的到来，不少科普博主和地球科学爱好者以自媒体的形式由客体转为主体，逐步占据了一定的科普输出比例。以"星球研究所"和"地球知识局"为代表的地球科学普及机构，以兼具专业和通俗的语言、畅达理解的优质动画、高水准的影像画质吸引了众多粉丝，取得了突出的传播效应。

（二）防震减灾科普场馆

目前，全国共创建国家级防震减灾科普教育基地 144 个、示范学校 634 所。其中，山东省防震减灾科普馆等 9 个基地被命名为全国科普教育基地，唐山地震遗址纪念公园等两个基地被命名为"大思政课"实践教学基地，北京国家地球观象台等 11 个基地被命名为全国中小学生研学实践教育基地。截至 2023 年，全国地震系统各单位自有防震减灾科普教育基地 53 个，以各省地震局或地震监测中心站作为科普场馆的 39 个，入驻省级科技馆或自然博物馆的 2 个，流动科普馆 2 个。31 个省（自治区、直辖市）基本建有不同形式的科普场馆，安徽、山东、四川、甘肃、广西建设数量较多，大多依靠财政运营科普场馆。

（三）防震减灾科普活动体系

近年来，中国地震局组织地震系统各单位，线上线下相结合全面推进防震减灾科普活动，做"加法"意识很强，主题活动的节奏达到一月一次，年均参与公众超过 1 亿人次，以近三年的情况分析主要呈现出以下 3 个特点。

1. 突出部门协作

2022 年，中国地震局联合教育部、国家民委、中国科协共同开展"地震科普 携手同行"主题活动，计划利用 4 年时间，面向全国民族地区和重点地区的 3.5 万所中小学开展"五个一"系列活动。截至 2023 年，共向全国 31 个省（自治区、直辖市）的 2 万余所学校发放图书 80 万册，举办讲座 3.9 万场、演练 7.8 万次，在 23 万余个班级举行主题班会，培养传播师 3 万名，实现月主场活动全覆盖，启动仪式创造了首个"1 亿+"单项活动纪录。

2. 突出风险防范

抓住领导干部这个"关键少数"，推荐地震系统专家到中央党校（国家行政学院）、国防大学及地方各级党校（行政学院）举办防震减灾科普专题讲座，提高领导干部地震灾害风险防范与地震应急处置能力，近3年共培训770余个班次2.2万余名学员。

3. 突出特殊群体

积极服务乡村振兴战略，近3年组织各地广泛开展农村建筑工匠抗震技术培训近9万人次，通过讲座、文化表演等各类形式，普及农村民居建筑防震抗震知识。创建并开展讲解大赛、作品大赛等品牌活动，拓展防震减灾科普进社区、进企业、进家庭渠道，提高城镇居民和各类劳动者风险防范意识和能力。

（四）防震减灾科普媒体阵地

早在新媒体时代到来之初，各省地震局、直属单位已逐步借助新媒体平台开展科普工作，目前地震系统各单位已涉足的新媒体平台主要包括新浪微博、微信公众号、抖音、头条号、百家号、哔哩哔哩等。其中，35个单位开通官方微博、40个单位开通官方微信公众号，发展研究中心、地球物理研究所（中国地震学会）、河北省地震局、内蒙古自治区地震局、新疆维吾尔自治区地震局、台网中心等单位开通了抖音号，8家单位在其他新媒体平台（如天天资讯、今日头条等）开通15个账号。一些社交媒体账号在社会面具有较强传播力，例如新浪微博"@中国地震台网速报"拥有1200多万粉丝，在全国政务微博中影响力持续位居前列。此外，北京市地震局、河北省地震局和新疆维吾尔自治区地震局官微粉丝量都在百万以上；抖音、微信视频号和哔哩哔哩等短视频社交媒体上，中国地震学会"地问"账号拥有20万余粉丝，单条视频最高播放量达160万次，视频多次登上热搜。2021年，中国地震局着力推进融媒体建设，集中打造了"中国地震局""震知道""地震人"等融媒体品牌，2022年，各品牌增粉超过12万人，总浏览量超过1亿，产出"100万+"作品12部。

除了在市场已有的主流社交媒体上建立官方账号外，北京、河北、内蒙古、福建、广东、海南等省（自治区、直辖市）地震局探索地震数字科普馆建设，在2015年至2019年之间基本建设完成本单位的特色数字馆。各数字馆建设均采用了比较先进的信息化技术，3D建模、VR互动、虚拟空间渲染、360度全景技术、动漫游戏等形式方法，内容策划方面也投入了较大人力和各方智慧。多年来各馆年平均浏览量在1万人次左右，但也出现观览人数逐年小幅下降、百度搜索引擎几乎搜不到网站、知晓率较低、内容基本没有更新等情况。

二、防震减灾科普产品

20世纪60年代之前，我国的地震科学研究仍旧处在起步阶段，早期的防震减灾科普产品以图书为主，内容主要是地震常识类。例如《中国地震》《地球十讲》《地震》，这些地球物理类的科学常识可以帮助人们大致地了解地震。1976年后，防震减灾科普产品形式逐渐多样。通过举办地震知识展览、利用科普画廊、创办防震减灾科普小报、组织摄影活动、举办夏令营等多种方式，经常性地宣传普及地震常识。这一时期的防震减灾科普知识内容新颖，除了兼具科学性以外，更增加了趣味性和实用性，让普通百姓明白了地震是怎么一回事，以及地震监测工作如何开展等。还出现了一些地震科教电影和电视片，如《海城地震》《房屋抗震》等，在群众中引起了强烈的反响。

进入21世纪，随着社会的快速发展和现实需要，防震减灾科普产品的种类更加全面且具有针对性，产品形式不再局限于图书，而是通过多种形式普及地震应急常识。例如：开展常态化应急演练；播放影视作品，使公众了解地震的巨大破坏性；开展讲座，教学地震自救互救技能；推广VR体验，使受众身临其境感受地震的发生，学会科学有序地开展自救互救，从而达到保护自己和救护他人的目的。地震应急知识的普及工作形成了从认识地震，到学习避险技能，再到学会如何在实际中应用技能的模式。

媒介新技术的快速发展提供了新的传播平台，防震减灾科普新媒体发展活跃，科普形式多样，文字、图片、视频相结合，内容短小精悍。由于不受推送条数限制，在推送频率上更加灵活，既有常规的防震减灾科普内容，也借助社会热点事件传播防震减灾知识，形成了一定的品牌效应。同时，新媒体在发展中逐渐形成传播矩阵，科普作品内容共享度高，可以进行无障碍转载，节约了科普宣传特别是作品生产成本。

当前，已有防震减灾科普产品主要分为实体类防震减灾科普产品、数字类防震减灾科普产品和综合类防震减灾科普产品。

1. 书籍类

书籍类防震减灾科普产品的特点主要体现在两方面，一是以科普知识为目的，大多以科学的知识体系对地震灾害的发生及预防进行内容阐释，帮助人们总结地震灾害经验、防御地震灾害危险、科普应急自救与互救的技巧。其本质是知识的科普和宣教，目的是普及相关知识，以提高社会公众的防震减灾意识与应急技能。二是以科学内容为核心。相较于部分新媒体上的短文章，内容更具科学性、专业性和规范性，撰写书籍的作者具有一定的学历门槛，科普知识标有出处与来源，内容更具有专业性。

与此同时，书籍类防震减灾科普产品也存在一些劣势。书籍类由于没有媒介技术的依托，容易缺乏形式的趣味性与内容的趣味性，难以实现更广泛的传播扩散；另一方面，由于用户碎片化阅读的习惯，能够真正认真读完一本科普类书籍的读者不多，这就导致书籍类产品的普及率和有效率大大降低。

2. 展板挂图类

这类科普产品以海报的方式呈现，通过图文并茂的形式展现地震发生的原理、地震应对知识以及注意事项，有时会以标语的形式被作为横幅广告展示于公共领域中。这类产品常常展示在学校教学楼区域、车厢广告、灯牌广告等公共领域。

展板挂图类，其功能一是直观引导，二是解释内容。通过展板挂图，能够以美观的图文来解释部分防震减灾科普的内容，其知识涵盖量较高，完整性较强。这种知识内容的输出，并非以单纯的文字呈现，而是经过一系列精心地设计和排版，将防震减灾科普的板块内容进行针对性的呈现。展板挂图类其局限性主要体现为框限内容与功能单一。展板挂图类由于其物质载体的容量有限，导致其所能呈现出来的内容有限。并且由于展板挂图一般侧重于通过线下传播，难以形成双向的互动模式。

3. 视频类

当下的视频类防震减灾科普产品以实拍视频、卡通动画和素材剪辑三种类型为主，视频主要集中于传统广播电视台和哔哩哔哩、抖音、微博、微信等新媒体平台。实拍视频画面更加真实可感，但画面摄取跨度和内容呈现形式受限。卡通动画视频的优势在于突破了防震减灾科普产品在不同年龄阶段群体的认知局限和认知差异，充分考虑到了低龄阶层的认知理解能力，以可爱活泼的 IP 形象生动演绎避震方法。

素材剪辑类防震减灾科普视频是目前更为流行的视频类科普产品，在微博、哔哩哔哩、抖音平台的传播效果也最好，无论是点赞量、评论量还是收藏量都更胜一筹。素材的搜集比实拍视频省时省力，比卡通动画更具视觉冲击力。视频创作者将一些灾害现场的录像、相关电影情节、灾后救援的场景拼接，并配上与画面相对应的语音解说和颇具节奏感的音乐，画面与声音交相呼应，完成防震减灾科普视频的二次创作。综合全网视频渠道来看，官方平台发布的视频以实拍视频和卡通动画为主，采用更受欢迎的素材剪辑类手法制作此类视频的比较少。

4. 音频类

声音类媒体在地震领域的应用一种是应急广播平台对于地震预警信息的发布，快速引导群众做出反应，为公众赢得少量时间来尽量减少伤亡的可能；另一种是移动有声媒体平台播发的防震减灾科普知识，当下排名前三的移动音频平台分别是喜马拉雅FM、荔枝 FM、蜻蜓 FM，喜马拉雅作为排名第一的音频 APP，在防震减灾科普的专业度、广度、深度和作品体量上均有所成绩，如《地震有故事——合肥市科技馆地震科普》便是"你好合肥科技馆"打造的优质防震减灾科普音频作品。

歌曲在科普宣传中的作用也较为明显，如北京市地震局创作的"幼儿防震减灾歌曲5首"，传播速度与传播效果都比较好。但总体来看，音频类防震减灾科普产品互动情况远不及视频类的产品。

5. 图文类

融媒体时代的图文类防震减灾科普产品主要依赖于微博、微信公众号平台。微博的防震减灾科普产品除了善于以图文载体铺陈知识，在文字下配备动画短视频也是一种常规形式。微信公众号的科普产品也在探索另类的可视化形式，如以漫画版的防灾减灾手册场景式呈现地震发生、地震逃生、震后撤离、震后自救互救的画面。

6.H5 交互类

H5 技术逐渐在防震减灾科普产品的创作中被予以重视。目前已有的产品主要是将防震减灾科普知识与有奖竞答、闯关游戏结合起来，借助游戏的互动体验，刺激用户学习的自主性。如"地震三点通"微信公众号推出了一款名为"地震科普拼拼看"的游戏，点击图片即可进入游戏，即点即玩，收到了积极的社会反响。

7. 场馆类产品

防震减灾科普体验馆参观动线围绕"认识—应对"的过程，从产品内容上普遍包括认识地球和地震、地震监测、抗震设防、地震应对以及其他自然灾害认知等。场馆内容分为共性和个性两类，其中共性占主体，包括目前科学界对地震现象的基本了解，如地球圈层、地震的发生机理、地震带的分布、震级和烈度、地震仪器的发展、地震对建筑的危害和抗震设防、地震紧急应对等。个性部分主要为各地在区域断裂分布、区域历史地震专题、当地地震监测发展等方面的内容。

大多数防震减灾科普场馆在场馆体系中偏向于小众类场馆，无论展陈内容开发还是表现形式、活动组织方面创新性和吸引力都偏弱，存在展品形式单一、展品内容互动性不足以及展品与当地实际情况结合较少的情况。

三、防震减灾科普传播

（一）科学家群体传播

地震相关专业的科学共同体包含了地震行业部门的专业人员和地震领域科学家。他们具有专业和丰富的地震学相关知识，以知识权威性为传播内容的主要特征。陈颙院士创作《院士谈减轻自然灾害》系列科普图书，对地震、火山等不同灾害进行图文并茂的阐释，获评2022年全国优秀科普作品。陈运泰院士著书《地震浅说》，图书定位为大学专本科相关专业辅助阅读和大众阅读，在多个领域传播度较好。地球物理研究所高孟潭研究员以及地质研究所许建东研究员，多次利用公众关注度高的特殊时期，及时开展针对性地分析和解读，多部作品取得了阅读破百万的数据。工程力学研究所曲哲研究员，运营个人微信公众号"哲设计"，较好地把地震科学专业性和公众阅读通俗性之间找到都可以接受的领域，因而在作品质量口碑和传播数据均取得了令人惊叹的效果。

但是，像上述从事并且热心于地震科学普及工作的专业人员在地震系统内所占比例并不高。大部分地震系统内科研院所的科学家并不从事或不经常从事科学普及。另外，有一个不容忽视的现象，在科研机构和科学家开展科普创作和传播时，更多的人选择个人平台创作。如工程力学研究所官方微博粉丝量仅800余人，微博发布原创科普作品的频率低于每月1篇，而该所曲哲研究员的个人科普号，无论粉丝量、发布频率还是作品传播效果，均远超官方平台。地球物理研究所微博粉丝量5万，该所王红强副研究员的个人科普号粉丝量达到10万。这些反映出科学家个人对科学普及的理解与官方行动之间存在不同频现象，官方的行动力和组织力一定程度上弱于科学家本人。

（二）地球科学爱好者传播

这部分有热情、有意愿、有能力的科普创作者以个人平台为主要载体进行网络科普创作，并形成了较为稳定的受众群体，拥有了众多"粉丝"，具有较强的号召力和影响力。这部分创作者一般具有较高的自然科学基础素养，属于较早理解科学并愿意传播科学的群体，但他们并不一定直接从事科学研究工作。比较典型的有星球研究所、地球知识局等。地球科学爱好者在产品创作上更贴近市场需求，同时具有专业的平面制图、示意动画以及影视剪辑能力，诸多作品保持了科学性、通俗性和艺术性融合的高水准，因而在作品传播效果方面具有非常突出的市场引领作用，十万甚至百万级别传播量的作品成为常态。需要注意的是，地球科学爱好者群体的创作根植于地球科学范畴，从内容上包含但不局限于地震甚至于防灾，具有广阔的题材空间与市场需求接轨。

但也有部分网民由于商业或其他目的传播伪科学，存在以"科普"为名进行夸大宣传、虚假宣传，甚至行骗的行为。部分机构和个人为了获取流量、获得关注、制造影响，利用社会热点和大众关心的问题乃至社会矛盾恶意地"蹭热点"，将正常的学术观点的讨论或争议异化为违背科学精神的舆论纷争，甚至导致舆情事件。

四、防震减灾科普人才和机制

（一）防震减灾科普政策法规

综合性科普政策法规涵盖了科普的设施建设、人才培养、能力提升和产业发展等各方面内容，对防震减灾科普工作的开展有较好的指导和规范作用。其中核心的综合性科普政策法规包括《关于加强科学技术普及工作的若干意见》《中华人民共和国科学技术普及法》（以下简称《科普法》）和《全民科学素质行动计划纲要》（以下简称《纲要》）。

从国家其他领域的核心政策上看，中共中央、国务院颁布的文件中对科普的关注更加显著，很多文件中明确提及科学普及和科学素质工作。《深化科技体制改革实施方案》（2015年）《国家创新驱动发展战略纲要》（2016年）《关于进一步弘扬科学家精神加强作风和学风建设的意见》（2019年）等国家科技发展和创新领域的重要文件中都对科普工作的方向做出了明确的规定。

在具体的科普专项工作方面，目前出台的管理办法有：国家防震减灾科普教育基地认定管理办法、防震减灾科普示范学校认定管理办法、防震减灾科普社会化项目管理办法。同时各地还出台了一些防震减灾科普领域相关的标准文件。

防震减灾科普领域的标准文件，是对防震减灾科普服务作出标准化的要求，目前与防震减灾科普相关的标准共有18项，全部是地方标准。

（二）防震减灾科普人才队伍

据统计，地震系统防震减灾科普专职人员共200余人，占在职职工的1.84%。其中，省（自治区、直辖市）地震局183人，占单位在职人数的2.34%；局直属事业单位29人，占单位在职人数的0.78%。可以看到，省（自治区、直辖市）地震局是防震减灾科普专职人才队伍最为集中的单位，发挥着主力作用。全国市县防震减灾工作机构共有人员1.38万余人，几乎没有专职从事防震减灾科普工作的人员。

防震减灾科普专业技术人员中具有高级职称的44人，占科普专职人员的24.31%，占地震部门专业技术人员的 2.44%，其中正高 4 人，副高 40 人；具有中级职称的专业技术人员 84 人，占科普专职人员 46.41%，占地震部门专业技术人员 2.79%；初级及以下职称的专业技术人员 53 人，占科普专职人员的 29.28%，占地震部门专业技术人员的 2.22%。

地震系统外的科普兼职人员约 16 万人，主要有防震减灾科学传播师、科普示范学校的科普辅导员、科普教育基地的工作人员、科普展馆讲解人员和防震减灾救援志愿者，包括各级防震减灾科学传播师约 1 万人、省级防震减灾科普示范学校的辅导员 1.2 万人、省级防震减灾科普教育基地的工作人员 0.15 万人和各类防震减灾救援志愿者 13.5 万人。

（三）防震减灾科普市场化

目前无论是防震减灾科普产品还是相关科普企业的数量和种类等都相对较少，防震减灾科普市场化还处于较低水平。多数防震减灾科普产品走向市场前缺乏有效的设计，也缺乏有效的政策支持和资金扶持，能够与文化、旅游、教育相结合的产品的生产和开发比较匮乏。防震减灾科普产业缺乏顶层设计，缺乏明确的工作目标和推进方向，非财政预算的科普投入不足。已经建成并开放的省级以上防震减灾科普基地，完全由企业自主投资建设和运行的比例较低。

第二节 战略问题

一、防震减灾科普的社会化动员

迈入新发展阶段，科普工作正在从政府主导向政府引导、多元主体参与的社会化动员机制和市场化运行模式转变，构建政府、社会、市场等协同推进的社会化协同机制发展格局是科普高质量发展的必然要求。科普社会化协同就是要由过去政府唱"独角戏"转变为带领全社会"大合唱"，强调发挥创新主体、社会团体的作用，探索应用市场化的机制推动科普工作，实现主体多元、投入多元。

二、防震减灾科普的全媒体传播

进入移动互联时代，科普手段从以往的传统传播模式转向信息化全媒体传播。通过智能化信息技术感知用户需求、组织内容创作、匹配科普资源、及时精准送达。加快推进科普融媒体传播体系建设，打造即时、泛在、精准的数字化传播格局是科普高质量发展的必然要求。科普工作跟不上数字化、智慧化浪潮就会落后于时代。通过建设科普融媒体传播体系，利用智慧感知和精准推送技术，实现"有需必有供，有供必所需"的传播效果。

自媒体的出现，打破了政府主导科学传播的一元格局。科学传播的多元主体可以是个人主体，也可以是集体主体。互联网技术特别是移动互联网技术的发展，极大扩展了公众获取科学知识的丰富和便利程度。融媒体即融合媒体，指广播、电视、报刊等与基于互联网的新兴媒体有效结合，借助多样化的传播渠道和形式，将新闻资讯等广泛传播给受众，实现资源融通、内容兼容、宣传互融的新型媒体。

三、防震减灾科普的科技含量和规范化提升

新传播模式和融媒体背景下，社会公众对防震减灾科普传播需求有了更高的期待。一方面要求防震减灾科普充分权威性，信息真实可靠。防震减灾科普传播以理性的科学知识为内容基础，无论时代如何变化，媒介技术如何进步，传播内容都离不开对科学和真理的坚守。另一方面，公众也期待防震减灾科普作品契合新传播模式，比如更多借助于视频特别是短视频，运用精准高效的碎片化、社群化传播和大数据分发手段。换言之，既要科学系统的知识系统，也要精致碎片而又独立成章科学成熟的创作和传播手法。

科普规范化建设是完善科普法规政策、制定分级分类的科普产品和服务标准、完善科普监测评估与评价体系，实现法制健全、标准完备、评估精准的规范化发展是科普高质量发展的必然要求。就是要在强化科普法治化的基础上，推动构建行业标准、地方标准等多维标准体系，提高科普工作规范化和实际成效。无论机制、手段还是效果评价方面，对照科普政策发展趋势的新要求，防震减灾科普在变革反应和举措方面都还缺乏实打实的抓手，工作更多呈现由既往工作经验带来的惯性驱动，较少体现政策新趋势和战略谋划的变革之举。

第三节 战略目标

到2035年，防震减灾科普服务国家重大发展战略和新时代防震减灾事业现代化建设的能力显著提升，全社会参与防震减灾的自觉性进一步增强，防震减灾科普融媒体运作能力日趋规范和成熟，防震减灾科普精品产出能力和规模不断扩大，与社会公众地震安全需求相适应的科普供给能力明显提高。科普服务平台建设取得较大进展，防震减灾科普传播

逐步走向社会化、智能化、趣味化。"防震减灾，造福人民"的价值观和伟大抗震救灾精神深入人心，社会公众震前以防为主、震后守望相助的意识不断提升，科学文化素质和应急避险能力明显提高，中国地震安全文化国际影响力进一步提升。

第四节 战略行动

一、防震减灾科普工作队伍建设

1. 建立构建防震减灾科普工作队伍和人才信息库

学习借鉴科普中国智库的有益探索，统筹协调分散在地震系统、科协、科研机构、科普企业等各自为战的防震减灾科普力量，建立全国防震减灾科普专家库和防震减灾科普人才信息库，重点打造国家级防震减灾科普智库，实现防震减灾科普人才信息采集和动态管理，甄选科普达人，培育科普专家团队。建设柔性智库组织机制，搭建研究中心、工作室开展联合研究开发。建立科普智库管理机制，可根据专业领域实现分组管理，分类建立在库专家工作委员会，定期开展防震减灾科普专题研究与智库活动。在系统内建立融媒体技术人才队伍，鼓励各单位储备新媒体人才资源。壮大科普专兼职工作者队伍，建立相对稳定的科技工作者、传播师队伍、讲解员队伍和志愿者队伍等构成的科普队伍。

2. 培育防震减灾科普主体

整合科普主体力量，统筹一批科普博主、科学家大V和意见领袖，通过与百度、腾讯或者新浪等机构合作构建科学布局、融合开放的公共服务平台，发展和完善科普资源库，合作实施防震减灾专题创作者计划，建齐"把关人"队伍，借助年度重点科普宣传时段，通过引导、扶持、创作、审核、奖励等合理机制，规范科普行为，形成跨领域、跨部门的科学共同体以及科研成果高效科普转化的共同体，吸引各领域防灾科学爱好者群体使用资源库进行生产创作和传播，形成防震减灾科普宣传共同体网络。

二、防震减灾科普融媒体矩阵构建

1. 推进防震减灾科普信息化建设

紧跟数字技术和互联网社交生态发展趋势，建设并完善包括微博微信、视频号、数字网站、数字科普馆在内的防震减灾科普融媒体矩阵。运用技术手段实现融媒体矩阵各类载体的信息共享和速递，并与重要媒体、有影响力的科学传播媒介建立共推机制，在资源共享、科普针对性、响应效率和传播维度等方面深度合作，为社会公众提供精准化的科普内容资源和优质服务。

2. 优化新媒体平台布局，凝练和打造自有品牌

以"中国地震局""震知道""地震人"三个品牌为核心，以各省地震局、直属单位融媒体平台为延伸，以社会新闻媒体为辐射，点面结合发挥集群效应。加大开放合作力度，在作品开发、传播渠道、效果评估等方面形成合力，带动模型、展教具、展品等相关衍生产业发展。

3. 完善融媒体运行机制，创新表现形式，优化工作流程

打造"重大宣传统一策划、统一采写、统一编审、统一发布，日常宣传分工负责"的全媒体传播功能。在开放式科普资源库基础上构建应急响应核心资源遴选和推送能力，一旦发生地震，即可根据应急需要，迅速通过资源库调取所需产品素材，进行整合利用，组成本次应急需要的知识内容，及时制作出有针对性、实操性、权威性的科普产品，提升基于突发性事件的应急科普产品传播能力。

运用元宇宙技术和游戏研发技术，打造地震安全线上科普馆和以防震减灾科普知识为素材的游戏世界的"双宇宙"平台。采取三维数字地图形式联通防震减灾科普基础设施的各个节点，实现线上和线下虚实结合、相互呼应，达到实体化与数字化相结合、专业性与综合性相结合、科普性与娱乐性相结合的效果。探索防震减灾科普场景化开发和产品建设。以"识险、避险、自救、互救"为目标，充分利用新媒体新技术，结合防震减灾科普的特点，加强观众与产品的交互，营造沉浸式氛围，实现科学精准的知识传播、专业规范的讲解示范、趣味多样的互动教学和虚实结合的场景再现。

在实现数字化科普功能的同时，创新虚拟场馆全息广告运营、数字藏品发售、游戏世界玩法体验付费、XR（VR）设备体验收入、游戏周边收入等全新收入方式，构建新的内容产业生态。

4. 探索融媒体环境下防震减灾科普参与市场引流

考虑将"用户→视频/直播→知识产品"的链条率先布局在微信生态圈和字节跳动生态圈，以知识付费为导向，结合免费短视频、直播授课或带货、付费教学课程等方式，追求提高点击率向提升完播率转变，运用市场机制带动社会效益和经济效益双赢。

三、优质防震减灾科普产品创作

1. 建设中国防震减灾科普开放式资源库

防震减灾科普要在移动互联时代真正获得长远发展，并且获得用户的喜爱，就需要在技术、内容以及体验上适应移动互联的特点，特别是需要适应移动互联网的社交特性，内容设计上更能够满足社会网的传播结构。整理防震减灾科普网络百科条目，组织邀请相关专家编写、审校词条内容，加强对科普作品内含的科学性、客观性、准确性等质量评价标准的把握。修建图画素材库，从线下科普领域视觉传达与文字表达齐头并进的趋势出发，照片、建模模型、图纸等素材可以来源于已经超过版权保护期限的作品，也可调用资源库、机构和个人的捐赠、创作者委托销售、商业图库版权代理等，但对来源要设置学科专业门槛，强调科学性，并开放勘误通道，形成纠错机制。

2. 充分完善以视频为主要内容形式的科普产品体系

依托现代信息技术，洞察和感知公众科普需求，细分科普对象，开发各具特色的科普产品，掌握全系统科普创作的底数和特点，定期对防震减灾知识点"挂牌"，指导全系统合理选材创作。

3. 加强科普作品创作设计

加大力度创作适应不同对象需求，集科学性、权威性、趣味性于一体的具有广泛知名度和影响力的科普精品。将防震减灾科普精品工程扩大到各种创作形式，例如编制标准的科普课件、摄制经典的科普视频、编排艺术性与科普性相结合的舞台剧、开发内容科学形式活泼的动漫和游戏软件。

4. 由防震减灾科普智库专家牵头实施专项攻关科普创作计划

主要围绕市面上更加缺乏的专项解读和科普转化，重点将地震科学前沿、重大科研成果转化为科普互动产品，同时有针对性地对常态传播的涉震敏感话题开展科普专项公关创作，用于涉震负面舆情的科普回应。

5. 加强地震系统互联网科普发展特色创作

在保证科学传播严谨、正确的同时，注重内容风格上的个性化呈现、创作特色的明晰突出以及高辨识度的作品风格，打造契合个人行为习惯和独特语言风格的"专业科普人设"。

6. 发展数字展厅智能化快速产出科普产品的能力

利用人工智能、XR 等数字技术，实现热点追踪、科普需求分析、数据检索、智能生产和人工编辑多种功能，构建中国地震安全数智科普馆虚拟空间，在数字展厅领域实现产品的自动产出和实时更新。

四、防震减灾科普实训基地建设

1. 完善防震减灾系统内部科普基础设施的统筹布局与规范管理

推进防震减灾科普教育基地创建与管理，引导和支持打造特色品牌活动项目，打造品牌场馆。融入"大应急"科普基础设施布局，借助依托社区科普活动室、科普图书馆、农村文化礼堂、消防应急驿站等，创建主题鲜明、设施完备、线上线下功能完备的防震减灾科普示范展示区。

2. 优化已有各级防震减灾科普教育基地的布局与规范管理

鼓励科普场馆对内容展项的提升行动，重点提升展示能力和智能化水平，增强展示内容的准确性、通俗性，引导和支持打造特色品牌活动项目，打造品牌场馆。坚持科普与文化和价值观的结合，充分利用现有资源条件和已有科研成果，如历史上有强震之后的地震遗址，地球物理勘探之后的活断层遗址，地震监测中心"透明化"业务场景等，围绕科研文化、减灾文化、减灾技能、科技展示、科学家精神等，多元化建设科普基地，支持场馆开展多种形式的防震减灾科普，达到文化和防震减灾科普教育相结合的目的，弘扬减灾文化、科学家精神和抗震救灾精神。

3. 加强基层科普阵地建设

谋划构建适应新时代要求的国家科普基地体系。支持建设一批高水平、专业化、有区域影响力的防震减灾科普实训场馆。用场景来驱动科普工作，切实让公众在参与体验的过程中学习科学知识，掌握科学方法，培养崇尚科学的精神。依托浙江、山东、四川、甘肃、陕西等 5 个省局现有土地、设施等基础条件，规划建设辐射华南、西南、华北、西北等片区的国家级公众防震避险体验实训基地，通过建设智慧管理平台实现融会贯通，构建线上线下一体、统一加盟连锁运营的"3+5+N"防震减灾科普综合体。推进实现"一县一馆"，塑造国内一流、国际领先的科普与安全文化影响力。

其中，浙江基地辐射长三角，服务我国最大的城市群，发挥浙江数字技术优势和共同富裕先行示范区政策红利优势，引入头部高科技企业参与建设实训课程，实现实训基地数智化、趣味化、专业化。山东基地辐射华北地区，在已有面向专业救援队伍实训的设施和条件基础上，拓展公众体验和实训课程服务。四川基地辐射西南地区，利用基地山地地貌优势，以展示防震减灾基础业务、地震逃生避险演练和其他地质类次生灾害链防范培训为主，着力提升地震灾害多发地区公众的应急避险技能。甘肃基地辐射西北地区，面向中亚地区多震国家，服务于"一带一路"建设，突出高原高寒条件下的防震避险逃生和实训服务。陕西基地发挥"文旅+"产业融合优势，打造科普研学赋能文旅新业态，逐步成为西北地区乃至全国防震减灾主题"文旅科教"融合的新样板。

五、防震减灾科普活动品牌创建

1. 建立防震减灾科普专题活动日

以"7·28"唐山大地震纪念日或者其他显著地震纪念日为契机，对标国际气象日、全国生态日或以轮值科技周、科普日的形式，集全社会力量集中输出防震减灾知识，将防震减灾科普活动提升到国家级科普战略层面。

对照中等以上收入群体的日常市场消费行为，不断创新小型科普活动的模式，朝"小切口、高端化"方向迈进，以满足人民群众日常性科普的现实需求。打造地震系统"科普列车"，通过与学会、协会或企业等单位之间的合作，按照半公益与半市场化相结合手段，将"列车"开起来，通过创收保障"列车"日常运维和更新，将科普走近公众身边。各省局、研究所、高校开发符合本地区、本单位条件的科普研学路线、应急演练培训服务、科学性校本课程等，与旅游企业、文化企业合作运营，借助"双减"契机，在研学旅行市场占据一席之地。借助京津冀、长三角、长江流域、黄河流域、东北振兴、粤港澳等国家区域协调发展战略为契机，利用融媒体协作区优势，将现有品牌活动区域化，利用好区域内各地区的融媒体资源，开展网络无界限的线上线下相结合的品牌活动，做到人财物资源整合，传播力指数级增长。

2. 扩大防震减灾科普活动影响

优选重大活动，提升重大活动的质量和影响力，助力其他科普工作健康发展，持续覆盖公众。对标全国科技活动周、全国科普日等国家级重大科普活动，安排超大特大城市或多震省份城市轮值，谋划开展防震减灾科普重大品牌活动。重视"铁粉"效应，发挥活动推广宣传的重要平台作用，将公众从线下引流至线上，成为防震减灾科普的长期群体。注重大型活动的宣传推广和报道，以持续增加活动品牌曝光率。

六、防震减灾科普规范化建设

1. 规范化建设是科普工作高质量发展的重要保障

构建新时代防震减灾科普高质量体系需要政策、监督、评估等保障。建立防震减灾科普评价指标体系（科学传播绩效评估），分级分类制定防震减灾科普产品和服务标准，建立多维标准体系，完善防震减灾科普监测评估体系。构建防震减灾科普教育体系，注重防震减灾科普与学校应急与安全教育体系的衔接，编制防震减灾科普大纲、指导性规范和课件，注重青少年防震减灾科普知识和技能的培养。

2. 激发科研人员参与防震减灾科普的动力

明确各级各类科研项目、科技成果科普转化的主体责任，把科普产品产出纳入各类项目验收条件，尤其是重大科研项目要明确科普产出的预算设置和人员分工，保证科普产品产出质量。将优秀科普成果作为职称评审、人才选拔、科技奖励的重要标准，以制作产出高传播量、获奖水准的科普产品为导向，引导科普转化健康发展。建立科研人员从事科普工作的专项奖励机制，设立科研人员参与科普创作及科普活动的专项基金。

3. 鼓励专职人员通过进修学习自主创作作品

将项目化管理制度引入到科普作品创作的管理当中，创立公共服务产品项目，使该类型项目申报同科研项目申报一样形成常态化。在选题阶段就启动筛选机制，通过立项、评审、结题等一系列程序，给予创作人员充分的创作空间，在结题阶段形成反馈评估意见。

运用科普志愿者信用积分管理手段，健全应急科普志愿服务激励机制，从职称晋升、绩效评测、人才表彰、成果奖励等方面，完善防震减灾科普科研工作者考核奖励制度，保障防震减灾科普志愿者队伍向专业化职业化方向发展转化。

七、舆情管理技术平台研发

研发涉震舆情管理应用平台，加强涉震舆情监测管理。舆情管理平台包括基础系统、预警系统和应对系统三个部分。基础系统包括构建地震科学知识库、涉震舆情案例库和专家智囊库等，在第一时间为舆情研判、舆情应对提供科学依据。预警系统依托结构化数据库，对用户发表的评论内容进行真实性监测追踪，将风险级别高、负面情绪强的涉震舆情事件及时推送给有关人员和政府决策部门，达到预警目的。应对系统通过机器学习等手段提供涉震舆情研判应对的自动建议，同时也融入专家智囊结合自身理论知识、实践经历总结形成的策略规律，生成舆情研判应对策略。

涉震舆情管理平台可以通过基础系统、预警系统、应对系统的有机联动，运用地震知识库、涉震舆情案例库、专家智囊库的多维补位，动态反馈、持续修正、不断充实平台性能，使涉震舆情管理平台逐步高效智能，有效监测和应对涉震舆情走势，促进防震减灾事业高质量发展。

第九章 防震减灾事业管理体制和运行机制

防震减灾事业管理体制和运行机制是党和国家赋予地震部门依法行使职权的组织机构和制度体系，主要包括组织领导机制、法治保障机制、规划引领机制、投入保障机制、科技创新机制、业务支撑机制、社会动员机制、考核评估机制、责任追究机制等，是"综合治理"战略思路的重要内容，为"四句话、四十九个字"战略举措顺利实施提供组织保障。防震减灾事业必须坚持党的全面领导，发挥制度优势，推动构建党委领导、政府负责、社会协同、公众参与的防震减灾社会治理体系，实现防震减灾治理体系和治理能力现代化。

第一节 战略背景

一、国外防震减灾体制机制启示与借鉴

目前，世界各国特别是地震多发区国家都在努力探索减轻地震灾害风险的有效方法和途径。不同国家在防震减灾实践和探索中根据各自国情和制度特点，形成了适合本国的防震减灾体制机制。他山之石，可以攻玉。学习借鉴国外一些好的经验做法有助于应对和减轻我国地震灾害风险。通过对美国、日本、意大利、新西兰、智利、墨西哥等有关国家的防震减灾体制机制进行梳理分析，总结国外防震减灾体制机制的经验和做法，归纳出相关启示与借鉴如下。

（一）建立综合性的自然灾害综合防治法律体系

1950年美国颁布了第一部关于联邦灾害援助的综合性法律《灾害救助法》。1988年又颁布了一部全面的防灾减灾救灾法律《斯塔福德灾难与紧急援助法》，确立了联邦政府在预防、减灾、灾后重建等方面的指导原则，具体规定了联邦政府在救灾事务上与各州政府的合作方式、各自的职权范围以及资金与物资的运作程序。2001年"9·11"事件发生

后美国制定了《国土安全法》等一系列应急管理法律制度，对联邦政府在国家层面应急管理的职责定位、职权划分、责任关系等进行了明确和细化，提高了联邦政府的整体协调能力以及联邦与州之间的全面合作能力。

日本的防灾减灾救灾法律法规以《灾害对策基本法》为基础，分为基本法类、灾害预防和防灾规划法类、灾害紧急应对法类、灾后重建和恢复法类、灾害管理组织法类等五大类，构成了一个系统的法律法规体系。其中，1961年颁布的《灾害对策基本法》规定了国家和地方政府的防灾体制、防灾计划、灾害预防、应急对策以及灾后重建等灾害对策的基本内容，是日本进行灾害管理的根本法律，也是其他相关法律的立法依据，颁布以来先后进行了20多次修订完善。1978年颁布的《大规模地震对策特别措施法》是日本防震减灾立法领域的核心法律，是调整防震减灾法律关系的重要法律准则。

根据美国、日本等国家自然灾害防治综合立法的经验，结合我国防灾减灾救灾体制机制改革实际，制定《自然灾害防治法》是必要的。制定《自然灾害防治法》，并不影响《防震减灾法》《防洪法》等有关法律的有效性，它们之间的关系可以类似于日本《灾害对策基本法》与《大规模地震对策特别措施法》之间的关系，构成防灾减灾救灾基本法与防震减灾专门法律之间的关系。

（二）建立扁平化的应急管理体制机制

美国对自然灾害和人为灾害采取统一管理方式，其灾害管理体制由三个层次组成：联邦政府层面的国土安全部、联邦紧急事务管理局等机构，州政府层面的应急管理机构，地方政府层面的应急管理中心。州政府和地方政府具有高度自治权，联邦、州、地方三级灾害管理机构之间没有行政隶属关系，只有业务指导和协作关系。其灾害应急救援机制以地方政府为节点，形成了一个扁平化的应急救援网络，实行统一管理、属地负责、分级响应。各应急节点以灾害规模、应急资源需求和事态控制能力作为请求上级政府响应的依据。当灾害发生后，首先由所在州和地方政府进行自我救援。联邦政府只是在灾难的后果超出州和地方政府的处理能力时，根据州政府的援助请求，提供补充性的帮助。

日本和新西兰也都对各种自然灾害实行综合管理。日本建立了中央政府、都道府县政府、市町村政府分级负责，以市町村为主体，消防、国土交通等有关部门分类管理、相互配合，防灾局综合协调的应急管理体制机制。当发生特大灾害时，中央政府成立"紧急灾害对策本部"，由首相担任本部长。各都道府县设有防灾会议，各市町村也设有相应机构，具体负责本辖区防灾救灾工作。新西兰成立了总理和内阁直接管理的独立机构国家应急管理局,并赋予其重要管理职能,由其领导和协调整个应急管理系统,包括中央和地方政府,以应对所有的灾害和风险,确保减少风险、准备、应急响应以及从紧急情况下恢复社会运行的有效性和一体化。

从美国、日本、新西兰等国家的自然灾害应急管理体制机制来看,一是大应急管理体制符合自然灾害应急管理客观实际;二是属地负责的灾害管理体制有利于责任落实。我国防震减灾工作已纳入大应急管理体系,应急管理平台和各类应急资源得到整合,倡导并落实属地为主的管理体制,但仍需要不断探索,通过实践进一步积累经验,不断完善防震减灾事业管理体制和运行机制。

(三)建立专责机构管理的地震监测和信息发布机制

地震多发国家都非常重视地震监测、数据管理和地震信息发布。在美国,主要依托于美国地质调查局负责地震监测、地震数据汇总管理以及地震信息对外发布。无论是美国境内地震,还是全球地震,都能够快速处理,并通过地震信息网及时发布。在日本,地震、海啸和火山的监测预报预警由日本气象厅管理,具体由其内设的地震火山部负责。在地震火山部内,设置管理课、地震海啸监视课、地震预知情报课、火山课等内设机构。对日本及其沿海地区的地震监测信息由地震信息网及时发布,对地震预警信息和海啸预警信息,通过公共通信、广播、电视等媒介实时发布。其他很多国家也都会明确一个政府部门负责地震监测和地震信息发布。有关科研单位和高校科研部门,也可以出于科研目的开展地震监测,地震监测数据与政府主管部门实现信息共享。

我国与美国、日本等有关国家已经建立了国际地震科技合作机制,既可以开展地震灾害应对经验交流,也可以进行地震数据信息交流,构建人类应对大震巨灾的命运共同体。

(四)建立大震巨灾应急准备机制

2011年日本"3·11"大地震引发的巨大海啸对日本东北部岩手县、宫城县、福岛县等地造成毁灭性破坏,并引发福岛第一核电站核泄漏。2023年2月6日土耳其7.8级双震导致23万余栋房屋建筑倒塌,远超当地应急救援能力。近年来,随着我国经济社会的快速发展,高层建筑、地下设施、大型综合体等基础设施大量增加,地震灾害链不断延长,地震灾害的敏感性和脆弱性也越来越凸显。如果在东部人口稠密的城市地区发生一次8级左右的城市直下型地震,其人员伤亡、财产损失情况将是非常严重的,其紧急救援、恢复重建难度可能会超过2011年日本"3·11"大地震和2023年土耳其7.8级双震。

这些情况警示我们,一定要防患于未然,坚持底线思维,做到未雨绸缪,建立并完善大震巨灾应急准备机制。

（五）建立地震灾害风险转移机制

当前，日本、新西兰、美国、土耳其、墨西哥等国家的地震保险都已经得到了较好的发展，对于分担地震灾害风险、推进灾后恢复重建发挥了重要作用。日本早在1966年就颁布了《地震保险法》和《地震再保险特别会计法案》，确立了日本地震保险机制，由各商业保险公司共同发起组建地震再保险公司，政府同时承担相应的风险责任。新西兰也于1945年颁布了《地震与战争损害法案》，1993年又修订颁布了《地震保险委员会法案》，注重利用国际再保险市场进行分保，当震后赔偿金额超过地震保险支付能力时政府将发挥托底作用。日本和新西兰的地震保险都是公益性较强的保险，得到了政府在财政、法律和行政方面的积极扶持。

（六）建立建设工程抗震设防监管机制

强化建设工程抗震设防可以有效抵御地震灾害，虽然在国际上已经形成共识，但是落实起来不同国家仍存在较大差异。2010年1月12日海地7.3级地震造成20多万人死亡，远远高于其他国家同等级别的地震事件；2023年2月6日土耳其7.8级双震造成5万多人死亡，不少建筑发生"叠煎饼式坍塌"；2009年4月6日意大利拉奎拉6.3级地震虽然震级不高，但造成当地309人死亡、1500多人受伤，拉奎拉市部分建筑完全倒塌，因受损不可使用的建筑达1万多座。上述震例造成重大人员伤亡的主要原因是建设工程抗震设防能力不足。

与上述情况不同的是，2010年2月27日智利8.8级大地震仅造成约800人死亡，2010年9月4日新西兰克赖斯特彻奇7.1级地震为"零死亡"，2021年2月13日日本本州东岸近海7.1级地震为"零死亡"。这些国家在强震发生后人员伤亡较少的重要原因在于建设工程抗震设防能力较强。

智利、新西兰、日本等国家在建设工程抗震设防方面，具有健全的法律制度和严格的技术标准，政府监管较为到位，社会违法成本较高，从而极大程度降低了建设工程易损性，较好地提高了城乡防灾韧性，减灾成效明显。借鉴国外正反两方面的经验和教训，我国坚持"以防为主"的工作方向，建立主动防御机制，把重心放在提高建设工程的抗震设防能力上，是必然的选择。

二、我国防震减灾体制机制特点和优势

我国是地震灾害多发国家之一，在同地震灾害作斗争的实践中，走出了一条具有中国特色的防震减灾造福人民之路。在多次大地震事件应对过程中，我国社会主义制度的优越性、中国共产党"两个至上"的执政理念、党中央强大的号召力和国家动员力、中国人民"一方有难八方支援""众志成城"的优良传统和强大的社会凝聚力，都得到了充分展现，形成了伟大的抗震救灾精神。通过回顾我国防震减灾体制机制的发展历程，结合当前工作实际，认真梳理和分析我国防震减灾体制机制的特点和优势是十分必要的。

（一）坚持和加强党的全面领导

我国防震减灾事业是在党的统一领导下不断发展起来的。1966年3月邢台6.8级、7.2级地震发生后，周恩来总理三次亲赴灾区指导部署抗震救灾工作，发出向地震预报进军的号召。1969年7月渤海7.4级地震发生后，成立中央地震工作小组。1970年1月云南通海7.7级地震发生后，周恩来总理作出了"地震是有前兆的，可以预测的，可以预防的，要解决这个问题"的指示。经国务院批准，国家地震局于1971年8月正式成立，并在短期内调整、组建了各省级地震工作机构和以地震科研为核心任务的研究所，我国地震管理和专业队伍由此壮大。党的十八大以来，习近平总书记多次对防震减灾工作作出重要指示批示，提出"两个坚持、三个转变"防灾减灾救灾新理念，部署推进防灾减灾救灾体制机制改革，构建"大安全大应急"框架，擘画了新时代防震减灾事业发展蓝图。

（二）坚持以人民为中心的发展思想

在防震减灾事业发展历程中，党和政府始终把保护人民群众生命财产安全作为谋划和推进各项工作的出发点和落脚点。1966年3月10日，在余震不断的邢台地震灾区，周恩来总理坚持请乡亲们背风而坐、自己迎风讲话的一幕曾感动了无数人。进入21世纪以来，党和政府扎实推进防震减灾工作，在全国范围内组织实施了大规模的农村民居地震安全工程、校舍安全工程、农村危房改造、地震易发区房屋设施加固工程等重大工程项目，有效提高了农村民居、中小学校舍等建设工程的抗震设防性能。例如，以前地震灾情比较严重的新疆逐步实现了5级地震"零死亡"，甚至6级地震"零死亡"。党的十八大以来，习近平总书记强调"坚持人民至上、生命至上"[①]"防灾减灾救灾事关人民生命财产安全，事

[①] 《习近平：高举中国特色社会主义伟大旗帜　为全面建设社会主义现代化国家而团结奋斗——在中国共产党第二十次全国代表大会上的报告》，《人民日报》2022年10月26日。

关社会和谐稳定"①，多次赴地震灾区慰问受灾群众，指导抗震救灾和恢复重建工作，这些重要论述和防震减灾、抗震救灾生动实践体现了习近平总书记深厚的为民情怀和以人民为中心的发展思想，彰显了人民领袖的崇高境界、家国情怀和使命担当。

（三）充分发挥社会主义制度优势

地震灾害突发性强、破坏性大、影响范围广，防御和救灾难度很大。1976年唐山地震发生后，人民解放军及全国各行各业近30万人组成的救援大军火速赶赴灾区开展抢险救灾，从瓦砾中救出1.64万名群众，10万名重伤员通过航空和铁路转送到全国各地救治，震后一周内数十万灾民衣食、饮水得到解决，震后一个月内灾区供电、供水、交通、电信等生命线工程初步恢复，震后第一个冬天灾民全部住进简易房，震后一年多工农业生产得到全面恢复。2008年汶川地震发生后，全党全军全国各族人民同舟共济，迎难而上，开展了我国历史上救援速度最快、动员范围最广、投入力量最大的抗震救灾斗争，最大限度挽救了受灾群众的生命，最大限度减轻了地震灾害损失，在汶川抗震救灾实践过程中铸就的"万众一心、众志成城，不畏艰险、百折不挠，以人为本、尊重科学"的伟大抗震救灾精神已成为中国共产党人精神谱系的重要组成部分；震后通过19个兄弟省（市）的对口支援和灾区人民的共同努力，灾区仅用2年时间便完成了计划3年的恢复重建任务，实现了从灾难到进步、从悲壮到豪迈的历史性跨越。2021年5月21日晚、22日凌晨，云南漾濞6.4级、青海玛多7.4级"一夜双震"发生后，习近平总书记作出重要指示，国务院抗震救灾指挥部统筹调度各方面力量，支持指导云南、青海两地同步开展余震监测、趋势研判、人员搜救、群众安置等工作，取得了两场抗震救灾的重大胜利，再次展现了我国社会主义制度的优越性。

（四）持续优化防震减灾事业组织架构

中华人民共和国成立初期，全国没有统一的地震管理机构。1966年邢台地震后，国务院明确由国家科委负责全国地震工作的安排、协调。1969年渤海地震后，成立中央地震工作小组。1971年成立国家地震局，作为中央地震工作小组的办事机构，由中国科学院代管。1975年将国家地震局调整为国务院直属局，1983年国务院将各省级地震局（办）由以地方政府领导为主的管理体制调整为由国家地震局与地方政府双重领导、以国

---

① 《习近平在河北唐山市考察：落实责任完善体系整合资源统筹力量 全面提高国家综合防灾减灾救灾能力》，《人民日报》2016年7月29日。

家地震局为主的管理体制。1993年调整为国家科委管理的国家局（副部级），1998年将国家地震局更名为中国地震局并作为国务院直属事业单位，2018年将中国地震局调整为由应急管理部管理的事业单位（副部级）。目前，中国地震局共有9个内设机构、12个直属事业单位，31个省级地震局实行中国地震局和省级人民政府双重领导、以中国地震局为主的管理体制。此外，全国还有429个地市级防震减灾工作机构，2652个县级防震减灾工作机构，受市县政府领导，由省级地震局进行业务指导。通过不断调整优化，形成了中央、省、市、县四级防震减灾工作机构分级负责、属地管理为主、协调联动的工作机制。

（五）不断完善防震减灾业务体系

1966年邢台地震揭开了我国地震监测预报的序幕。1988年云南澜沧—耿马7.6级、7.2级地震之后提出了"地震应急"的概念，形成了地震综合防御的工作思路。1994年首次全国防震减灾工作会议将地震工作定义为防震减灾工作，并明确了地震监测预报、震灾预防、地震应急、地震救灾与重建四个重点环节。2000年第二次全国防震减灾工作会议确立了地震监测预报、震灾预防、紧急救援三大工作体系，之后又逐渐拓展形成地震监测预报、震灾预防、紧急救援和地震科技创新"3+1"工作体系。2018年党和国家机构改革以来，中国地震局党组践行"探识地震、感知风险、韧性防御、智慧服务、综合治理"战略思路，提出"夯实监测基础、加强预报预警、摸清风险底数、强化抗震设防、保障应急响应、增强公共服务、创新地震科技、推进现代化建设""四句话、四十九个字"战略举措，着力构建地震监测预报预警和震灾风险探查区划评估、防震减灾服务和地震科学研究"2+2"业务布局，统筹推进地震灾害风险防治体系、地震基本业务和保障服务体系、地震科技创新和人才体系、防震减灾社会治理体系现代化，明确了新时代防震减灾高质量发展的战略安排。

（六）依法规范并保障防震减灾体制机制

面对地震灾害多发的基本国情，我国在依法规范和保障防震减灾体制机制方面进行了综合探索。1966—1976年间中国大陆经历了9组7级以上重大灾害性地震事件，造成了严重的人员伤亡和经济损失。进入21世纪后，又相继发生了2008年四川汶川8.0级地震、2010年青海玉树7.1级地震等重大灾害性地震事件。在与地震灾害抗争的过程中，推动了"党委领导、政府负责、社会协同、公众参与"的防震减灾社会治理体系的形成和发展，防震减灾事业也步入了法治化管理轨道。经过多年努力，我国防震减灾法制建设取得长足进展，构建了由法律、行政法规、部门规章、地方性法规、地方政府规章组成的防震减灾法律体系，以国家标准、行业标准为主体，以地方标准、团体标准、企业标准为补充的地震标准体系，以国家规划为统领，以专项规划为支撑，地方规划为基础的防震减灾规划体系，防震减灾体制机制得到规范和保障，防震减灾工作的规范化、现代化水平不断提升。

（七）建立防震减灾双重计划财务体制

1997年4月，经国务院同意，原国家地震局、原国家计委、财政部联合印发了《关于建立健全防震减灾计划体制和相应经费渠道的报告》，建立了防震减灾中央与地方双重计划财务体制。2020年，国务院办公厅印发《应急救援领域中央与地方财政事权和支出责任划分改革方案》，将包括地震灾害在内的全国灾害事故风险调查和重点隐患排查、国家自然灾害监测预警体系建设等事项确认为中央与地方共同财政事权，并明确了中央与地方的具体事权内容，为大应急体制下落实防震减灾双重计划财务体制提供了重要政策依据。2023年8月，中国地震局印发《关于进一步发挥防震减灾双重计划财务体制优势 更好服务地方经济社会发展的通知》，要求各地积极探索推进防震减灾基础业务指标纳入地方国民经济和社会发展计划，强化基础业务定额应用，进一步推动地方财政事权落实。经过持续努力，防震减灾双重计划财务体制在各地不断推进和巩固，资金投入的快速增长为防震减灾事业持续健康发展提供了有力保障。

（八）着力打造多元共治格局

各级地震部门与应急管理部门建立重大事项协商、联合检查、共同考核、资料共享等多项系统合作机制，与宣传、教育、科技、科协、文旅、民委等部门广泛开展防震减灾科普宣传，与住建、自然资源、生命线工程行业主管部门协同加强国土空间规划地震安全和建设工程抗震设防要求管理，与财政、金融监管等部门推动构建多层次的地震巨灾风险共担机制，与发改、财政、教育、工信、住建、交通、水利、农业农村、卫生健康等部门推动实施地震易发区房屋设施加固工程，与科技、自然科学基金委等部门推进地震科技创新和成果转化，与宣传、广电、工信、交通、水利、教育等部门推进地震预警工作。社会力量和市场积极参与地震群测群防、地震科技创新、防震减灾科普宣传、地震应急救援等工作。通过持续努力，逐步形成了多元齐抓共管、协同配合的良好局面，既支撑和促进了地震部门的工作，也有效提升了全社会防震减灾综合能力。

第二节 战略问题

新时代新征程上,防震减灾体制机制建设面临新形势新要求。为了充分体现和发挥我国防震减灾体制机制特点和优势,深入推进防震减灾事业现代化建设,需要从战略高度认识和把握以下五个方面的问题。

一、体制和机制的健全完善

防震减灾事业管理体制由法律规定,具体由一系列防震减灾法律制度构成,直接决定着防震减灾事业运行机制。随着经济社会高质量发展和中国式现代化进程加快推进,特别是面对深化改革新的形势和防震减灾事业发展新的要求,防震减灾法律法规规章的修订和完善出现了相对滞后的情况,致使防震减灾体制机制与新形势新要求出现了不相适应的问题。下一步,一是要与时俱进修订和完善防震减灾法律法规规章体系,进一步优化防震减灾体制机制顶层设计;二是要强化防震减灾法律制度的执行,更加充分地发挥防震减灾体制机制成效;三是要持续深化防震减灾体制机制改革,不断创新防震减灾体制机制,更好适应经济社会发展需要,充分体现防震减灾体制机制的与时俱进。

二、中央与地方事权和支出责任的科学合理划分

防震减灾事权是指各级政府在防震减灾公共服务中应当承担的任务和职责,防震减灾支出责任是指各级政府履行防震减灾事权的支出义务和保障。近年来,我国逐步构建了防震减灾中央与地方事权和支出责任划分的体系框架,为支撑保障防震减灾事业发展发挥了重要作用,但还不同程度存在不清晰、不合理、不规范等问题,特别是中央与地方政府在防震减灾领域的事权和支出责任缺乏明确界定,交叉错位情况较多。由于地震灾害影响范围广的特殊性,以及防震减灾法律法规规章体系对防震减灾事权的规定不够细化,造成防震减灾事权特别是地方事权不够清晰,尤其是发生特别重大地震灾害和跨区域的重大地震灾害后,一些地方政府往往存在相互推诿和等靠思想,且越向基层越普遍。在防震减灾财政支出方面,中央财政资金发挥绝对主力作用,支出压力大;地方财政投入体量小,缺乏稳定增长机制且不同地区支持力度很不均衡,仅能作为防震减灾事业发展资金需求的补充。下一步,要在防震减灾中央与地方事权和支出责任划分改革的新背景下,科学合理划分中央与地方事权和支出责任,细化明确中央与地方防震减灾事权,将防震减灾基础业务指标纳入各级国民经济和社会发展年度计划,建立权责清晰、财力协调、区域均衡的支出

责任体系，完善防震减灾"双重计划财务"体制，进而夯实各级政府的防震减灾公共服务支出责任。

三、"大安全大应急"框架的深度融入

2016年12月中共中央、国务院出台《关于推进防灾减灾救灾体制机制改革的意见》，2018年3月中共中央印发《深化党和国家机构改革方案》，明确了"大安全大应急"的改革方向。改革后，防震减灾工作机构、人员、职能进行了调整转隶，防震减灾事业管理体制和运行机制发生了较大变化。目前，在"大安全大应急"框架下，地震部门从危机管理向风险管理的防灾理念尚未完全转变，从传统科研型工作模式向业务服务型工作范式变革仍然存在差距，从运用行政手段管理社会到通过信息技术服务提升社会防灾能力的效果还不明显。地震部门与应急管理部门的工作合力有待提升，发挥地震部门人才、技术、资源优势为"大安全大应急"提供支撑服务还不够。地震部门与其他行业部门的权责边界不够清晰，职能分工存在交叉，沟通协作机制有待细化完善。下一步，地震部门要加快融入"大安全大应急"框架，准确把握结合点和着力点，既要利用大应急的平台和资源优势推进防震减灾重点工作，又要练好内功，聚焦主责主业，完善防震减灾工作体系，在此基础上从各级政府、行业部门、社会公众对防震减灾的需求入手，基于"大安全大应急"框架下政府有关职能部门在防震减灾工作中的职责分工，厘清地震部门履行行业管理、为社会提供专业服务、为政府提供应急响应支撑等职能职责定位，充分发挥"大安全大应急"框架下地震部门关键作用，以高水平地震安全服务保障中国式现代化。

四、基层治理体系和治理能力的夯实提高

基层是社会治理的基础，也是落实防震减灾各项措施的"最后一公里"。只有基层的防震减灾能力得到了切实加强和提高，全社会才能有效防范应对地震灾害风险。目前，市县地震工作弱化、机构分散、职责不清、人员减少、履职能力不足等问题还没有实现根本改变，"四个纳入"推进力度有待加强，防震减灾向乡镇（街道）、社区（村）等基层延伸不够，工作难部署、难落实现象普遍存在，纵向到底的责任体系还没有完全建立。防震减灾"三网一员"与基层社会治理体系的融合有待深入，基层人员的防震减灾业务素质不强，地震应急准备措施也不够到位。下一步，要着力加强防震减灾基层治理体系和治理能力建设，建立健全基层治理体制机制，不断提高基层治理的社会化、法治化、专业化水平，努力实现基层治理体系和治理能力现代化。

五、社会力量和市场参与的规范引导

地震灾害具有特殊性,防御与减轻地震灾害涉及全社会方方面面。近年来,随着防震减灾事业现代化建设的深入推进,以社会组织、企事业单位等为代表的社会力量和市场逐渐成为支持和参与防震减灾工作的重要补充力量。目前,社会力量和市场参与防震减灾的有效性和有序性还存在一些不足。一方面,政策法规不健全,激励保障机制不完善,监管引导不到位,相关行业标准的"硬约束"作用发挥不够。另一方面,社会化企业的逐利取向与防震减灾公共服务的社会效益取向之间存在一定的矛盾或价值背离,如果缺乏有效的监管措施,将会出现无序发展的情况,降低服务质量和标准,损害公众利益。此外,地震部门统筹社会力量和市场资源的能力不强,防震减灾产业发展政策和发展规划缺失,防震减灾信息公开力度不够,社会力量的防震减灾专业能力不足,这些问题也影响了社会力量和市场作用的发挥。下一步,要加强地震部门与社会力量、市场机制的协同配合,积极鼓励引导规范社会力量和市场参与防震减灾活动,推动形成多方有效有序参与的社会化防震减灾格局,更好发挥社会力量和市场在防震减灾工作中的重要作用。

第三节　战略目标

到 2035 年,在"大安全大应急"框架下,防震减灾法制基础得到进一步夯实,防震减灾制度体系得到进一步优化,"党委领导、政府负责、社会协同、公众参与"的防震减灾事业管理体制得到进一步完善,组织领导机制、法治保障机制、规划引领机制、投入保障机制、科技创新机制、业务支撑机制、社会动员机制、考核评估机制、责任追究机制等防震减灾事业运行机制得到进一步健全,基本实现防震减灾治理体系和治理能力现代化。

第四节　战略行动

一、战略举措

(一)完善防震减灾事业管理体制

当前,防震减灾工作坚持"党委领导、政府负责、社会协同、公众参与"的管理体制。防震减灾法律法规规章体系的完善，主要围绕进一步优化这一管理体制而进行。深化防震减灾改革，也主要围绕进一步优化这一管理体制而进行。在防震减灾工作机构不断调整优化的过程中，这一管理体制逐步得到了加强。今后，防震减灾工作如何全面融入"大安全大应急"框架，并在这一框架下不断完善防震减灾管理体制，是摆在地震部门面前的重要任务。

1. 坚持党委领导

把党的领导落实到防震减灾各领域各方面各环节，始终确保防震减灾事业发展的正确方向。在中央层面，加强党中央对防震减灾工作的集中统一领导。在地方层面，充分发挥各级党委在防震减灾工作中总揽全局、协调各方的领导核心作用，充分发挥党的政治优势、组织优势和制度优势，凝聚起全社会防震减灾工作合力。

2. 坚持政府负责

在国家层面，国务院根据党中央重大决策部署，加强对防震减灾工作的组织领导，发挥国务院抗震救灾指挥部或者国家防灾减灾救灾委员会作用，统筹推进全国防震减灾和抗震救灾工作，地震部门依法履行防震减灾工作主体责任。在地方政府层面，发挥各级政府在防震减灾工作中的主导作用，转变政府职能，优化政府组织结构，强化防震减灾组织领导和条件保障，建立健全防震减灾、抗震救灾议事协调机构，推动防震减灾"四个纳入"，落实各级政府的防震减灾法定职责。

3. 坚持社会协同

防震减灾工作需要社会各方面力量共同参与。地震灾害发生前，需要全社会坚持预防为主，落实各项预防措施，做好地震应急准备。地震灾害发生后，需要全社会万众一心、众志成城，投入抗震救灾中。因此，应当充分发挥社会组织、企事业单位、社区（村）、志愿者组织作用，不断提升全社会抵御和应对地震灾害的能力。

4. 坚持公众参与

防震减灾离不开公众的参与。在地震灾害面前，公众既是地震灾害的加害对象，又是减轻地震灾害的坚强力量。地震灾害发生前，公众需要掌握防震减灾基本知识和自救互救技能，做好充分的地震应急准备。地震灾害发生后，公众需要第一时间投入自救互救中，成为抗震救灾的主力之一。震例表明，绝大部分的地震被埋压人员是通过自救互救而得救的。

（二）完善防震减灾事业运行机制

防震减灾事业运行机制应当与防震减灾管理体制相协调，并适应国情和时代要求。防震减灾事业管理体制优化完善后，运行机制也需要相应地优化完善。与此同时，为了更好地体现管理体制的优势，运行机制就更需要发挥其灵活性，通过不断创新以适应经济社会发展提出的新需求。

1. 强化组织领导机制

坚持党的全面领导，把防震减灾工作纳入党委政府重要议事日程。建立健全各层级防震减灾工作机构，明确防震减灾执法主体。建立战时抗震救灾指挥机制（抗震救灾指挥部或者防灾减灾救灾综合指挥机构），完善日常防震减灾工作协调机制（防震减灾工作领导小组、防震减灾工作联席会议等议事协调机构）。

2. 强化法治保障机制

根据防震减灾新的实践和新的管理需求，与时俱进制修订《防震减灾法》和配套法规规章，加强地方性立法，健全完善防震减灾法律法规规章体系。深化防震减灾执法体制改革，加强执法队伍建设，完善执法制度，提高执法能力。创新防震减灾执法监督机制，加强防震减灾普法工作，把防震减灾法定职责和法律义务落到实处。

3. 强化规划引领机制

依法将防震减灾工作纳入各级国民经济和社会发展规划，制定防震减灾中长期规划和五年规划并组织实施，加强防震减灾专项规划编制并实施。在完善防震减灾规划体系的基础上，推进防震减灾业务体系建设。

4. 强化投入保障机制

依法将防震减灾工作所需经费列入各级政府预算，保证防震减灾工作所需经费投入。推进防震减灾重点项目立项，加大防震减灾重点项目投入。面对复杂的地震形势和严峻的地震灾害风险，应当建立防震减灾所需经费自然增长机制。

5. 强化科技创新机制

坚持科技自立自强，加大地震科技创新投入，强化地震科技基础条件平台建设。加强地震科技创新团队和人才队伍建设，制定鼓励地震科技创新的政策措施，提高地震科技创新能力。

6. 强化业务支撑机制

建立健全地震监测预测预报预警、地震灾害风险防治、地震应急响应、地震科技创新与科技服务、防震减灾宣传教育等业务体系，加强防震减灾基础设施建设。细化防震减灾业务支撑制度性安排，针对地震灾害特点，统筹施策，提高综合减灾实效。

7. 强化社会动员机制

发挥社会力量和市场覆盖范围广、组织灵活便利、技能型人才多元等优势，建立社会力量和市场有效有序参与防震减灾活动的动员机制，统筹社会各种资源服务于防震减灾工作。

8. 强化考核评估机制

将防震减灾工作纳入政府目标考核体系，建立科学的考核评估机制，对照防震减灾法定职责，公正、客观、准确评价防震减灾法定职责履行情况和成效。

9. 强化责任追究机制

抓好考核评估结果应用，实施负面清单管理，对于违反防震减灾法律法规规章和未依法履行防震减灾法定职责的，进行责任追究。

二、重点任务

（一）依法确定防震减灾事权划分

防震减灾事权由防震减灾法律法规规章规定，从我国防震减灾法律法规规章体系看，防震减灾中央事权与地方事权总体上是协调统一的，因为防震减灾地方性法规、政府规章与国家防震减灾法律和行政法规基本上协调一致。各级政府在落实防震减灾事权过程中，既需要分工明确又需要统筹协调，避免法定事权履行出现空白。

1. 明晰各级防震减灾事权

在国家层面，制定和修订法律法规，颁布并实施国家防震减灾规划；建立健全国家防震减灾体制机制，搭建国家防震减灾管理体系和业务体系；地震部门和其他相关部门依据法律法规授权，各负其责，密切配合，共同做好防震减灾工作。在地方层面，省市两级立法机构做好防震减灾地方性法规、政府规章的制定和修订工作；省市县各级政府颁布并实施同级防震减灾规划；优化和完善各级防震减灾体制机制，搭建同级防震减灾管理体系和业务体系；各级地震部门和其他相关部门依据法律法规规章授权，各负其责，密切配合，共同做好防震减灾工作。

2. 优化防震减灾业务事权划分

从地震监测预报预警、地震灾害风险防治、地震应急响应、地震科技创新与科技服务、防震减灾宣传教育等五个业务工作领域出发，本着"全国性事项、跨区域事项、重大事项、基础核心问题归属中央事权，行政区域内事项、一般事项以及区域内问题归属地方事权"的原则，构建基于业务的事权归属体系。在此过程中，需要特别注意的是地方与中央共同事权的界定以及责任归属，依法推进防震减灾法定职责的履行。

（二）落实中央和地方各级支出责任

在顶层设计上，《防震减灾法》第四条关于"将防震减灾工作纳入本级国民经济和社会发展规划，所需经费列入财政预算"的规定为支出责任落实提供了法律依据，把防震减灾"双重计划财务"体制落到实处是各级政府的法定职责。在具体支出责任体系构建思路方面，应当立足国情，考虑到防震减灾工作的特殊性，以及现行防震减灾机构"条块"设置的实际，面向"基本支出"和"专项支出"两个层面搭建多维支出责任体系。

1. 搭建基本支出责任体系

从业务维度建立与事权划分相协调的支出责任体系，秉承中央事权事项由中央财政承担，地方事权事项由地方财政承担的基本原则，构建地震监测预报预警、地震灾害风险防治、地震应急响应、地震科技创新与科技服务、防震减灾宣传教育等五大类防震减灾事项的支出责任划分机制。从区域维度建立区域平衡的支出责任体系，根据各地的地震灾害危害性和财力水平，将全国分为五大类区域，实行中央和地方不同比例的分担办法，同时注意对革命老区、民族地区、边疆地区、欠发达地区、地震多发区等区域财力缺口的弥补。加大一般性转移支付力度，增强财政困难地区兜底能力，确保政权运转、民生保障和防震减灾公共服务供给。中央加大均衡性转移支付力度，促进地区间财力均衡。

2. 搭建专项支出责任体系

根据项目的战略地位、重要程度以及实施部门级别，构建防震减灾重大项目的支出责任划分机制，坚持源头化管理，谁立项谁负责，支出责任与实施项目责任主体的职责对应，在各级财政作出专门安排。根据地震灾害损失严重程度和启动的地震应急响应级别，构建分等级的防震减灾支出责任划分机制，建立各级财政为主体、社会资本参与的资金共担机制，规范转移支付制度，加强社会资本运用。

（三）发挥"大安全大应急"框架下地震部门关键作用

在"大安全大应急"框架下，地震部门作为防震减灾的主力军，分工更加明确、作用更加聚焦。

1. 依法履责尽责，当好参谋助手

根据《防震减灾法》等法律法规规定，地震部门依法履行防震减灾职责，为党委政府防范地震灾害风险当好参谋助手，为打造共建共治共享的防震减灾社会治理体系发挥协调联络作用。

2. 发挥专业优势，提供公共服务

地震部门发挥专业技术优势，做强地震监测预报预警、地震灾害风险防治、地震应急响应、防震减灾宣传教育等业务工作，开展防震减灾科学技术研究，针对不同社会主体提供防震减灾公共服务和专业技术支撑。

3. 打造标准化、规范化的公共服务产品

面向党委政府，在震前及时提供震情趋势研判意见、震灾风险评估结果，震时精准提供三要素、灾区分布、破坏程度、伤亡人数、次生灾害风险等快速评估信息，震后为恢复重建选址提供专业支撑。面向应急管理部门，震前提供区域内地震灾害风险隐患以及专业化的救援技能培训，震时精准提供应急业务支撑和技术服务。面向相关行业主管部门，震前服务国土空间规划，提供地震风险区划，开展防震减灾工作指导、监督、检查，震时提供业务支撑。面向社会力量，常态化开展应急救援技能培训和防震减灾公共服务，根据企业不同需求提供个性化定制服务，向公众提供地震预警信息服务，运用信息化方式开展防震减灾科普宣传等。

（四）完善防震减灾工作体系

主动适应经济社会新发展、深化改革新形势和防震减灾新需求，持续完善地震监测预报预警、地震灾害风险防治、地震应急响应、地震科技创新与科技服务、防震减灾宣传教育等五大工作体系，并持续优化相关运行机制。

1. 加强地震监测预报预警工作

聚焦"探识地震、感知风险"，树立地震监测预报预警数据是地震部门掌握的最基本、最重要、最有价值的数据资源和生产要素意识，全面加强地震监测台网、地震预警站网规划、建设、运行和维护管理，组织科研人员不断加大地震预测预报科技攻关力度，持

续开展长、中、短、临渐进式地震预测预报科学探索，健全完善监测预报预警业务化体系，加速提升"震前打个招呼"保障能力。

2. 提高地震灾害风险防治能力

聚焦"感知风险、韧性防御"，主动探查地下风险（主要来源于地震活动断层和潜在震源），防范化解地上风险（主要来源于建设工程易损性）。地震部门应当加强地震活动断层和潜在震源探查、监测和评估，强化建设工程抗震设防要求监管；住建部门应当加强房屋建筑和市政工程的抗震设计和施工质量监管；各生命线工程行业主管部门应当加强生命线工程的抗震设计和施工质量监管。通过综合施策，摸清地下风险底数，最大限度减少不设防建设工程存量，控制不设防建设工程增量。

3. 做好地震应急响应准备

以"时时放心不下"的责任感强化大震监视和应对准备。建立政府统一领导、资源共享的应急响应体系；建立属地管理为主、分级负责、逐步升级、上下联动的运行模式；建立常态减灾和非常态突变交换运行机制，把常态减灾的预防工作与非常态突变的应急处置工作有机结合起来；建立依靠科技、专家参与的辅助决策系统；建立具有较强针对性和可操作性的应急预案体系。

4. 推进地震科技创新

聚焦防震减灾事业发展战略思路全过程全领域全生态，组织实施中国地震科学实验场等一批重大科研计划攻关，重点加强地球动力学和地震发生机理等防震减灾基础研究，大力开展地震监测装备研发、建（构）筑物减震隔震技术研究等防震减灾应用研究。

5. 强化防震减灾宣传教育

聚焦"智慧服务"，坚持人民至上、生命至上，在全社会倡导和普及防震减灾预防文化，持之以恒地推动防震减灾知识进机关、进学校、进企业、进社区、进农村、进家庭等"六进"活动，提高社会公众的防震减灾意识和地震应急避险、自救互救能力。

（五）夯实防震减灾基层治理基础

针对防震减灾基层治理方面存在的短板弱项，从市县、乡村两个层面推进防震减灾基层治理体系和治理能力现代化。

1. 健全完善市县防震减灾体制机制

按照分级负责、属地管理为主的原则，压实市县防震减灾主体责任，指导督促市县党委政府健全防震减灾工作机构，优化职能设置，配备专职人员，落实专项经费，强化条件保障，构建上下贯通、左右协同的防震减灾工作机制，解决防震减灾监督管理方面存在的脱节缺位问题。

2. 加强市县防震减灾工作指导

制定年度市县防震减灾工作要点，定期通报防震减灾重点任务、重点工程进展和各地工作情况，着力构建多层次、多领域的市县防震减灾业务培训体系，不断提高市县部门防震减灾专业化水平。明确市县防震减灾工作事权和市县防震减灾工作机构的职能职责，推动建立省对市、市对县以及省级地震部门对市级地震部门、市级地震部门对县级地震部门的年度防震减灾目标任务考核机制，强化市县防震减灾法定职责履行。

3. 提高乡村防震减灾综合能力

推进防震减灾"三网一员"与基层社会治理体系的有机融合，压实乡镇应急管理机构、基层网格员的防震减灾工作职责。推进地震灾害风险网格化管理，将防震减灾基层治理纳入社区和乡村治理总体格局，依法落实基层组织、家庭和个人责任，推进联防联控、群防群治。加强乡村层面防震减灾资源统筹和基础设施建设，培养壮大志愿者队伍，推进"第一响应人"培训，常态化开展地震应急演练，落实各项应急准备措施。

（六）构建社会力量和市场有效有序参与防震减灾活动机制

坚持鼓励支持、引导规范、效率优先、自愿自助的原则，建立健全社会力量和市场参与防震减灾活动的制度机制和监管体系，推动形成有效有序多方参与的社会化防震减灾格局。

1. 完善政策和制度

通过政策引导社会力量参与地震监测预测、工程性防御、科技研发、科普宣传等工作；通过制度明确社会力量在防震减灾管理中的行为边界和权责，对基本服务和市场服务的范围进行合理划分，使两者之间既界限清晰，又协调配合，从而增加防震减灾服务的有效供给。

2. 建立组织协调机制

加强社会力量与政府、社会力量与社会力量之间的有效衔接与良性互动，提高社会力量和市场参与防震减灾活动的积极性、有序性、有效性。

3. 构建市场自律体系

加强监管机构与市场协会会员之间的沟通协调，反馈行业诉求，促进监管、自律与市场机构之间达成共识、增进互信，构建良好的市场发展生态。

4. 建立双向信息共享机制

社会力量可以从地震部门便捷地获取防震减灾基础信息和需求，政府部门也可以动态掌握社会力量的分布、构成和可利用的资源，以方便统一指挥和资源调配，从而达到社会力量和市场有效有序参与防震减灾活动的目标。

5. 加强立法工作

根据《防震减灾法》第八条关于"任何单位和个人都有依法参加防震减灾活动的义务""国家鼓励、引导志愿者参加防震减灾活动"的规定，制定社会力量参与防震减灾活动的制度规范，将上述机制予以制度化、法制化。

（七）推动落实防震减灾属地责任

把深入贯彻落实《国务院抗震救灾指挥部关于进一步健全完善地方防震减灾救灾体制机制的意见》（国震发〔2021〕2号），作为强化防震减灾管理体制和运行机制的重要举措。以推进防震减灾工作纳入本级国民经济和社会发展规划、纳入财政预算、纳入重要议事日程和地方政府目标责任考核体系为切入点，将防震减灾属地责任落到实处。关于防震减灾"四个纳入"以上均有论述，这里再补充强调的是如何把防震减灾工作纳入本级国民经济和社会发展年度计划的问题。把防震减灾工作纳入本级国民经济和社会发展年度计划，既有利于促进各级政府依法落实防震减灾属地责任，也有利于促进防震减灾业务工作落地实施，从而持续提升本地区防震减灾综合能力，具体包括"三个体现"。

1. 体现在年度政府工作报告中

各级人民政府向本级人民代表大会所作的年度政府工作报告中，应当包括对防震减灾工作部署的内容。虽然每年的政府工作报告受篇幅所限，但是防震减灾工作作为各级政府的法定职责之一，应当向人民代表报告相关工作，这也是各级政府依法履行防震减灾责任和义务的具体体现。

2. 体现在年度国民经济和社会发展计划中

各级发展改革部门向本级人民代表大会所作的关于上一年度国民经济和社会发展计划执行情况与下一年度计划的报告中，应当包括防震减灾工作的进展和计划的内容，具体指标有地震台站数量、地震监控能力、地震速报时间、地震安全性评价项目比例、地震小区划数量、活动断层探测数量、防震减灾科普示范学校数量、青少年防震减灾知识普及率等。相关内容既可以在报告正文中体现，也可以在附件表格中体现。

3. 体现在年度政府预算中

各级财政部门向本级人民代表大会所作的关于上一年度预算执行情况和下一年度预算的报告中，应当包括防震减灾预算执行和预算安排。年度支出预算既应包括公用经费、人员经费、业务专项经费等，还应包括重点项目经费。

第十章　防震减灾事业发展的政策与法制环境

防震减灾事业政策与法制是指为保障和规范在我国境内实施地震监测预报预警、震灾风险探查区划评估、防震减灾服务、地震科学研究等活动而制定的一系列政策法规的总和，主要包括法律、法规、标准、规划、制度等，是实施"综合治理"战略思路的关键环节。按照"四句话、四十九个字"战略举措的要求，构建结构完整、逻辑严密、功能完善的防震减灾事业法制政策体系，营造良好的防震减灾事业发展的政策与法制环境，推动防震减灾治理体系和治理能力现代化建设。

第一节　战略背景

一、我国防震减灾政策法制现状

（一）规划体系

1953年国家"一五"规划的大规模经济建设，推动了地震烈度、地震区划等工作的蓬勃发展。1956年编制完成的《中华人民共和国科学技术长远规划》中列入"中国地震活动性及其灾害防御的研究"课题，防震减灾工作第一次写入国家级规划。虽然没有形成独立的防震减灾规划文本，却深刻推动了关于地震烈度、地震区划等问题的科学认识，明确重点建设项目都必须按一定的地震烈度进行抗震设计，为形成我国"预防为主，防御和救助相结合"的防震减灾工作方针奠定了基础。

1966年河北邢台地震后，周恩来总理亲赴灾区全面部署和直接指挥抗震救灾工作，作出了向地震预报进军的指示。1971年成立国家地震局，统一管理全国地震工作，开启了我国地震事业建设与发展的新纪元。但这一时期的防震减灾规划目标主要聚焦地震监测预报工作，目标定得过高，难以实现，比如全国地震工作五年规划（1970—1974年）的奋斗目标提出"重点地区实现5级以上地震短期预报"，1977年制定的《1978—1985年全国地震工作发展规划纲要（草案）》提出实现较准确的长、中、短、临三要素预报，实际未发挥规划科学引领的作用。

改革开放后，国家连续制定了"六五"至"十四五"国民经济和社会发展计划或规划。2004年和2010年，国务院先后发布《关于加强防震减灾工作的通知》《关于进一步加强防震减灾工作的意见》，提出2020年防震减灾工作目标和各项政策措施。1980年的全国地震局长会议制定了地震工作的五年计划（1981—1985年），随后向国家科委报送了《1981—1990年全国地震科学工作长远计划要点（草案）》；先后制定了《1986—1990年地震重点工作发展规划纲要》《国家地震局十年规划基本思路和"八五"计划要点》《中国防震减灾"九五"计划和2010年远景目标纲要》。2006年12月，国务院办公厅印发的《国家防震减灾规划（2006—2020年）》，是我国第一部国家级防震减灾规划。此后，为推进防震减灾事业高质量发展，2016年11月，国家发展改革委、中国地震局共同编制印发《防震减灾规划（2016—2020年）》。2022年4月，应急管理部、中国地震局共同印发《"十四五"国家防震减灾规划》，为科学指导当前防震减灾工作发挥了重要作用。

（二）法律法规规章体系

实行改革开放后，为适应社会主义市场经济体制机制改革需求，防震减灾法制建设进程加快推进，由国家法律、行政法规、部门规章、地方性法规和地方政府规章组成的防震减灾法律法规规章体系不断健全，防震减灾工作实现了从依靠行政命令、工作经验向依法管理的转变、从内部管理到社会治理的转变。

1988年8月，国家地震局发布的行政规章《发布地震预报的规定》是我国第一部防震减灾法律规章。1997年12月《中华人民共和国防震减灾法》颁布，于1998年3月1日施行，这是我国首次以国家立法的方式推进防震减灾工作，防震减灾工作迈入法制化建设新阶段。行政法规方面，自1998年颁布施行《地震预报管理条例》后，《地震安全性评价管理条例》等行政法规陆续颁布实施。部门规章方面，《震后地震趋势判定公告规定》等部门规章陆续发布实施。此外，建设主管部门先后发布了《超限高层建筑工程抗震设防管理规定》（2002年）、《城市抗震防灾规划管理规定》（2003年）、《房屋建筑工程抗震设防管理规定》（2006年）等部门规章，于2021年推动国务院颁布实施了《建设工程抗震管理条例》，进一步丰富和完善了抗震设防管理法律制度，防震减灾法制体系进一步健全。截至目前，除《防震减灾法》外，国家层面共有防震减灾行政法规6部，部门规章10部。

防震减灾地方立法层面，截至 2023 年 11 月 30 日，全国 31 个省（自治区、直辖市）均出台了实施防震减灾法配套的地方性法规，还有 7 个省份出台了 11 件地震观测环境保护等方面的专项地方性法规，各地制定的省级政府规章共计 56 件。设区的市（自治州）立法层面，有 32 个市（自治州）出台了 34 部法规规章，其中地方性法规 12 部、规章 22 部。

（三）标准体系

地震部门自 20 世纪 90 年代开始构建防震减灾行业标准，截至目前共发布实施国家标准 37 项、行业标准 103 项、地方标准 57 项，涵盖了监测预报、震灾预防、应急救援、公共服务等专业领域。近年来，服务地震预警工程建设，发布了地震预警仪器等 6 项标准；服务城市规划和工程建设，修订了第五代地震区划图，制定了活动断层探察系列标准；突出公共服务和社会管理，发布了人员密集场所和中小学校地震避险指南、医院地震紧急处置、地震应急避难场所等一批面向社会公众的地震安全服务标准，地震标准体系基本建立。

在目前颁布实施的 37 项地震工作国家标准中，按照业务领域划分，基础通用类 6 项、监测类 5 项、震防类 5 项、应急类 21 项。在 103 项行业标准中，按照业务领域划分，基础通用类 11 项、监测类 69 项、震防类 10 项、应急类 13 项。

除此之外，其他行业领域也出台了一些与地震工作相衔接，尤其与抗震设防要求工作相衔接的行业标准。例如，在工程抗震设计规范的标准方面，国家和有关部门先后形成了建筑物、核电厂、水工建筑物、电力设施、油气输送管道线路工程、石油化工钢制设备、公路工程、公路桥梁、铁路工程、城市轨道交通、城市桥梁、水运工程等方面的抗震设计规范。

地方标准方面，有 18 个省（自治区、直辖市）颁布实施了地震工作地方标准共 57 项，按照业务领域划分，基础通用类 2 项、监测类 10 项、震防类 18 项、应急类 27 项。

二、国外防震减灾政策法制现状

世界上遭受地震灾害威胁的国家都比较重视防震减灾政策与法制环境的建设，这些政策一般包括地震相关财政、保险、地震救灾、震害防御以及震后重建法规等。总体看，地震灾害较多的发达国家地震法规相对详细且强制性法规占较大比例，而发展中国家大部分停留在大纲和鼓励性水平上。尤其是在地震保险政策和法规方面，除了美国和日本较为成熟，其他国家和地区主要还是依靠商业公司运作推广。

日本的防震减灾法律制度是由防震减灾的立法以及不同层次的防灾计划构成的整体，许多具体修改措施都是从总结大地震应急和恢复重建的经验教训中产生的，具有很强的针对性和实效性。规范防震减灾法律关系有"防灾六法"，从六个不同角度来规范防震减灾过程中各种社会关系的法律规定的总称，即：防灾基本法；有关防灾组织方面的立法；有关灾害预防方面的立法；有关应急对策方面的立法；有关灾后恢复和财政金融措施方面的立法；其他方面的立法。日本防震减灾法律制度最重要的特色，就是以防灾会议为依托的"防灾计划"体系，主要由中央防灾会议和地方防灾会议以及中央防灾计划和地方防灾计划组成，包含了防震减灾的"组织体制"与"规划或预案体系"等防震减灾组织管理和预防准备的内容，表明日本防震减灾法律制度价值核心在于"预防为主""管理优先"。在日本的防震减灾法律制度下，防震减灾活动包括灾害预防、灾害应急和灾害恢复三个部分，政府在防震减灾中的职权和职责相应也就扩展到震前、震中和震后三个阶段，并在法规中对政府各个阶段的职权与职责都有较为清晰的规定。

政府财政援助制度是日本防震减灾法律制度中最具有特色的制度，该制度以国家财政为依托，就防震减灾活动中所需要的各种费用做了全面和系统的规定，主要包括财政负担原则、国家负担应急费用、国家负担和补助灾害恢复费用、中央与地方财政分担、对支援单位的费用补偿、建立救灾基金、特殊的优惠贷款政策、救灾融资活动、建立对灾害的公共财政以及对缺乏救助的补助政策几个方面。在结构物抗震方面，日本经过多轮次法律修订，将建筑物的抗震标准一再提高。修订后的法规将住宅、楼房抗震标准提高为：经得住6至7级地震摇晃而不会坍塌，尤其是商务楼要求能够8级地震不倒，使用期限能够超过100年。在灾害赔偿方面，1966年日本颁布了《地震保险相关法律》，1980年日本增加了对半损也进行赔偿的内容，1991年进一步扩大了地震损失赔偿范围。1996年，日本出台了新的保险制度，将家庭财产和企业财产分开采用不同的保险政策。

美国在科学技术和法律法规环境建设方面一直处于世界领先位置。在建筑设计抗震标准方面，通过制定地方性法规，依据各联邦当地的特点来选择适用的建筑设计规范和标准，并鼓励专业机构组织开展规范或标准的研究和制定。1978年，设立国家地震灾害减轻计划，之后建筑地震安全委员会给出了《NEHRP新建筑与其他结构抗震条款建议》，推动了美国建筑模式规范的统一。1994年，国际建筑官员大会、国际建筑官员与法规管理员联合会和美国南方国际建筑法规委员会共同成立美国国际法规理事会，推动建筑规范的协调和统一。2000年，正式发布《国际建筑规范》，每3年更新一版，现已在全美得到了广泛应用。

美国是地震保险推行最早的国家之一。尤其是美国加州，在1906年旧金山大地震后，便设立了地震保险，1966年成立了由政府特许经营的商业保险出资的组织——加州地震保险局，提供较低保费的地震保险，并将地震危险区、房屋结构、建筑年龄等考虑进去。其他一些州也有相应的地震保险，但加州保险份额约占全美的70%。

智利地处环太平洋地震带，全球有记录的最强烈的地震有四分之一都发生在智利。智利宪法以根本大法的形式明确了中央政府在处理灾难性事件中的责任，其宪法规定，"确保国家安全、保护人民及家庭是国家的义务"。同时，智利地方政府组织法规定，智利各级地方官员有责任避免突发事件或灾难的发生。在灾难发生后，地方官员则有权力采取各种应对措施。2002年，智利出台了"公民保护国家计划"，规定了各级政府在应对突发灾难性事件的每个阶段应采取何种措施。智利采取了监管、保险和再保险的保障模式应对地震带来的损失。1985年地震后，智利政府要求所有建筑都依据抗御9级地震的标准设计建设。根据智利建筑行业相关机构评估，智利5层以上建筑中，超过90%的房屋能抗御9级地震。

新西兰位于板块交界处，地震灾害多发，应对地震灾害积累了丰富经验。该国《民防应急管理法》要求每个区域的政府都要成立一个民防应急管理小组，由地区应急管理办公室以及其他具有民防和应急管理责任的机构组成。该国《建筑法案》要求按照"确认、评估、通知、加固、验收（撤回通知）"五个步骤对易受地震破坏的建筑进行加固改造。新西兰地震保险制度被誉为全球运作最成功的灾害保险制度之一，其主要特点是国家以法律形式建立符合本国国情的多渠道巨灾风险分散体系，以政府与市场相结合的方式尽可能分散巨灾风险。这一地震风险应对体系由三部分组成，包括地震委员会、保险公司和保险协会，分属政府机构、商业机构和社会机构。一旦灾害发生，地震委员会负责法定保险的损失赔偿，保险公司依据保险合同负责超出法定保险责任部分的损失赔偿，而保险协会则负责启动应急计划。

三、防震减灾政策法制建设形势

防震减灾政策与法制建设与国家政策调整、机构调整等息息相关，受国家政策影响较大。同时，防震减灾政策与法制建设存在的突出问题也会制约防震减灾事业高质量发展步伐。近年来，习近平总书记作出了一系列关于应急管理重要论述和防震减灾救灾重要指示批示，为做好新时代防灾减灾救灾工作提供了科学理论和根本遵循。2018年3月，《深化党和国家机构改革方案》公布，组建应急管理部，大应急框架要求相应的法律法规作相应的调整，推动新政策新要求纳入防震减灾法律制度，加强防震减灾立法研究。目前我国已探索了"1+6+10"的法律体系，但适应多部门齐抓共管共同推进防震减灾法制建设的局面还未完全形成，防震减灾法制体系的完善尚有较大提升空间。防震减灾行政执法能力依然较弱，更加偏重业务体系的建设，在行使行政管理职能方面还需进一步加强。防震减灾普法成效有待提升，利用新方式新手段普法能力不足，专业法制人才较为欠缺，为普法工作水平的提升也带来一定难度。经过持续努力，地震标准经历了从无到有、从单一领域向多领域拓展的发展阶段，我国地震标准体系已经基本确立，但与新时代新需求相比还有一定差距。国家防震减灾规划的编制体系较为完备，但后期组织实施力度和规划的约束力有待进一步提升。

第二节　战略目标

到2035年，防震减灾法制体系日益健全，防震减灾政策保障更加到位，行政执法能力显著提高、执法效能大幅提升，各级防震减灾工作机构运用法治思维深化改革、推动发展、化解矛盾、维护稳定、应对风险能力显著增强，防震减灾高质量发展法制环境更加友好，将建成结构完整、逻辑严密、功能完善的防震减灾法规体系和执法体系，基本实现防震减灾国家治理体系和治理能力现代化。

第三节　战略行动

一、强化防震减灾法制体系建设

1. 修订和完善《防震减灾法》

《防震减灾法》作为指导全国防震减灾工作的综合性法律，在防震减灾政策与法制体系构建中具有提纲挈领和领航掌舵的重要作用。《防震减灾法》作为国家法，具有较高的位阶和权威，其确立的法律制度是防震减灾有关规章制度必须遵循的、最为重要的法律渊源，为法规规章及配套政策措施的制定提供依据和指引。《防震减灾法》修订是当前防震减灾政策与法制建设中最重要的任务，其修订也必将对未来长时间内防震减灾工作目标方向产生深远的影响。《防震减灾法》修改，要强化进一步完善防震减灾工作的原则要求，强调政府领导责任，强化部门监管职责，完善地震灾害风险防治制度，强化对新问题新情况的防范应对，进一步加大对违法行为的惩处力度，树立法律权威。

2. 开展立法规划建设

立法规划对于构建法制体系、明确未来一段时间的主要立法任务具有重要作用，全国性立法规划对于指导地方防震减灾法制建设具有重要影响。要聚焦新时代防震减灾事业高质量发展需求，科学制定全国防震减灾立法计划，确立国家防震减灾立法整体框架。要加强前瞻性研究论证，建立立法项目储备库，科学排布立法任务。对暂时无法通过国家立法推进的立法项目，要加强对地方立法的指导，鼓励地方立法先行先试。

3. 完善法律制度体系

构建以《防震减灾法》为核心的法制体系，对落实《防震减灾法》制度要求，打造完整的法律制度规范链条，实现全方位法制管理具有重要意义。国家层面，加快行政法规和部门规章建设步伐，以监测预报预警和探查区划评估为核心，赋予业务工作更多的行政管理属性，通过法律制度方式强化地震部门的管理职能。地方层面，围绕国家立法体系，结合地方工作实际，加快推进有地方特色的法规规章建设，为国家立法体系完善开拓更多路径。

4. 推进立、改、废、释并举

在完善政策法制体系的同时，根据政策变化加快法律法规规章的修改步伐，及时将新政策新形势新要求融入立法。加强立法后评估，及时掌握立法质量和实施效果，了解存在的问题和不足，对于已不再符合改革实际，明确不再予以执行的政策，也应在立法中予以相应关注。综合性立法及时修订相关内容，单项立法则考虑予以废止，进一步提升法律法规的科学性和可操作性。加强对法律法规规章的权威性解释工作，通过发布权威性解释、发布法律法规规章释义等方式，加强对立法本意、立法目的及相应法律制度设计的权威解读。

二、推进防震减灾行政执法

1. 提升依法行政能力

坚持牢固树立依法行政理念，依法履行法定职责，不断规范行政行为，善于运用法律思维解决问题，尤其应加强运用防震减灾法律法规规章来实施行政管理能力，切实推动法制文件和政策要求落实落地。完善领导干部学法制度和工作人员日常学法制度，加强法治培训，筑牢学法用法基础，切实提升依法行政能力。

2. 深化应急管理综合行政执法改革

落实中共中央办公厅、国务院办公厅印发《关于深化应急管理综合行政执法改革的意见》要求，主动融入"大安全大应急"工作格局，落实地震行政执法事项，厘清不同层级执法权限，推动各地将防震减灾行政执法纳入应急管理综合执法，确保执法力量向市县下沉，夯实基层执法基础。加强对市县应急管理综合执法队伍的业务指导，主动了解地震行政执法实践中存在的问题，公布执法文书范例，逐步完善移动执法，畅通执法信息报送渠道。

3. 纵深推进行政执法"三项制度"

深入贯彻实施行政处罚法及行政执法公示、全过程记录、重大执法决定法制审核相关要求，规范行使行政裁量权。加强日常监管和行政检查，加大地震安全性评价监管、专用地震监测台网建设运行情况、地震监测设施和观测环境保护等重点领域的执法力度，有效防范化解地震灾害风险。加强地震行政执法规范化建设，统一行政执法案卷、文书基本标准，提高执法案卷、文书规范化水平。

4. 推进行政执法监督

贯彻落实行政执法监督有关规定，创新行政执法监督方式，针对重点领域开展专项监督、案卷评查等活动，增强执法监督工作实效。全面落实行政执法责任，严格按照权责事项清单分解执法职权、确定执法责任。畅通常态化监督渠道，探索建立与政府督查及行政复议、行政诉讼相衔接的行政执法监督机制。

三、大力推动防震减灾普法

1. 深入实施普法规划

强化防震减灾普法规划的编制、推进实施和总结。建立健全普法责任清单，全面落实"谁执法谁普法"责任制。推进防震减灾法治宣传教育工作创新，强化与宣传、应急管理、教育、科技、科协等部门协作，推进联合普法工作机制落实落地。

2. 着力加强行业普法工作

建立完善政府、行业管理部门、社会公众等不同层面的行业普法体系，推动各级防震减灾法制教育进党校。大力加强对《防震减灾法》等核心法律法规的普法工作,广泛争取行业部门的关心和支持,推动行业部门依法履职。创新和丰富普法宣传形式,运用新媒体等手段和方式,提升行业法律法规规章的普及度。加大法制人才培养力度,通过"专兼结合"方式,培养熟悉防震减灾行业法律法规规章,善于运用各种方式开展普法的法制人才。

四、加强地震标准体系建设

1. 做好标准体系建设基础工作

修订完善《地震行业标准体系表》,尽快出台《地震灾害预防专业标准分体系表》《地震仪器与装备专业标准分体系表》和《地震数据专业标准分体系表》。加强规划引领,制定10~15年中长期和以5年为期的短期地震标准化发展规划,尽快建立健全有机统一、相互衔接的地震标准体系。加快出台地震标准化指导性技术文件(DB/Z),促进地震标准化工作的高效推进。修订防震减灾术语标准,提高术语的准确性,避免术语定义重复、歧义或多义,优化术语的检索和查询服务,以更方便使用者应用。

2. 增加地震标准数量和覆盖面

积极推动行业标准上升为国家标准,加快推进地震监测预警、地震灾害风险防治、公共服务等关键急需标准。贯彻落实"以人为本"的理念,推动地震标准进一步向基层需求方向拓展。强化"开门制标",充分调动各类主体参与地震标准化工作,进一步加强地方标准的制定,鼓励制定团体标准,大力发展企业标准。发挥我国在地震监测等领域的优势和特色,服务地震仪器设备走向海外,推进中国地震标准"走出去",积极参与国际标准化工作。

3. 强化标准宣贯培训和实施效果评估

做好标准宣贯材料的编制和共享发布,提高标准宣贯的覆盖面和普及率,加大行业政策制定对行业标准的引用力度,以行业标准规范行业管理。建立行业标准实施信息反馈机制,强化标准的实施监督管理。建立标准执行清单,更好地发挥标准对工作的规范和推动作用。完善标准评估机制,定期开展标准本身的评估和标准应用效能的评估。

五、优化防震减灾规划编制实施

1. 提高规划编制质量

加强顶层设计，建立完善立体性全国防震减灾规划体系，科学划分国家、省、市、县四级防震减灾规划的重点任务，进一步提高规划的针对性和可操作性。全面对标对表经济社会发展对防震减灾工作提出的新需求，深入开展防震减灾事业发展战略研究及专项规划预研究工作，提高规划的前瞻性、引领性。坚持开门编规划，广泛听取各方意见，提高规划的科学性。开展防震减灾规划编制质量评估，提高规划的编制水平，为规划的良好实施奠定基础。

2. 推动规划落地见效

健全规划实施工作机制，细化目标、分解任务、明确责任，完善配套政策，健全多部门联动、跨区域协同管理机制，充分发挥防震减灾相关部门和行业各单位的积极性创造性，确保规划目标如期实现。深入开展评估工作，建立完善的防震减灾规划评估体系，重点评估规划在落实防震减灾政策要求、推进防震减灾重点工作、推动重大项目落地等方面的作用，实现从"重规划、轻实施"向"规划与实施并重"的转变，切实发挥规划作用。加强宣贯，营造规划实施的良好氛围。

后 记

防震减灾是国家公共安全的重要组成部分，是科技型、基础性公益事业，事关人民生命财产安全和经济社会可持续发展。党的十八大以来，习近平总书记站在统筹中华民族伟大复兴战略全局和世界百年未有之大变局的高度，就做好应急管理工作提出一系列新理念、新思想、新战略，对防震减灾救灾多次作出重要指示批示，特别是 2023 年 2 月关于防范大震巨灾的重要指示批示阐明了我国防震减灾工作的战略要求和主攻方向，具有很强的思想引领性、战略指导性和现实针对性，为做好新时代新征程防震减灾工作提供了根本遵循和行动指南。

进入新发展阶段，防震减灾面临的机遇与挑战均发生了重大变化。中国地震局党组立足"两个大局"，心怀"国之大者"，锚定牢牢把握推动防震减灾高质量发展、加快建设防震减灾现代化强国的战略目标，站位全局、把握大势，研究谋划前瞻性、深层次发展改革问题，部署开展新时代防震减灾事业发展战略研究，深入分析发展环境面临的深刻复杂变化，研判未来发展的形势要求，确定防震减灾事业的目标任务，提出战略对策和改革举措，为防震减灾高质量发展谋求新的发展路径。

新时代防震减灾事业发展战略研究分三个阶段开展。第一阶段是前期筹备和启动阶段，这个阶段主要确立了 1 个总体战略问题、6 个分类战略问题和 2 个运作战略问题的研究框架，组建完成 10 个课题 56 个专题的研究团队，细化形成各课题、专题研究目标、研究内容和研究思路，建立组织分工、专题设置、实施管理、结题验收、成果管理、经费管理等制度。第二阶段是全面实施和研究阶段。在这个阶段，各课题组根据新时代防震减灾事业发展战略研究框架要求，深入开展不同战略问题研究，形成课题和专题研究报告。第三阶段是整体研究报告编制和征求意见阶段。在反复征求意见的基础上，对研究报告初稿进行了不断修改和完善，开展了集中统稿工作，形成了新时代防震减灾事业发展战略研究整体研究报告。研究报告厘清了防震减灾内涵外延、战略定位，分析了各领域面临的机遇和挑战，提出了新时代防震减灾事业发展战略目标、战略思路、重点任务和对策措施。

新时代防震减灾事业发展战略研究工作，共聘请 10 位首席专家和系统内外 500 余人参与研究工作。在整个研究过程中，组织研讨 200 余次，开展调研 60 余次，集中工作 40 余次，举办专题讲座 4 期，征求咨询 10 余个部门和智库机构的意见和建议，形成了课题研究报告 10 册，约 100 万字。

在中国地震局党组的直接领导下，新时代防震减灾事业发展战略研究工作得到了中国地震局各内设机构、各单位的指导和大力支持，得到了住建部政策研究中心、中国社科院日本所、新华社世界问题研究中心、广电总台内参舆情中心、清华大学国情研究院、北京师范大学法学院、北京外国语大学日本学研究中心、水科院抗震中心等智库机构的大力支持和帮助。赵和平、修济刚、陈颙、张培震、谢礼立、高孟潭、任金卫、吴忠良等领导专家也多次提出宝贵建议。唐德龙、杨秀生、李丹丹、张帆等同志参加了统稿工作。在本研究报告出版之际，谨向所有参与、支持和关注防震减灾事业发展战略研究工作的各界人士表示诚挚的感谢！同时，希望本书的出版有助于推动新时代我国防震减灾事业高质量发展。

新时代新征程上，强国建设、民族复兴赋予防震减灾新使命，人民对美好生活的向往寄予了防震减灾新期待，复杂的震情和高质量发展对防震减灾提出了精准高效新要求，统筹发展和安全的理论创新对防震减灾提出了新任务，防震减灾事业发展研究也将不断深入，本研究报告还只是新时代防震减灾事业发展研究工作的初步成果，疏漏之处在所难免，敬请广大读者批评指正。

附 录
新时代防震减灾事业发展战略研究项目组

一、综合组

组　　长：韩志强

副 组 长：郭洪义　刘红桂　欧阳承新　李远志　张　勤　柴劲松　刘　晨　张新基
　　　　　张　锐　康小林　武守春

主要职责：贯彻落实局党组要求，负责编制课题总体实施方案和课题研究总报告，负责新发展阶段防震减灾总体战略，负责专题的执行管理，提出需要讨论和审议的重大事项。成立综合组办公室，设在发展研究中心。

（一）综合组办公室

主　　任：韩志强

副 主 任：康小林

成　　员：王海涛　吴　健　田学民　孙佩卿　李山有　赵　冬　马胜利　晁洪太
　　　　　姜金卫

主要职责：负责新发展阶段防震减灾战略研究项目管理和经费管理。

（二）综合组办公室专项工作组

1. 秘书组

组　　长：马海建

成　　员：魏晓宇　许启慧　冯佳昊

主要职责：承担综合组办公室相关日常事务，负责课题跟踪管理，编制工作简报，起草汇报材料等。

2. 联络组

组　　长：李佩泽

成　　员：胡　彬　薛　杭　李一行　高　杰　郑圣谈　陈洪富　邓　睿　王晓明
　　　　　关友义　刘　壮

主要职责：负责建立专家库，对外联络，组织会议等。

3. 情报组

组　　长：连尉平

成　　员：李玉梅　朱　林

主要职责：负责研究资料收集，建立资料库，开展资料共享等。

4. 宣传组

组　　长：徐占品

成　　员：项　楠　郭　冰　韩　杰

主要职责：负责开展工作宣传，材料设计等。

5. 财务组

组　　长：王　健

成　　员：刘　亚　孙　玥

主要职责：负责经费支出管理，财务保障等。

二、课题组

（一）防震减灾事业发展总体战略课题组

组　　长：韩志强

副组长：张　勤　刘红桂　黄国华　郭洪义　柴劲松　刘　晨　张新基　武守春
　　　　欧阳承新　李远志　蒋长胜　邵志刚　张　锐　康小林

下设9个专题。

专题一：国际防震减灾发展趋势研究

负责人：张　勤　欧阳承新

成　　员：徐　徐　徐　浩　刘圣炳　毕雪梅　毛　培　朱　琳　吕钊炜　霍军廷
　　　　　王　繁　付光明　戴文浩　王雨辰

专题二：我国防震减灾发展现状研究

负责人：张新基　黄国华

成　员：马禾青　谢吉平　杜　鹏　曾宪伟　秦彩霞　沙曼曼　杜　文　雅　亮
　　　　王建勇　王晓涛　周军学　张　帆　谢艾颖

专题三：新发展阶段防震减灾发展环境分析

负责人：郭洪义　刘红桂

成　员：王　昆　栗　明　焦　晨　李丹丹　毕雪梅　毛　培

专题四：防震减灾内涵与外延研究

负责人：韩志强　康小林

成　员：马海建　李佩泽　连尉平　徐占品　王　健　魏晓宇　许启慧　李玉梅
　　　　朱　林

专题五：防震减灾事业发展指导思想和基本原则研究

负责人：柴劲松　蒋长胜

成　员：蒋长胜　王　骞　梁开伦　刘　军　唐德龙　欧品智　樊启航　田景丹

专题六：防震减灾事业发展目标指标研究

负责人：李远志　张　锐

成　员：刘　敏　张振民　葛福宏　于希令　殷海涛　陈时军　张　干　王冠南
　　　　周克昌　李志强　晏　锐　邹　锐　孙　丽　任　枭　张维佳　龙海云
　　　　陈光磊　孙路强　苏道磊　陈希波　韩立强　李志鹏　权腾龙　闫恩辉
　　　　李晓丽　陈维锋　温和平　郑　祎　徐佳静　董　曼　张　岩　李　瑜
　　　　李晓帆

专题七：新发展阶段防震减灾的战略空间布局研究

负责人：韩志强　邵志刚

成　员：郑文俊　刘　静　邹俊杰　许才军　刁法启　刘　琦　鲁人齐　徐岳仁
　　　　姚华建　张会平　张　伟　王　涛　窦爱霞　王武星　王　芃　付媛媛

专题八：新发展阶段防震减灾事业发展战略途径和对策研究

负责人：韩志强　康小林

成　员：马海建　李佩泽　连尉平　徐占品　王　健　魏晓宇　许启慧　李玉梅
　　　　朱　林

专题九：新发展阶段地震事业高质量发展路径研究

负责人：刘　晨　武守春

成　员：牛百勇　许阿祥　张　伟　季灵运　杨　磊　黄文明　汪　亮

（二）国家防震减灾工作基础重大战略问题（地震监测预报预警）课题组

组　　长：王海涛

副组长：黄志斌　武艳强　王庆良　张晓东　高景春　张永久　鲍　挺　杨立明　郑黎明

下设 5 个专题。

专题一：测震观测发展战略研究

负责人：高景春　黄志斌

成　员：李　丽　蒋长胜　房立华　薛　兵　马延路　孙　丽　代光辉　马　强
　　　　王　俊　曲均浩　李文一　袁松湧　边银菊　郑秀芬　陈智勇　赵翠萍
　　　　安艳茹　李小军　毛国良　周晓彤　赵　鹏　魏　星

专题二：地震地球物理观测发展战略研究

负责人：王庆良　武艳强　郑黎明

成　员：季灵运　郝　明　占　伟　李　杰　刘代芹　李　琪　胡敏章　刘春国
　　　　张　燕　陈长云　刘金钊　苏国营　赵立军　叶　青　师宏波　韩宇飞
　　　　艾力夏提·玉山　雷　晴　杨福喜　汪成国　惠旭辉　徐东卓　袁　顺

专题三：地震预测预报发展战略研究

负责人：张晓东　杨立明

成　员：邵志刚　李　营　吴忠良　蒋海昆　周　斌　付　虹　张永仙　王武星
　　　　孟令媛　刘　静　周连庆　陈　志　冯建刚　宋春燕　姚　琪　张盛峰
　　　　王　芃　罗　钧　冯丽丽　黄　浩　刘　磊　苏维刚　孙　楠　马海萍
　　　　闫　坤　赵　娟　戴娅琼　王　想　张　岚　李凯月　宋　倩

专题四：地震预警发展战略研究

负责人：鲍　挺　张永久

成　员：李　军　苏金蓉　林国良　杨　勇　张红才　王青平　谢　巍　张彦琪
　　　　陈志高　蔡辉腾　孙　丽　马　强　温瑞智　彭朝勇　马红虎　阿拉塔
　　　　杨黎薇　席　楠　赵　昆　赵　永　蔡一川　江　鹏　吴　朋　黄春梅
　　　　申　源　庞　瑶　王双洪　杨　江　欧同庚　夏界宁　潘　毅　单伽锃
　　　　徐国林　王丽萍

专题五：地震监测预报预警战略综合研究

负责人：王海涛

成　　员：黄志斌　武艳强　王庆良　张晓东　高景春　张永久　鲍　挺　杨立明
　　　　　郑黎明　刘　杰　刘红桂　王　琼　张元生　陈　石　张致伟　苏有锦
　　　　　洪　敏　屠泓为　王宝善　周仕勇　解朝娣　朱自强　晏　锐　周克昌
　　　　　彭克银　游新兆　唐　磊　杨天青　黄兴辉　张维佳　赵　军　韩雪君
　　　　　薛　杭　郭　畅

（三）国家防震减灾工作基础重大战略问题（震灾风险探查区划评估）课题组

组　　长：吴　健

副组长：王合领　丁志峰　何宏林　李山有

下设6个专题。

专题一：国家地震灾害风险治理体系研究

负责人：李一行

成　　员：代海军　孙　娣　高　玮

专题二：地震构造环境探查战略与前瞻性研究

负责人：李永华　任治坤

成　　员：徐岳仁　史　翔　石　峰　李正芳　徐伟进　王清东　林吉焱　刘增祺
　　　　　哈广浩　石　磊　田宝卿　白明坤

专题三：地震灾害风险评估与情景构建的业务化研究

负责人：林旭川　袁仁茂

成　　员：温瑞智　任叶飞　陈相兆　宋晋东　莘海亮　王　冲　徐岳仁　田颖颖
　　　　　马思远　陈夏楠　马　健

专题四：地震韧性社会指标体系与第七代全国地震动参数区划图的前瞻性研究

负责人：吴　健　俞瑞芳

成　　员：张效亮　高永武　吴　清

专题五：技术装备体系建设战略研究

负责人：田晓峰　罗　浩　刘巧霞

成　　员：郭　磊　黄　迅　冯生强　魏学强　徐　伟　钟　慧　刘志成　李　佩

专题六："探查区划评估"业务体系建设战略举措研究

负责人：吴　健

成　　员：王合领　丁志峰　何宏林　李山有　李一行　李永华　任治坤　林旭川
　　　　　袁仁茂　俞瑞芳　田晓峰　罗　浩　刘巧霞　张效亮　高永武　高　玮

(四)防震减灾公共服务战略问题课题组

组　　长：田学民

副组长：潘怀文　黄剑涛　田晓峰　陈宇坤　凌学书

下设6个专题组。

专题一：防震减灾公共服务分类体系和发展战略目标研究

负责人：高　杰

成　员：田学民　宋学平　高亦飞　王笃国　蔡晓光　白顶有　王一媛　张　敏
　　　　张　攀　易　佳　景冰冰

专题二：防震减灾公共服务体系框架研究

负责人：田晓峰　邓晓华

成　员：袁洪克　王　冲

专题三：防震减灾公共服务新机制及战略举措研究

负责人：陈宇坤

成　员：李自红　董康义　陶君丽　曹　峰　杨　斌　梁　艳　李宏伟　刘康廷
　　　　沈　伟

专题四：防震减灾公共服务智慧化服务方式及战略举措研究

负责人：潘怀文

成　员：周　辉　惠旭辉　陈文胜　郭啟倩　张　圆　李　杨　毕雪梅　鲍海英
　　　　赵　曦　杨　帆　蔡　寅　于　澄

专题五：防震减灾公共服务产品策略和重点突破领域研究

负责人：黄剑涛

成　员：何少林　廖　旭　罗厚义　吴　梅

专题六：防震减灾公共服务战略保障措施研究

负责人：凌学书

成　员：杨秀生　曹均锋　汪海涛

(五)城乡和重点区域防震减灾发展战略问题课题组

组　　长：孙佩卿

副组长：孙建中　李广辉　陈　锋　杨振宇　翟彦忠　李红芳　卓力格图　王立军
　　　　王　彬　哈　辉　石玉成　孙柏涛

下设9个专题组。

专题一：京津冀城市群地震灾害联防联控研究

负责人：孙建中

成　员：邢成起　李泽光　曹　开　薄　涛　韩瑞通　杨　峰　张建平

专题二：长三角城市群地震安全系统韧性建设研究

负责人：李红芳

成　员：江　宁　谈昕晔　朱　寅　宋思峻　蔡　俊　袁　媛　刘　峥　王小明

专题三：长江经济带地震灾害联防联控研究

负责人：王立军

成　员：郭卫英　郭　欣　秦　娟　董　娣　李光科　王赞军　李　佳　钟德燕
　　　　唐茂云　熊宗龙　沈　军　安晓文　王小龙　许阿祥

专题四：粤港澳大湾区城市群地震灾害联防联控研究

负责人：孙佩卿

成　员：郑圣谈　田晴映　李　晋　韦潇君　王修齐　黄定华　曾　毅　黄元敏
　　　　何　萍　高　洋　张小妮

专题五：黄河流域城市群地震灾害联防联控研究

负责人：卓力格图

成　员：王士华　沈　珂　张　扬　杨龙翔　王斐斐　陈世仲

专题六：西部地区地震灾害防治研究

负责人：王　彬　哈　辉

成　员：李春光　卢永坤　姜金钟　白仙富　谢　巍　周青云　张　吕　杨健强
　　　　刘婧楠　赵至柔　陈亚明　米玛次仁　柏伟国　冯宏光　郑　昕　赵　飞
　　　　蒋明星　张建龙

专题七：东北地区地震灾害防治研究

负责人：杨振宇　翟彦忠

成　员：贾晓东　肖　遥　原佳佳　宋思然　万　波　王　超　张欣然　李秀茹
　　　　杨　蕾　陈　波　李忠伟　于宏伟　冯靖乔　陈琳荣　陈兆新　贾　琳
　　　　刘宏宇　蔡世豪　张　鹏

专题八：产业链地震安全保障问题研究

负责人：李广辉　孙柏涛

成　员：曹井泉　巴振宁　刘　玮　董洪军　何　萍　陈相兆　张桂欣　陈洪富

　　　　高武平　姚新强　闫成国　林　逸　纪　静　刘红艳　安立强　李　翀
　　　　赵靖轩　孙双琳　李泽醇　罗婧文　李子轩　丛鹏里

专题九：乡村全面振兴发展战略下防震减灾问题研究

负责人：石玉成　陈　锋

成　员：景天孝　高立新　万事成　高晓明　王石磊　贺建雄　冀宝荣　刘　琨
　　　　梁国栋　卢育霞　郝旭东　戴　勇　苏日亚　张浩鸣　阿那尔

（六）国家重大战略基础设施抗震安全保障问题课题组

组　长：李山有

副组长：丁志峰　单新建　田勤俭　谢志招　熊宗龙　张元生　杨丽萍　吕志勇

下设5个专题组。

专题一：大型清洁能源基地及电力系统工程抗震安全保障问题研究

负责人：吕志勇　杨丽萍　陈洪富

成　员：唐丽华　胡伟华　谭　明　孙　静　梁志远　苏　旭　李智敏　姚生海
　　　　李　鹏　张艺峰　柏　文　周中一　宋立军　李　鑫

专题二：沿海核电及油气储运管线抗震安全保障问题研究

负责人：丁志峰　刘爱文

成　员：潘　华　王青平　郭恩栋　任叶飞　闫培雷　陈洪富　张亮超　张　萌

专题三：水库大坝抗震安全保障问题研究

负责人：单新建　熊宗龙　任治坤

成　员：蒋汉朝　袁仁茂　周本刚　陈　军　王　杰　蔡辉腾　陈龙伟　辛韦林

专题四：信息及交通基础设施抗震安全保障问题研究

负责人：田勤俭　张元生

成　员：王笃国　陈文凯　高晓明　牛延平　卢育霞　麻晓婧　毛晨曦　刘金龙

专题五：抗震安全保障战略综合工作组

负责人：李山有　谢志招　张明宇

成　员：单新建　丁志峰　吕志勇　田勤俭　张元生　杨丽萍　刘爱文　陈洪富
　　　　刘赫奕　安立强

（七）融媒体环境下的地震科普发展战略问题课题组

组　长：赵　冬

副组长：陈　锋　李远志　陈洪波　高　伟

下设5个专题组。

专题一：地震科普布局研究

负责人：陈　锋

成　员：曹　开　张文妮　孟　静　马　飞　王丽慧　宋乐永　李曙光　程慧海
　　　　方小白　张斌斌　贺婷婷　孙　杉

专题二：地震科普传播发展研究

负责人：赵　冬

成　员：王晓民　熊　丹　简益波　赵里安　盛馨逸

专题三：地震科普产品发展研究

负责人：陈洪波　高　伟

成　员：徐占品　项　楠　韩　杰　卢微微　凌　樱　梁庆云　郭贵娟　张　平

专题四：地震科普发展机制建设研究

负责人：李远志　高　伟

成　员：崔昭文　魏　玮　宋金龙　权腾龙　张冬静　凌　樱　梁庆云　郭贵娟
　　　　张　平

专题五：地震科普发展与涉震舆情管理研究

负责人：刘晓岚

成　员：彭麦福　迟晓明　樊　帆　牛晓龙

（八）防震减灾科技创新和人才资源开发战略问题课题组

组　长：马胜利

副组长：蒋长胜　李　营　张令心　李永林　石　峰

成　员：张会平　陈建业　邓　睿　丁志峰　陈　石　吴　琼　邵志刚　周连庆
　　　　王　涛　马　强　晏　锐　董　曼　吴　健　武艳强　季灵运　田晓峰
　　　　胡敏章　姜纪沂　周振海

（九）防震减灾管理体制和运行机制课题组

组　长：晁洪太

副组长：陈乃其　刘　敏　付跃武　延旭东　梁瑞莲

下设7个专题组。

专题一：防震减灾管理体制和运行机制国内外形势分析

负责人：晁洪太

成　员：关友义　任　程　蔡永建　章　涛　张　干　苏培雨　刘　壮

专题二：中央防震减灾事权剖析

负责人：延旭东

成　员：王小龙　梁开伦　欧品智　刘　军　孟庆荣　王　颖　樊启航

专题三：地方防震减灾事权剖析

负责人：刘　敏

成　员：陈　军　蔡永建　任　程　章　涛

专题四：中央和地方防震减灾支出责任划分研究

负责人：梁瑞莲

成　员：袁庆禄　黄　敏　李　翠

专题五：大应急框架下地震部门作用发挥机制研究

负责人：付跃武

成　员：洪　迅　贵文品　王沛华　韩　露

专题六：社会力量与市场参与防震减灾工作机制研究

负责人：陈乃其

成　员：韦　晓　李　斌　蔡　俊　周伯昌　刘子一

专题七：防震减灾管理体制和运行机制战略措施综合研究

负责人：晁洪太

成　员：关友义　陈　军　任　程　蔡永建　章　涛　张　干　苏培雨　刘　壮

（十）防震减灾事业发展的政策与法制环境课题组

组　长：姜金卫

副组长：何晓灵　陈　定　杜　斌

下设4个专题组。

专题一：防震减灾政策与法制环境综合研究

负责人：姜金卫

成　员：刘　壮　姚思思　周　岚　李　曼　韦文繁　张美林　范开红　赵雪慧
　　　　乔　凯　梁　磊

专题二：防震减灾法规体系法规体系与标准体系研究

负责人：杜 斌

成 员：韦 晓 王秋韵 张 干 姚思思 杨 浩 焦 晨 乔 凯 梁 磊

专题三：防震减灾事业投入保障机制研究

负责人：何晓灵

成 员：程庆龙 王冠南 蔡伟光 张立军 高 洋 张 项 何雅蓓 郑开青
　　　　徐振强 曾 熠 刘茜楠

专题四：抗震设防要求监管政策研究

负责人：陈 定

成 员：苏培雨 韩立强 王修齐 胡金文 曾钢平 李志雄 沈繁銮 施春花
　　　　董金亮 黄章荣 刘 祥

附 图

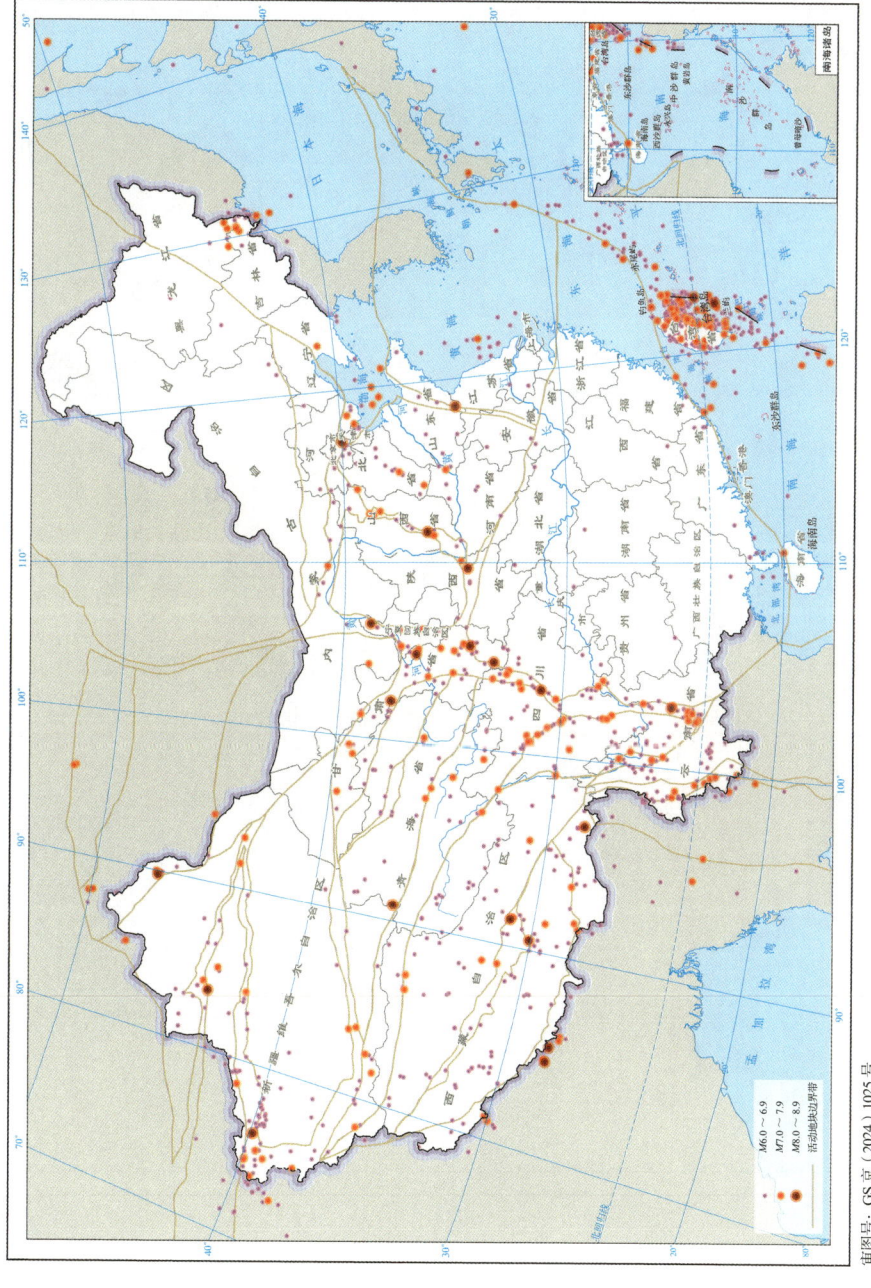

附图1 我国历史大地震分布

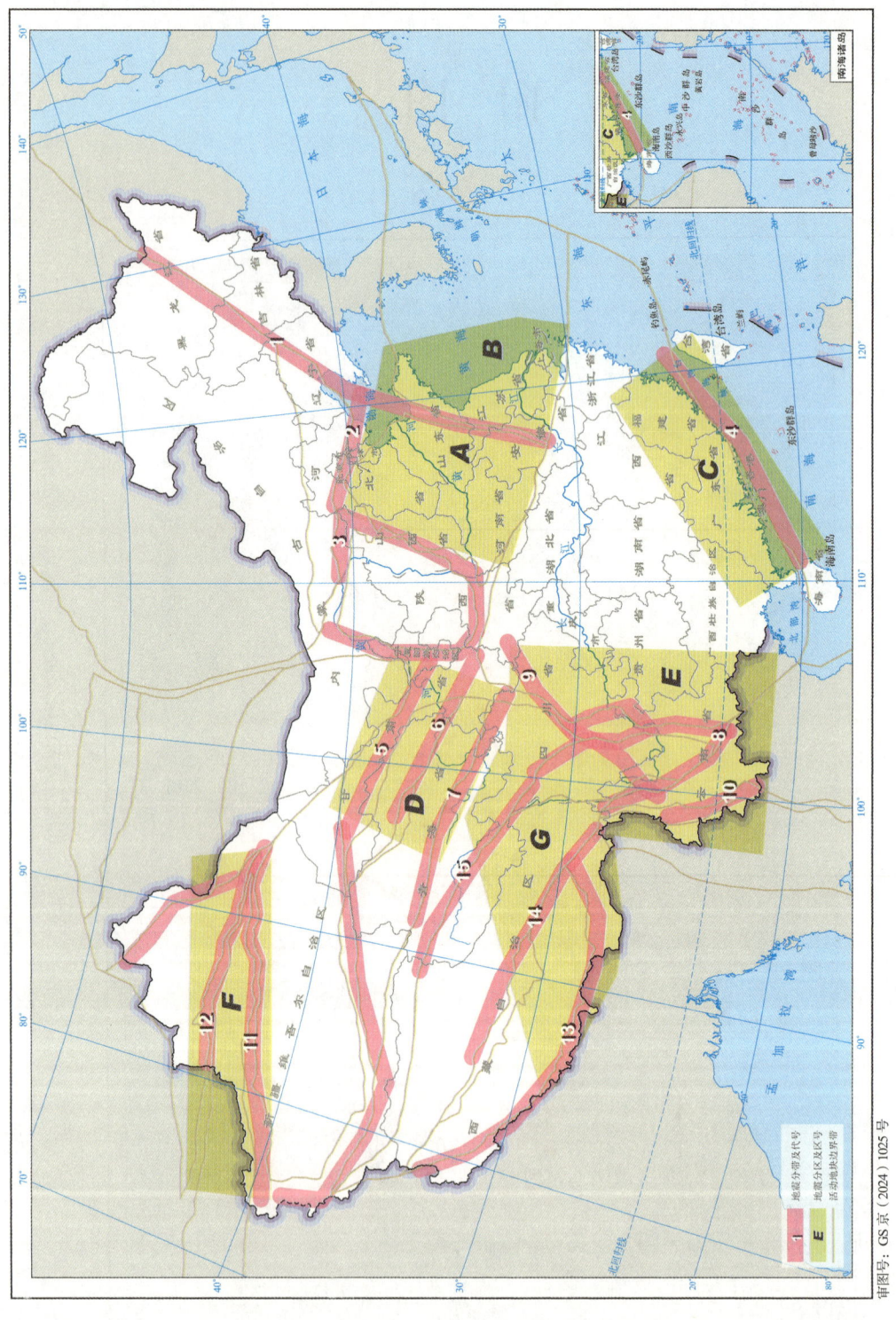

附图 2　我国地震构造格局划分

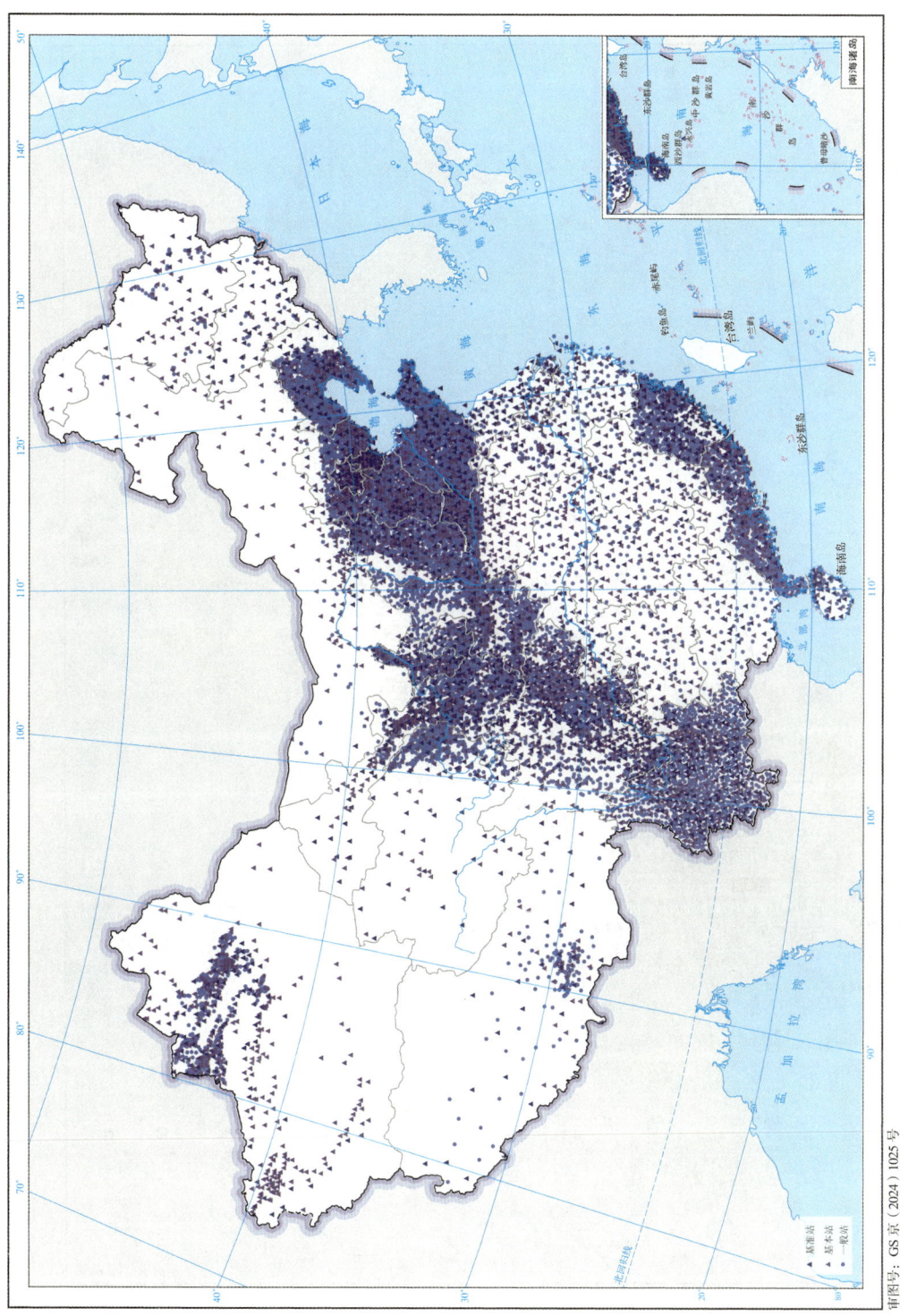

附图3 国家地震烈度速报与预警工程建设完成后全国测震台站分布图

附图4 京津冀地区地理区域示意图

附图 5　长江三角洲城市群地理区域示意图

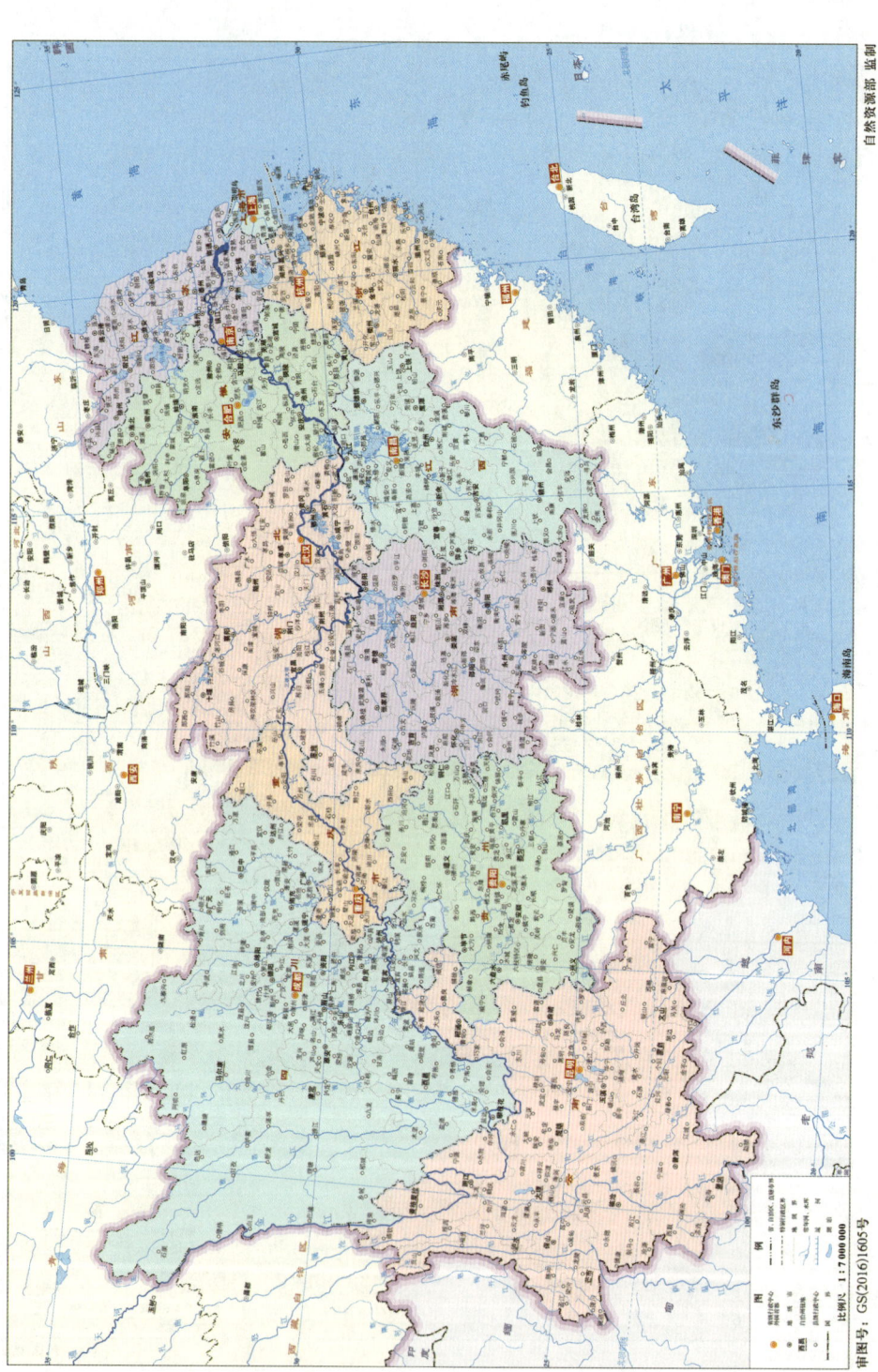

附图 6 长江经济带地理区域示意图

附 图

附图 7 粤港澳大湾区地理位置示意图

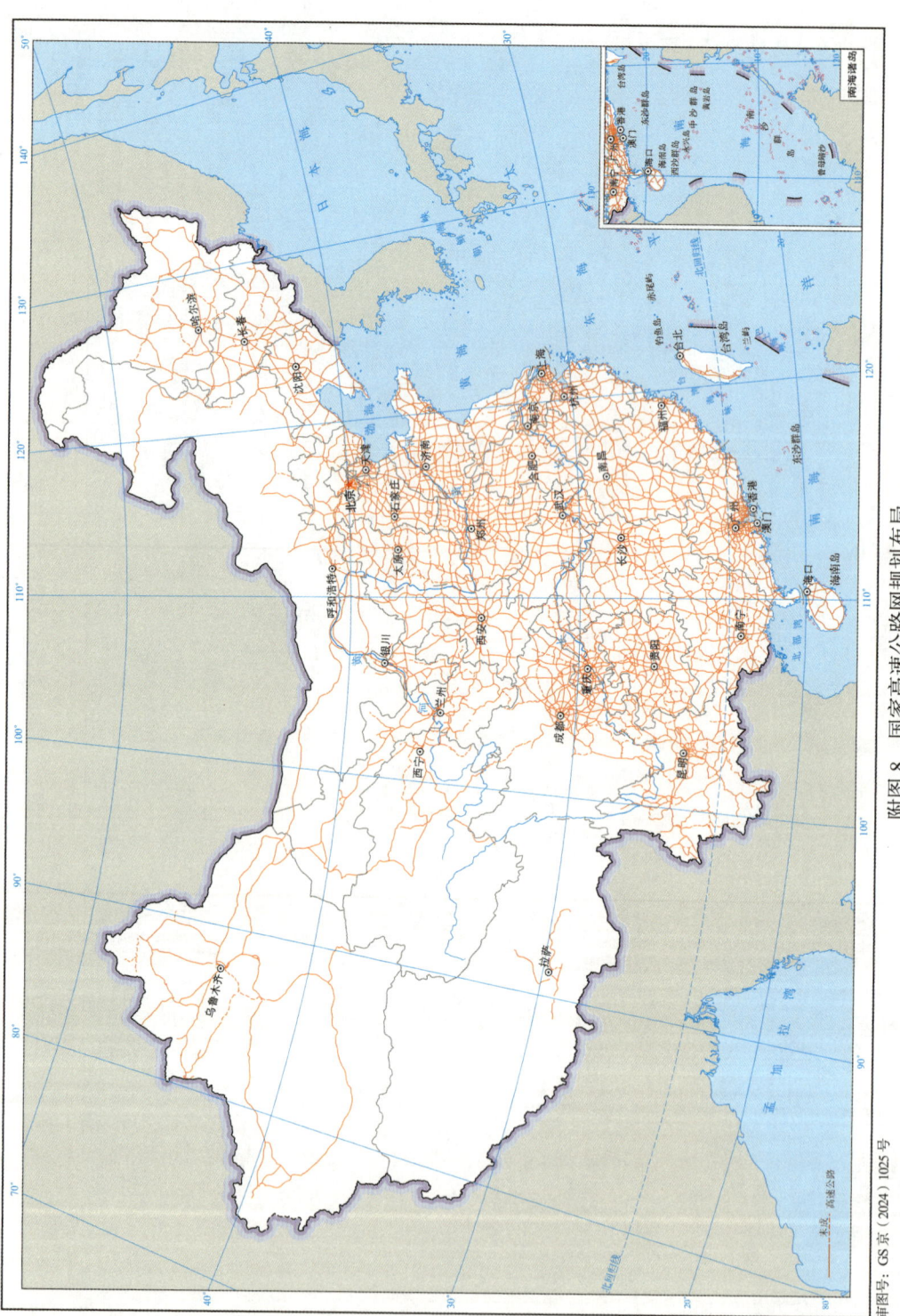

附图 8 国家高速公路网规划布局
（资料来源：《国家公路网规划（2022 版）》）

附图

附图 9 普通国道网规划布局
（资料来源：《国家公路网规划（2022 版）》）

审图号：GS 京（2024）1025 号

217

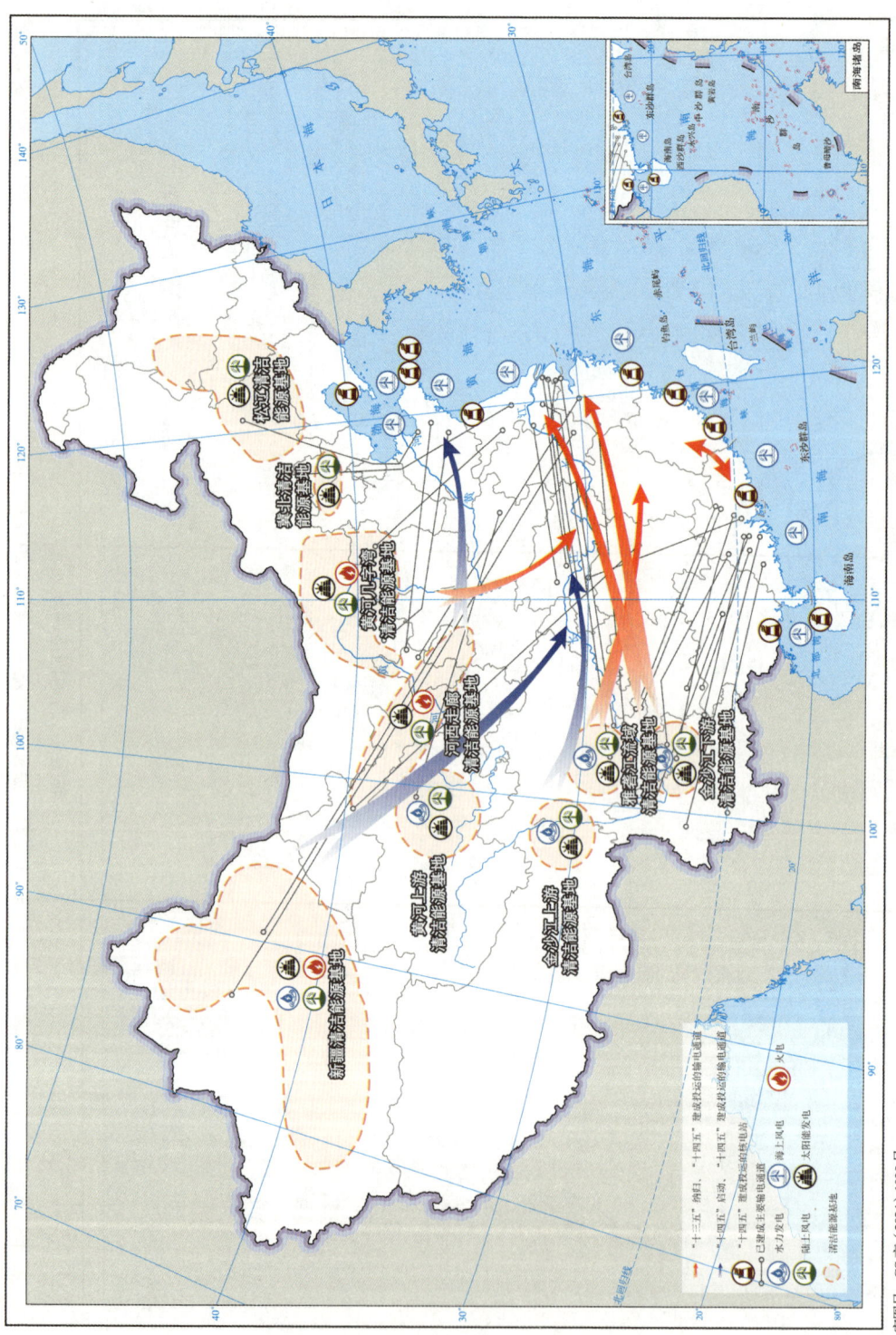

附图10 "十四五"大型清洁能源基地布局示意图

(资料来源:《中华人民共和国国民经济和社会发展第十四个五年规划和2035年远景目标纲要》)